电力行业"十四五"规划教材

JIXIE SHEJI JICHU

机械设计基础

主　编　吴懋亮

副主编　杨　峰　王　昊　马行驰

参　编　吴炳晖　秦德昭　李　敏　袁斌霞　韩清鹏　戚　萍

主　审　吴子岳

中国电力出版社

CHINA ELECTRIC POWER PRESS

内 容 提 要

本书紧密贴合 21 世纪课程内容体系改革的新趋势，致力于培养具备高素质和创新精神的新时代工程技术人才。全书共涵盖 15 章，第一～九章讲述了常用机构的设计与应用，不仅为学生提供了坚实的理论基础，更通过案例分析和实践操作，使学生能够将所学知识应用于实际工程中。第十一～十五章探讨了常用连接、机械传动、轴和轴承的设计与选用等，帮助学生构建更为完整的机械设计知识体系，为未来的专业学习和职业发展打下坚实的基础。

本书可作为高等工科院校近机类专业的机械设计基础课程的教材，也可作为工程技术人员的专业参考书。

图书在版编目（CIP）数据

机械设计基础/吴懋亮主编；杨峰，王昊，马行驰副主编. --北京：中国电力出版社，2025.7.
ISBN 978-7-5198-9347-7

Ⅰ. TH122

中国国家版本馆 CIP 数据核字第 2024Q6E209 号

出版发行：中国电力出版社
地　　址：北京市东城区北京站西街 19 号（邮政编码 100005）
网　　址：http://www.cepp.sgcc.com.cn
责任编辑：周巧玲
责任校对：黄　蓓　朱丽芳
装帧设计：郝晓燕
责任印制：吴　迪

印　　刷：北京世纪东方数印科技有限公司
版　　次：2025 年 7 月第一版
印　　次：2025 年 7 月北京第一次印刷
开　　本：787 毫米×1092 毫米　16 开本
印　　张：14.25
字　　数：350 千字
定　　价：44.00 元

前 言

总码

　　机械设计基础是近机类专业学生的一门专业基础课程，涉及的知识面广，实践性强。考虑到应用型本科院校对高素质工程技术类应用型人才的培养需求，编者编写了本书。

　　本书在内容编排上，对传统的机械原理和机械设计体系进行了调整。整合了相关知识点，强化了理论知识的实用性，并将机械机构和零件设计这两大核心内容进行了交叉融合。从机械系统的整体视角出发，以机械机构和零件设计的基本理论与方法为主线，以常用机构和典型的机械传动设计为引领，将这两大板块有机结合，构建出一个知识体系更为完整、系统性更强的教材。

　　在编写过程中，编者注重学生的认知规律和课程的教学规律，力求在传授知识的同时，也能熏陶和培养学生的综合设计能力。我们期望通过本书学生能够初步掌握并理解机械设计的全过程，为未来的学习和工作打下坚实的基础。

　　本书由上海电力大学吴懋亮任主编，杨峰、王昊、马行驰任副主编。具体编写分工如下：吴懋亮（第一、二、十五章），杨峰（第三、八章），马行驰（第四、九章），袁斌霞（第五章），王昊（第六、七章），李敏（第十章），秦德昭（第十一章），吴炳晖（第十二章），韩清鹏（第十三章），戚萍（第十四章）。

　　本书由上海海洋大学的吴子岳教授主审。吴教授以严谨的态度和深厚的专业知识，对本书进行了细致的审阅，并提出了宝贵的修改意见，对本书编写质量的提高起到了至关重要的作用，在此表示衷心的感谢。

　　由于编者水平的局限，书中难免存在疏漏和不足之处。我们真诚地欢迎各位同仁和广大读者提出宝贵的意见和建议，共同推动本书的不断完善和发展。

编 者

2024 年 11 月

目　　录

第一章 概　　述

第一节　本课程的研究对象和内容

作为人类生产活动的重要工具，机械的发明极大地减少了体力劳动并提升了生产效率。作为人类能力的延伸，机械的发展与人类文明的进步紧密相连。石器时代人类制造和使用的简单工具，逐步演进为如今由众多零件和部件组成的复杂机械，经历了漫长的历史过程。

进入 18 世纪后期，机械工程技术逐渐形成了有理论指导的、系统的和独立的体系。现代机械技术的飞速发展，使人类能够制造出更为精巧和复杂的机械装置。这些装置不仅赋予了人类探索天空的能力，还使人类能够深入大洋的深处，观测遥远的百亿光年外的宇宙，甚至洞察微观世界的细胞和分子。

机器作为执行机械运动的装置，具有多重功能，包括代替人类的劳动、进行能量变换和信息处理及产生有用功。其中，原动机是将其他形式的能量转换为机械能的设备，例如内燃机、蒸汽机、电动机等；工作机则是利用这些机械能来完成实际工作的装置，例如各种机床、起重机、压缩机等。

如图 1-1 所示的内燃机由多个关键部件组成，包括汽缸体 1、曲轴 2、连杆 3、活塞 4、进气阀 5、排气阀 6、顶杆 7、凸轮 8、齿轮 9 和 10 等。每个部件都在发动机的工作循环中发挥着不可或缺的功能和作用，它们相互协作，共同完成了燃料的燃烧过程，从而将燃料的化学能转换为曲轴回转的机械能。

机器的种类繁多，形态各异。从构造的角度来看，它们通常包含以下四个核心部分：

（1）动力部分。动力部分是机器的能源所在，负责将各种形式的能量转化为机械能。常见的动力部分有电动机、内燃机等，它们为机器提供了必要的动力。

（2）工作部分。工作部分直接执行机器的具体功能，完成生产任务。例如，机器人的机械臂、机床的刀架、仪表的指针等，都是工作部分的典型代表。

（3）传动部分。传动部分充当了动力部分与工作部分之间的桥梁，根据工作要求，将动力部分的运动和动力传递、转换或分配给工作部分。齿轮、链条和带轮等都是传动部分的关键组件。

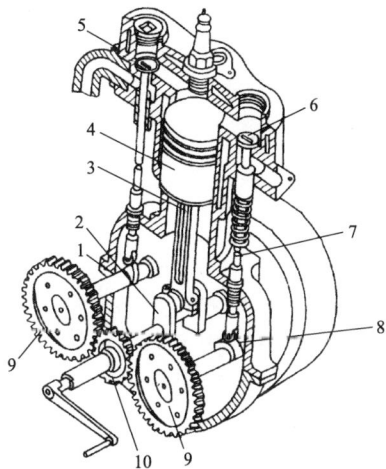

图 1-1　单缸内燃机

1—汽缸体；2—曲轴；3—连杆；4—活塞；
5—进气阀；6—排气阀；7—顶杆；8—凸轮；
9、10—齿轮

（4）控制部分。控制部分是机器的"大脑"，负责控制机器的启动、停止及运动参数的变更。它包括各种控制机构（如内燃机中的凸轮机构）、电气装置、计算机、液压系统和气压系统等。

除了上述四个基本组成部分，对于更为复杂的机器，还可能需要润滑、照明等辅助系统。

尽管各种机器的功能千差万别，但它们都具备一些共同的特征。

（1）它们都是由人为设计和制造的实物组合。

（2）在这些组合中，各部件之间存在确定的相对运动关系，即当其中一个部件的位置确定时，其他部件的位置也会相应地确定。

（3）在生产过程中，它们能够代替人类完成有用的机械工作，如金属切削机床加工零件；或进行机械能的转换，如发电机将机械能转换为电能，内燃机将热能转换为机械能。

只具备前两个特征的称为机构，它是由两个或两个以上的构件通过活动连接形成的系统。根据构件间相对运动的不同，机构可分为平面机构（如平面连杆机构、圆柱齿轮机构等）和空间机构（如空间连杆机构、蜗轮蜗杆机构等）。从结构和运动的角度来看，机构和机器之间没有本质的区别，因此通常使用"机械"这一术语来统称它们。

构成机构的、彼此间具有确定的相对运动关系的基本单元称为构件。例如，在曲柄滑块机构中，曲柄、连杆、滑块和机架都是构件；在凸轮机构中，凸轮、从动杆和机架也是构件。构件可以是单一的整体，也可以是由多个零件组成的刚性组合。如图 1-2 所示内燃机的连杆就是一个由多个零件组成的刚性结构，由连杆体 1、连杆衬套 2、连杆轴承 3 和 4、连杆盖 5、螺母 6、螺栓 7 等组成，它是一个构件。因此，构件是机器的运动单元，零件则是机器的制造单元。

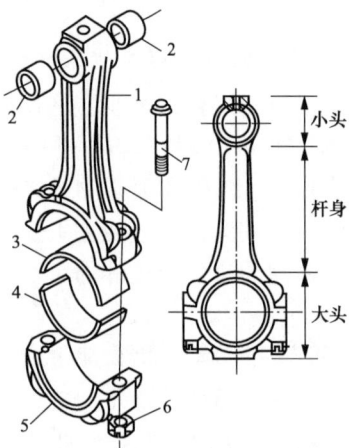

图 1-2 连杆
1—连杆体；2—连杆衬套；3、4—连杆轴承；5—连杆盖；6—螺母；7—螺栓

第二节 机械设计的基本要求和一般步骤

一、机械设计的基本要求

机械设计致力于创造可靠、高效且经济的机械产品，这些产品在机器制造业中占据举足轻重的地位。尽管设计的机械种类繁多，但它们在设计时都应满足以下基本要求：

（1）使用功能要求。机械必须满足预定的使用功能，并能在特定的工作条件和期限内稳定运行。这就要求正确地选择机器的工作原理，精准地设计或选用能够全面实现功能要求的执行机构、传动机构和原动机。此外，还要配置合理的辅助系统。良好的使用功能不仅要满足基本需求，还要追求操作的简便性、保养的简易性和维修的便捷性。

（2）可靠性要求。机械的可靠性是指在规定的使用时间和环境条件下，机器能够维持正常工作的概率。在预定的使用期限内，机器应尽量减少或避免故障的发生。然而，过分强调机器的耐用性并不可取，因为现代化生产推崇定期更新和预期强制报废的策略，个别零件或部件的长寿对整机的实际意义不大。

（3）经济性要求。机械的经济性贯穿于设计、制造和使用的全过程。设计时应全面综合地考虑成本、生产率和效率、能耗、管理和维护费用等因素。为了提高设计和制造的经济性，可以采用先进的现代设计方法以优化设计参数，实现精确计算，确保机器的可靠性；尽可能使用标准化、系列化及通用化的零部件和成套组件；积极采用新技术、新工艺、新结构和新材料；合理组织设计和制造过程，注重零件的加工工艺性，以减少材料消耗、简化加工和装配流程。

（4）安全性要求。鉴于许多重大事故源于机械故障，例如起落架故障导致的空难、刹车失灵引起的车祸等，机械设计必须以人为本。所有涉及人身安全或可能导致重大设备事故的零部件，都必须经过严格认真的设计计算或校核计算，不能仅凭经验或类比方法处理。

（5）其他专用要求。机械产品的外观设计对于销售和竞争力至关重要，因此在现代机械设计中不容忽视。噪声水平也是反映机械质量的重要指标之一。此外，还有一些特殊要求在机械设计过程中也需予以充分考虑，例如，巨型机械需便于安装、拆卸和运输，食品、纺织、造纸机械不得污染产品等。

二、机械设计的一般步骤

（1）明确设计要求，确定设计任务。进行社会需求分析，明确机械应具备的功能；基于用户需求和市场调研，明确经济技术指标，设定机械的技术要求；评估技术实现的难易程度和成本效益，研究实现的可能性；明确设计需要解决的问题和项目，编制设计任务书；基于任务书，组织相关人员并规划合理的工作计划。

（2）制订总体设计方案。根据设计任务，详细分解机械所需实现的各项功能；提出多种可能的机械总体布置和传动方案；分析各方案的经济技术指标和可行性，选择最佳方案。

（3）细化总体设计结构。通过运动学与动力学精确计算，确定机械的运动规律和受力情况；对关键零部件进行工作能力和寿命的评估；基于计算结果，绘制出机械的总体结构草图。

（4）零部件的详细设计。根据总体结构要求，在设计零部件时，充分考虑其工艺性和实际工作能力；绘制零部件的详细工作图，并为每个零部件编写相应的技术文件和说明书。

（5）设计鉴定与评价。制造样机并进行试车，以验证设计的可行性；评估样机是否满足预定的功能和可靠性要求；分析产品的成本与市场竞争力，确保其经济性；根据测试结果进行必要的设计修订，直至达到产品定型设计的要求。

（6）产品使用与持续优化。将产品投放市场，收集用户反馈；根据用户意见和市场变化，持续改进产品质量；长期跟踪与维护，确保产品在长期使用中保持稳定和可靠。

第三节　机械设计中的常用材料及其选择

一、机械零件的常用材料

机械零件常用的材料有钢铁、有色金属及其合金、非金属材料等。

1. 钢

钢是对含碳量质量百分比介于 $0.02\%\sim2.11\%$ 的铁碳合金的统称。钢材具有强度高、塑性、耐热性、韧性好的优点，并可通过热处理改善力学性能和工艺性能。按照化学成分，钢分为碳素钢和合金钢两类。碳素钢是指钢中除铁、碳外，还含有少量锰、硅、硫、磷等元素的铁碳合金，按其含碳量的不同，碳素钢又可分为低碳钢（含碳量小于 0.25%）、中碳钢

（含碳量介于 0.25％～0.60％）、高碳钢（含碳量高于 0.60％）。合金钢是指为了改善钢的性能，在冶炼碳素钢的基础上，加入一些合金元素而炼成的钢，例如铬钢、锰钢、铬锰钢、铬镍钢等。按其合金元素的总含量，合金钢可分为低合金钢（合金元素总含量小于 5％）、中合金钢（合金元素总含量介于 5％～10％）、高合金钢（合金元素总含量大于 10％）。

碳素结构钢的牌号由代表钢材屈服点的字母、屈服点值、质量等级符号、脱氧方法符号四部分按顺序组成。其中，质量等级共有 A、B、C、D 四级；脱氧方法符号，分别用 F 表示沸腾钢，Z 表示镇静钢，TZ 表示特殊镇静钢，B 表示半镇静钢，通常钢号中 Z 和 TZ 符号可以省略。例如牌号 Q235AF，Q 表示钢材屈服点，235 表示屈服点不小于 235MPa，A 表示质量等级为 A 级，F 表示冶炼时脱氧不完全（即沸腾钢）。碳素结构钢用于一般工程结构和普通机械零件，例如 Q235 可制作螺栓、螺母、销子、吊钩和不太重要的机械零件、建筑结构中的螺纹钢、型钢、钢筋等。

优质碳素结构钢的牌号用两位数字表示，这两位数字表示钢中平均碳的质量分数的万倍值。例如 45 钢，表示钢中平均碳的质量分数为 0.45％。若钢中锰的含量较高时，在两位数字后面加化学元素锰的符号。例如 65Mn，表示钢中平均碳的质量分数为 0.65％，并含有较多的锰。优质碳素结构钢主要制造重要机械零件的非合金钢，一般要经过热处理之后使用。例如，20 钢塑性和焊接性好，用于强度要求不高的零件及渗碳零件，如机罩、焊接容器、小轴、螺母、垫圈及渗碳齿轮等；45、40Mn，经调质后综合力学性能良好，用于受力较大的机械零件，如齿轮、连杆、机床主轴等。

合金钢的牌号是由含碳量数字、合金元素符号及合金元素含量数字顺序及汉语拼音字母组成的，例如 60Si2Mn、1Cr13 等。当含碳量数字为两位数时，表示钢中平均含碳量的万分数；当含碳量数字为一位数时，表示钢中平均含碳量的千分数。例如，60Si2Mn 钢平均含碳量为万分之六十（即 0.6％），1Cr13 钢平均含碳量为千分之一（即 0.1％）。当合金元素平均含量小于 1.5％时不标数字，例如 60Si2Mn 钢平均含硅量 2％、含锰量小于 1.5％。合金钢材具有较好或特殊的性能，例如高强度、高韧性、高淬透性、耐磨性、耐腐蚀性、耐热性、耐低温性、热强性和红硬性等，可以用来制造各种机床、汽车、拖拉机、船舶等的零部件以及各种刀具、量具、模具等。

2. 铸铁

铸铁是含碳量在 2.11％以上的铁碳合金。工业用铸铁一般含碳量为 2.5％～3.5％。碳在铸铁中多以石墨形态存在，有时也以渗碳体形态存在。除碳外，铸铁中还含有 1％～3％的硅、锰、磷、硫等元素。铸铁按石墨的形状特征，可分为灰铸铁、可锻铸铁、球墨铸铁。普通灰铸铁的石墨呈片状，有良好的铸造、切削性能，耐磨性好，常用于制造机架、箱体等。灰铸铁的牌号是由 HT 和抗拉强度值表示，例如 HT200。可锻铸铁的石墨呈团絮状，由白口铸铁退火处理后获得。其组织性能均匀，有较高的强度、塑性和冲击韧度，可以部分代替碳钢，用于制造形状复杂、能承受强动载荷的零件，例如汽车、拖拉机、农业机具、铁道零件等。可锻铸铁的牌号是由 KTH 或 KTZ 后附最低抗拉强度值和最低断后伸长率的百分数表示，例如 KTH 350-10、KTZ 650-02。球墨铸铁的石墨呈球状，将灰口铸铁铁水经球化处理后获得，具有较高强度、较好韧性和塑性，用于制造汽车、拖拉机、内燃机等的曲轴、凸轮轴等。其牌号以 QT 后面附两组数字表示，第一组数字表示抗拉强度值，第二组数字表示延伸率值，例如 QT45-5。

3. 有色金属及合金

有色金属又称非铁金属，是铁、锰、铬以外的所有金属的统称。有色合金是以一种有色金属为基体（通常含量大于50%），加入一种或几种其他元素而构成的合金。有色合金的强度和硬度一般比纯金属高，电阻比纯金属大、电阻温度系数小，具有良好的综合机械性能。常用的有色合金有铝合金、铜合金等。有色金属是国民经济发展的基础材料。随着现代化工、农业和科学技术的突飞猛进，有色金属在人类发展中的地位越来越重要，现代有色金属及其合金已成为机械制造、建筑、电子工业、航空航天、核能利用等领域不可缺少的结构材料和功能材料。它不仅是世界上重要的战略物资和生产资料，也是人类生活中不可缺少的消费资料。

二、钢的热处理

钢的热处理是指通过钢在固态下的加热、保温和冷却，改变其整体或表面组织结构，从而获得所需性能的工艺方法。热处理在机械制造中具有重要的作用，它能提高金属材料的使用性能，节约金属，延长机械的使用寿命。此外，热处理还能改善金属材料的工艺性能，提高生产率和加工质量。根据加热温度和冷却速度的不同，一般将热处理工艺分为退火、正火、淬火、回火四种基本方式。

1. 退火

退火是将金属缓慢加热到一定温度，保持足够时间，然后以适宜速度冷却。退火的目的是降低硬度，改善切削加工性；降低残余应力，稳定尺寸，减少变形与裂纹倾向；细化晶粒，调整组织，消除组织缺陷。

2. 正火

正火是将工件加热至奥氏体化后保温一段时间，在空气中或其他介质中冷却获得以珠光体组织为主的热处理工艺。正火的目的是改善钢材韧性，降低开裂倾向，提高材料的综合力学性能。

3. 淬火

淬火是通过将金属材料加热到适定温度后迅速冷却，从而获得以马氏体为主的不平衡组织的一种热处理工艺。淬火使金属材料获得更高的硬度、强度和耐磨性，同时保持一定的韧性。

4. 回火

回火是将经过淬火的工件重新加热到低于临界温度一段时间后，以一定的速率冷却下来，以增加材料韧性的一种热处理工艺。回火一般紧接着淬火进行，其目的如下：

（1）消除工件淬火时产生的残留应力，防止变形和开裂。

（2）调整工件的硬度、强度、塑性和韧性，达到使用性能要求。

（3）稳定组织与尺寸，保证精度。

（4）改善和提高加工性能。

因此，回火是工件获得所需性能的最后一道重要工序。通过淬火和回火相配合，才可以获得所需的力学性能。

三、机械设计中常用材料的选择原则

机械设计中，材料的选择非常重要，合理选用机械工程材料对充分发挥工程材料本身的性能潜力，保证材料具有良好的加工工艺性能，获得理想的使用性能，提高零件的质量，节

省工程材料，降低生产成本等方面起着重大影响。机械设计中常用材料的选择主要考虑以下几个方面：

1. 使用要求

满足使用要求是选用材料的最基本原则和出发点。所谓使用要求，是指用所选材料做成的零件，在给定的工况条件下和预定的寿命期限内能正常工作。工况条件包括受力状态（拉、压、弯、剪切、扭转）、载荷性质（静载、动载、交变载荷）、载荷大小及分布、工作温度（低温、室温、高温、变温）、环境介质（润滑剂、海水、酸、碱、盐）、对零部件的特殊性能要求（电、磁、热、辐照、光辐射）等。例如，当零件受载荷大并要求质量轻、尺寸小时，可选强度较高的材料；滑动摩擦下工作的零件，应选用减摩性能好的材料；高温下工作的零件，应选用耐热材料；当承受静应力时，可选用塑性或脆性材料；当承受冲击载荷时，必须选用冲击韧度较好的材料等。

2. 工艺要求

材料的工艺性能表示材料加工的难易程度。工艺性能的好坏直接影响零部件的质量、生产效率和成本。例如，结构复杂而大批量生产的零件宜用铸件，单件生产宜用锻件或焊件。对于简单盘状零件，如齿轮或带轮等，其毛坯是采用铸件、锻件还是焊件，主要取决于它们的尺寸大小、结构复杂程度及批量的大小。

3. 经济性要求

选材的经济性原则是在满足使用性能要求的前提下，应尽可能选择价格低廉的材料，以取得最大的经济效益。机械设计中，选择材料应根据零件的具体要求确定材料的种类，同时要保证材料对人的身体和环境无害，加工材料的过程中低污染、低能耗，而且要充分考虑材料的载荷类型，在保证设计质量的前提下，尽量降低成本。例如，用球墨铸铁代替锻钢制造中低速柴油机曲轴、铣床主轴。

第四节　机械零件的工作能力及设计计算准则

机械设备中各种零件或构件都具有一定的功能，例如传递运动、力或能量，实现规定的动作，保持一定的几何形状等。机械零件的工作能力是指在一定的运动、载荷和环境情况下，在预定的使用期限内，不发生失效的安全工作限度。机械零件由于某些原因丧失工作能力或达不到设计要求的性能时称为失效，主要失效形式包括断裂、过量弹性形变、零件的表面失效等。

一、载荷和应力

在理想的平稳工作条件下作用在零件上的载荷称为名义载荷，按照名义载荷用力学公式求得的应力，称为名义应力。考虑机械零件在工作时有冲击、振动，以及由于各种因素引起的载荷分布不均匀等，计算时应计入工作中产生的各种过载，为此，引入载荷系数 K。有时只考虑工作情况的影响，则引入工作情况系数 K_A。载荷系数与名义载荷的乘积，称为计算载荷。按照计算载荷求得的应力，称为计算应力。

按照应力随时间变化的情况，可分为静应力和变应力。应力不随时间变化或缓慢变化，称为静应力，见图 1-3（a）；随时间变化的应力称为变应力，具有周期性的变应力称为循环应力。图 1-3（b）所示为非对称循环变应力，图中 T 为应力循环周期。从图 1-3（b）可知

平均应力 $$\sigma_m = \frac{\sigma_{max} + \sigma_{min}}{2} \qquad (1\text{-}1)$$

应力幅 $$\sigma_a = \frac{\sigma_{max} - \sigma_{min}}{2} \qquad (1\text{-}2)$$

应力循环中最小应力与最大应力的比值，称为循环特性，用 r 表示，$r = \frac{\sigma_{min}}{\sigma_{max}}$。

循环特性 r 作为表示一个应力循环中应力变化的特性与程度，是研究交变应力时的重要参数。当循环特性 $r = -1$ 时，称为对称循环变应力，见图 1-3（c）；当 $r = 0$ 时，称为脉动循环变应力，见图 1-3（d）。静应力可视为交变应力的特殊情况。非对称循环可以看作是静应力与对称循环的叠加。

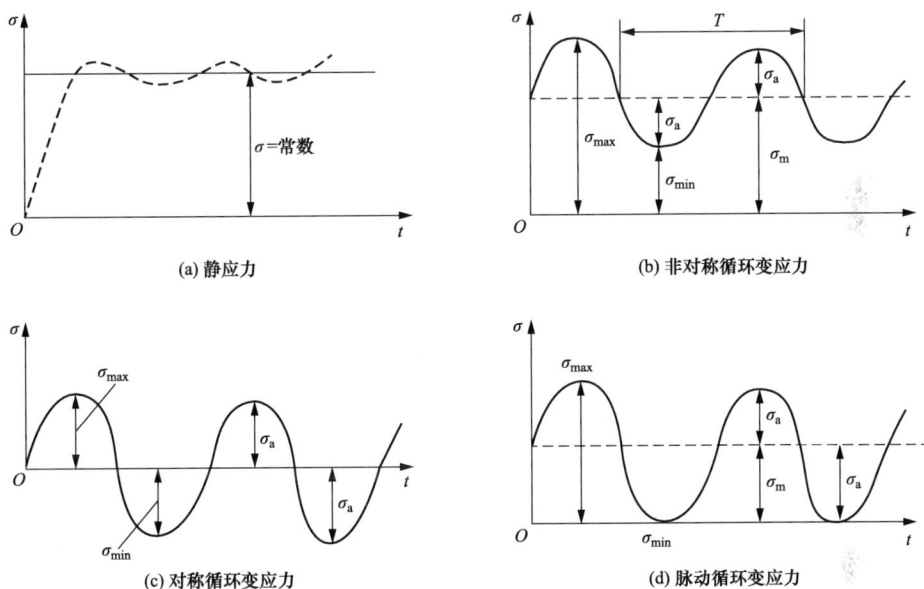

图 1-3 应力的种类

(a) 静应力   (b) 非对称循环变应力   (c) 对称循环变应力   (d) 脉动循环变应力

二、许用应力和极限应力

1. 静应力下的许用应力和极限应力

静应力下，零件材料的破坏形式是断裂或塑性变形。塑性材料取屈服极限 σ_s 作为极限应力，许用应力为

$$[\sigma] = \frac{\sigma_s}{S} \qquad (1\text{-}3)$$

式中：S 为安全系数。

对于脆性材料，取强度极限 σ_b 作为极限应力，许用应力为

$$[\sigma] = \frac{\sigma_b}{S} \qquad (1\text{-}4)$$

2. 变应力下的许用应力和极限应力

变应力下，零件的损坏形式是疲劳断裂。疲劳断裂具有以下特征：①疲劳断裂的最大应力远比静应力下材料的强度极限低，甚至比屈服极限低；②疲劳断口均表现为无明显塑性变

形的脆性突然断裂；③疲劳断裂是微观损伤积累到一定程度的结果。它的初期现象是在零件表面或表层形成微裂纹，这种微裂纹随着应力循环次数的增加而逐渐扩展，直至余下的未断裂的截面积不足以承受外载荷时，就突然断裂。疲劳断裂不同于一般静力断裂，它是损伤到一定程度，即裂纹扩展到一定程度后，才发生的突然断裂。因此，疲劳断裂是与应力循环次数（即使用期限或寿命）有关的断裂。

应力 σ 与应力循环次数 N 之间的关系曲线称为疲劳曲线，如图 1-4 所示。疲劳曲线反映

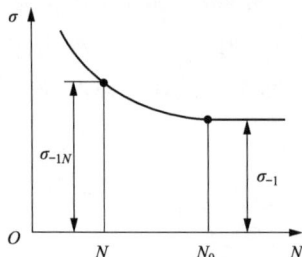

了材料抵抗疲劳破坏的能力，通常分为有限寿命区和无限寿命区，以循环基数 N_0 为界。一般，硬度≤350HBS 的钢材 $N_0 \approx 10^7$，硬度＞350HBS 的钢材 $N_0 \approx 25 \times 10^7$。由图 1-4 可知，应力越小，试件能经受的循环次数就越多。试验表明，当 $N > N_0$ 以后，曲线趋于水平，可认为在无限次循环时试件将不会断裂。

图 1-4　疲劳曲线

利用疲劳曲线可以对只需要工作一定期限的零件进行有限寿命设计，以期减小零件的尺寸和质量。

有限寿命区的疲劳曲线方程为

$$\sigma_{-1N}^m N = \sigma_{-1}^m N_0 = C \tag{1-5}$$

式中：σ_{-1N} 为对应于对称循环变应力下的循环次数 N 的疲劳极限；m 为随应力状态和材料而不同的幂指数，钢材弯曲时 $m = 9$；C 为与材料、试样形式和加载方式等因素有关的常数。

对应于 N 的弯曲疲劳极限为

$$\sigma_{-1N} = \sigma_{-1} \sqrt[m]{\frac{N_0}{N}} \tag{1-6}$$

变应力时，应取材料的疲劳极限作为极限应力。同时，还应考虑零件的切口和沟槽等截面突变、绝对尺寸、表面状态等影响，为此引入应力集中系数 k_σ、尺寸系数 ε_σ、表面状态系数 β 等。

当应力对称循环变化时，许用应力为

$$[\sigma_{-1}] = \frac{\varepsilon_\sigma \beta \sigma_{-1}}{k_\sigma S} \tag{1-7}$$

当应力脉动循环变化时，许用应力为

$$[\sigma_0] = \frac{\varepsilon_\sigma \beta \sigma_0}{k_\sigma S} \tag{1-8}$$

其中，σ_{-1}、σ_0 分别为材料的对称循环和脉动循环疲劳极限，S 为安全系数。以上各系数均可在机械设计手册中查得。

三、接触应力

若两个零件在受载前是点接触或线接触，受载后，由于变形其接触处为一小面积，通常此面积甚小而表层产生的局部应力却很大，这种应力称为接触应力。这时零件强度称为接触强度。机械零件的接触应力通常是随时间做周期性变化的，在载荷重复作用下，首先在表层内产生初始疲劳裂纹，然后裂纹逐渐扩展，使表层金属呈小片状剥落下来，而在零件表面形成一些小坑，这种现象称为疲劳点蚀。发生疲劳点蚀后，减小了接触面积，损坏了零件的光滑表面，降低了承载能力，引起了振动和噪声。疲劳点蚀是齿轮、凸轮、滚动轴承等常见的

失效形式。

两个轴线平行的圆柱体相互接触并受压时（见图1-5），最大接触应力发生在接触区中线上，其值为

$$\sigma_H = \sqrt{\frac{F_n}{\pi b} \cdot \frac{\dfrac{1}{\rho_1} \pm \dfrac{1}{\rho_2}}{\dfrac{1-\mu_1^2}{E_1} + \dfrac{1-\mu_2^2}{E_2}}} \tag{1-9}$$

式中：σ_H 为最大接触应力或称赫兹应力；F_n 为作用在圆柱体上的载荷；b 为接触长度；ρ_1、ρ_2 分别为两圆柱的曲率半径；μ_1、μ_2 分别为两圆柱材料泊松比；E_1、E_2 分别为两圆柱材料的弹性模量。

令 $\rho = \dfrac{\rho_1 \rho_2}{\rho_1 \pm \rho_2}$，$E = \dfrac{2E_1 E_2}{E_1 + E_2}$，对于钢或铸铁取泊松比 $\mu_1 = \mu_2 = \mu = 0.3$，则有简化公式

$$\sigma_H = \sqrt{\frac{1}{2\pi \times (1-\mu^2)} \cdot \frac{F_n E}{b\rho}} = 0.418\sqrt{\frac{F_n E}{b\rho}} \tag{1-10}$$

式中：ρ 为综合曲率半径；E 为综合弹性模量。

式（1-9）称为赫兹（Hertz）公式，"+"用于外接触，"-"用于内接触，见图1-5。

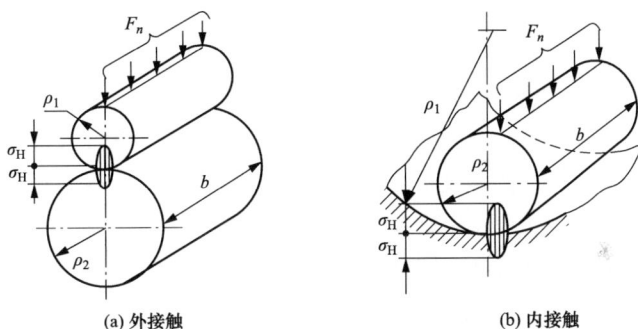

(a) 外接触   (b) 内接触

图 1-5 两圆柱的接触应力

四、机械零件的设计准则

机械零件设计时，需要满足一些要求，使得所设计的零件能够安全、可靠地工作，这些要求就形成了机械零件设计的准则。常用的设计准则有强度准则、刚度准则、耐磨性准则、振动稳定性准则等。

1. 强度准则

强度是指零件在载荷作用下抵抗破坏的能力。强度准则就是指零件中的应力不得超过允许的限度，在简单应力状态下工作的零件，可直接按式（1-11）计算；在复杂应力状态下工作的零件，应运用强度理论进行计算。

$$\sigma \leqslant [\sigma] \quad \text{或} \quad \tau \leqslant [\tau] \tag{1-11}$$

式中：$[\sigma]$、$[\tau]$ 为许用应力。

2. 刚度准则

机械零件在受载荷时要发生弹性变形，刚度是受外力作用的材料抵抗变形的能力。机械零件的刚度取决于它的弹性模量或切变模量、几何形状和尺寸、外力的作用形式等。对于一

些需要严格限制变形的零件，如机翼、机床主轴等，须通过刚度分析来控制变形。刚度准则是要求零件受载荷后的弹性变形量不大于允许弹性变形量。刚度准则的表达式为

$$y \leqslant [y], \ \theta \leqslant [\theta], \ \varphi \leqslant [\varphi] \tag{1-12}$$

式中：y、θ、φ 分别为零件工作时的挠度、偏转角和扭转角；$[y]$、$[\theta]$、$[\varphi]$ 分别为相应的许用挠度、偏转角和扭转角。

许用变形量根据不同的机械类型及其使用场合，按理论或经验来确定其合理的数值。

3. 耐磨性准则

磨损是工业领域和日常生活中常见的现象，磨损会逐渐改变零件尺寸和摩擦表面形状，是造成材料和能源损失的一个重要原因。耐磨性是指材料抵抗机械磨损的能力。它是在一定荷重的磨速条件下，单位面积在单位时间的磨耗。在预定使用期限内，零件的磨损量不超过允许值时，就认为是正常磨损。

关于磨损的计算，目前尚无可靠、定量的计算方法，常采用条件性计算。实用耐磨计算是限制运动副的压强 p，即

$$p \leqslant [p] \tag{1-13}$$

相对运动速度较高时，还应考虑运动副单位时间单位接触面积的发热量 fpv。在摩擦系数一定的情况下，可将 pv 值与许用的 $[pv]$ 值进行比较，即

$$pv \leqslant [pv] \tag{1-14}$$

4. 振动稳定性准则

机器中存在着很多周期性变化的激振源，例如齿轮的啮合、滚动轴承中的振动、弹性轴的偏心振动等。如果某一零件本身的固有频率与激振源的频率重合或成整倍数关系时，这些零件就会发生共振，造成零件破坏或机器工作条件失常。因此，对易于丧失稳定性的高速机械应进行振动分析和计算，以确保零件及系统的振动稳定性，即在设计时要使机器中受激振作用的各零件的固有频率与激振源的频率错开。通常的表达式为

$$0.85f > f_\text{p} \quad 或 \quad 1.15f < f_\text{p} \tag{1-15}$$

式中：f 为零件的固有频率；f_p 为激振源的频率。

第五节　本课程的内容、性质和任务

一、本课程的主要内容

本课程以一般机械中的常用机构和通用零部件为对象，阐述了常用机构和通用零部件的工作原理、结构特点、运动与传力特性、运动方案设计和工作能力设计的基础理论知识与方法。具体包括以下内容：

（1）机械设计的基础知识。机械设计的基础知识包括机械设计的基本要求和一般步骤，零件的工作能力和设计计算准则，以及常用材料及选择等。

（2）常用机构和机械传动。常用机构和机械传动包括连杆机构、凸轮机构、齿轮机构、间歇运动机构、带传动、齿轮传动、蜗杆传动、轴等。

（3）通用零部件。通用零件包括轴承、螺纹连接、键、花键、联轴器、离合器等。

二、本课程的性质和任务

机械设计基础是研究机械共性问题的一门工程科学课，是工科院校机械类、机电类和近

机类专业的一门必修主干课程，对学生学习相关技术基础课和专业课程起着承上启下的重要作用。它不仅具有较强的理论性，而且具有较强的实用性，在机械类专业的人才培养过程中占有重要地位。

本课程的主要任务是培养学生具备以下能力：

（1）掌握机械设计所必需的基本知识、基本理论和基本技能，具有设计机械传动装置和一般工作机的能力，具有拟订机械运动方案、分析和设计机构的能力。

（2）掌握通用机械零件的设计原理、方法和机械设计的一般规律，具有设计一般机械的能力，并有运用标准、规范、手册、图册等有关技术资料的能力。

（3）了解机械设计的发展历史和世界发展前沿。

习 题

1-1 机器、机械与机构有何不同？零件与构件有何区别？

1-2 机械设计的基本要求和一般步骤有哪些？

1-3 机器主要由哪几部分组成？各部分的作用是什么？

1-4 选择机械零件的材料时，应考虑哪些原则？

1-5 试指出下列牌号的含义：Q235、45、65Mn、HT200、QT600-3。

1-6 什么是静应力？什么是变应力？循环变应力的循环特征有哪些？

1-7 计算零件变载荷作用下许用应力 $[\sigma]$ 时，为什么要考虑变应力的循环特性 r、有效应力集中系数 k_σ、绝对尺寸系数 ε_σ 及表面状态系数 β？

1-8 机械零件耐磨性计算，除了校核比压力 p 以外，为什么还要校核 pv？

第二章 平面机构的自由度和速度分析

对机构进行研究，要研究机构的组成及组成要素，机构的组成要素是构件与运动副；要研究机构在什么条件下才具有确定的相对运动，这是机构的自由度计算；要对机构进行运动分析与设计，就必须建立机构的运动模型，这个模型是机构运动简图。此外，还有研究机构运动特性的一种工具——瞬心法求速度。这些都是机构运动分析与设计中涉及的基本知识。

第一节 平面机构的组成

一、构件

构件是组成机构的最小运动单元，由一个或若干个零件刚性组合而成。从运动的观点看，机构是由若干构件组成的。一般机构中，构件可分为机架、原动件和从动件三类。

（1）机架（固定件）。用来支承活动构件的构件称为机架。机架可以固定在地基上，也可以固定在车、船等机体上。在分析研究机构中活动构件的运动时通常以机架作为参照物。

（2）原动件。由外界赋予动力、运动规律已知的活动构件称为原动件，它是机构的动力来源。一般情况下原动件与机架相连接。在机构运动简图中，原动件上通常画有箭头，用以表示其运动方向。

（3）从动件。机构中随着原动件的运动而运动的其余活动构件称为从动件，从动件的运动规律取决于原动件的运动规律和机构的组成。

在任何一个机构中，只能有一个构件作为机架，在活动构件中至少有一个构件为原动件，其余的活动构件都是从动件。

二、构件的自由度和约束

1. 构件的自由度

一个做平面运动的自由构件有三个独立运动的可能性。如图 2-1 所示，在 Oxy 直角坐标系中，构件 M 可随其上任一点 A 沿 x 轴、y 轴方向移动和绕 A 点转动，这种可能出现的独立运动称为构件的自由度。因此，一个做平面运动的自由构件有三个自由度。

2. 约束

构件以一定的方式连接组成机构。机构必须具有确定的运动。因此，组成机构各构件的运动受到某些限制，使其按一定规律运动。这些对构件独立运动所加的限制称为约束。当构件受到约束时，其自由度随之减小。约束是由两构件直接接触而

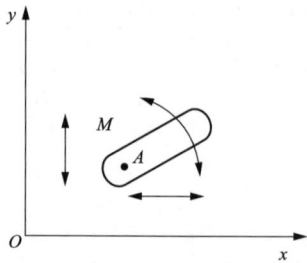

图 2-1 平面运动构件的自由度

产生的，不同的接触方式会产生不同的约束。

三、运动副及其分类

机构是由许多构件组合而成的。机构中的每个构件都以一定的方式与其他构件相互连接，并能产生一定的相对运动，这种使两构件直接接触并能产生一定相对运动的连接称为运动副。

两构件组成运动副，其接触不外乎点、线、面。按照接触特性，通常把运动副分为低副和高副两类。

1. 低副

两构件通过面接触组成的运动副称为低副。平面机构中的低副有转动副和移动副两种。

（1）转动副。若组成运动副的两构件只能在平面内相对转动，这种运动副称为转动副或称铰链，如图 2-2 所示。

（2）移动副。若组成运动副的两构件只能沿某一方向做相对直线移动，这种运动副称为移动副，如图 2-3 所示。

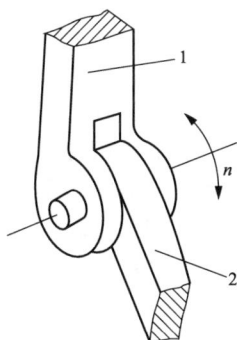
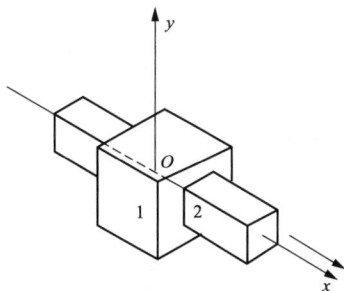

图 2-2　转动副　　　　　　　　　图 2-3　移动副

2. 高副

构件与构件之间以点或线接触组成的运动副称为高副。高副中常用的类型有齿轮副和凸轮副，如图 2-4（a）、（b）所示。火车车轮与钢轨之间形成的运动副也是高副，如图 2-4（c）所示。组成高副的两构件之间可以沿接触处的公法线 $t—t$ 方向做相对移动，并在面内做相对转动。

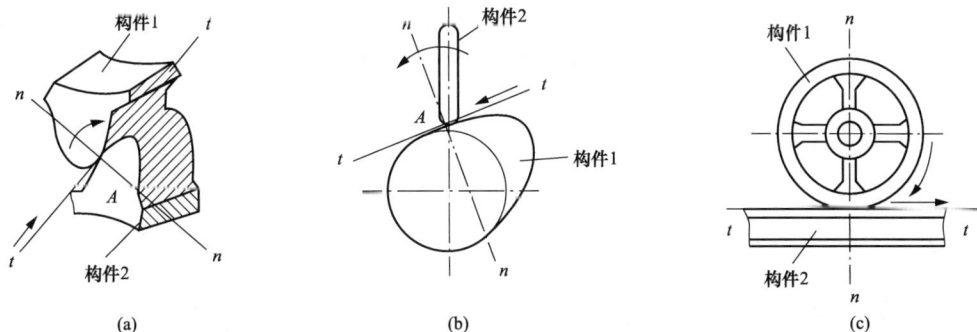

（a）　　　　　　　　　　（b）　　　　　　　　　　（c）

图 2-4　高副

此外，常用的运动副还有螺旋副和球面副，如图 2-5 所示。由于它们都是空间运动副，本章不作讨论。

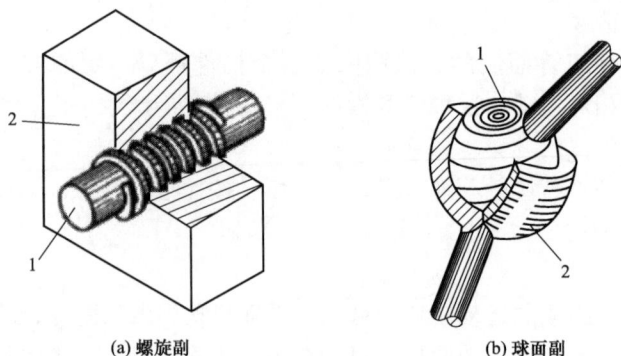

(a) 螺旋副　　　　　　　　　　(b) 球面副

图 2-5　螺旋副和球面副

第二节　平面机构运动简图

一、机构运动简图的概念

机构运动时，各构件的运动规律是由原动件的运动规律、机构中各个运动副的类型及运动副之间的相对位置来决定的，与构件的结构形状、断面尺寸、组成构件的零件数目及其连接方式无关。在分析机构运动时，为简便起见，可以撇开与运动无关的因素，按一定的比例定出运动副的相对位置，并以简单的线条及符号代表构件和运动副。这种表示机构中各构件间相对运动关系的简单图形称为机构运动简图。只要求定性地表示机构的组成及运动原理而不严格按比例绘制的机构图形称为机构示意图。

平面机构运动简图不仅能够简单明确地反映出机构中各个构件之间的相对运动关系，表达机构的运动特性，而且可以对机构进行运动分析和受力分析。因此，平面机构运动简图作为一种工程语言，是进行机构分析和设计的基础。

二、运动副的表示方法

由于两构件间的相对运动仅与其直接接触部分的几何形状有关，而与构件本身的实际结构无关，为突出运动关系，便于分析、研究，常将构件和运动副用简单的符号来表示。

1. 转动副

转动副用一个小圆圈表示，其圆心代表相对转动的轴线。两构件组成转动副时，其表示方法如图 2-6（a）～（c）所示。如果两构件之一为机架，则将表示机架的构件画上斜线。

2. 移动副

两构件组成移动副的表示方法如图 2-6（d）～（f）所示，其导路必须与相对移动方向一致。

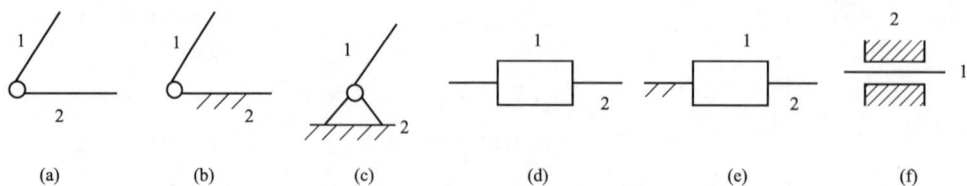

(a)　　　　(b)　　　　(c)　　　　(d)　　　　(e)　　　　(f)

图 2-6　平面低副的常用画法

3. 平面高副

当两个构件构成高副时，其运动简图中，可在两构件的接触处示意性地画出曲线轮廓。对于凸轮、滚子，习惯画出其全部轮廓，如图 2-7 （a）、（b）所示；对于齿轮，常用点画线画出其节圆，如图 2-7 （c）、（d）所示。

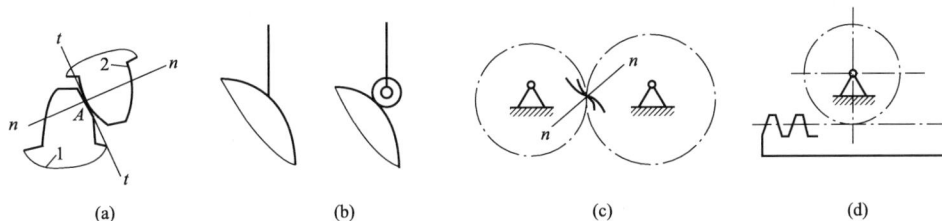

图 2-7　平面高副的常用画法

三、构件的常用画法

图 2-8 所示为固定构件。图 2-9 所示为同一构件，即两零件用焊接符号连接成一个构件。图 2-10 所示为双副构件，即一个构件含有两个运动副，这两个运动副可以都是转动副，见图 2-10 （a）；可以是一个移动副和一个转动副，图 （b） 表示移动副的导路经过转动副的中心，图 （c） 表示移动副的导路不经过转动副的中心；也可以两个都是移动副，如图 （d） 所示；还可以是一个转动副和一个高副，如图 （e） 所示。图 2-11 所示为三副构件，即一个构件含有三个运动副。其中，图 （a） 表示具有三个转动副并且分布在同一直线上的构件；图 （b） 表示具有两个转动副和一个移动副；图 （c）～图 （f） 表示的意义相同，都表示具有三个转动副并且转动副的中心不在同一直线上的构件。

图 2-8　固定构件的画法　　　　　　　图 2-9　同一构件

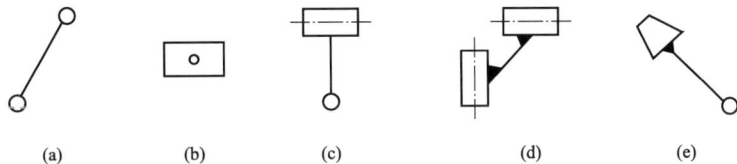

图 2-10　双副构件

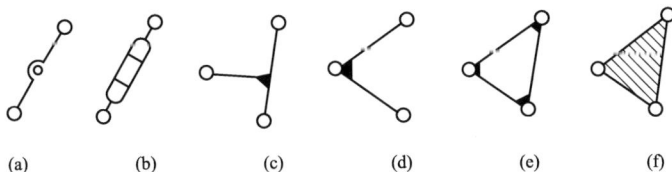

图 2-11　三副构件

四、平面机构运动简图的绘制步骤

（1）分析机构的组成，确定机架、原动件和从动件。

（2）由原动件开始，依次分析构件间的相对运动形式，确定运动副的类型和数目。

（3）选择适当的视图平面和运动件位置，以便清楚地表达各构件间的运动关系，通常选择运动平面或与运动平面平行的平面作为视图平面。

（4）选择合适的作图比例，从机架、运动件开始按相对位置关系依次画出各运动副，用直线或曲线连接同一构件上的运动副。图中各运动副按运动传递路线顺序标以大写英文字母，各构件标以阿拉伯数字，并将主动件的运动方向用箭头标明。

画机构运动简图时，原动件的位置通常选择机构运动过程中具有代表性的位置，如果选择特殊位置画图，可能会掩盖构件之间的一些运动关系或者位置关系。

【例 2-1】　绘制图 2-12（a）所示活塞泵的运动简图。

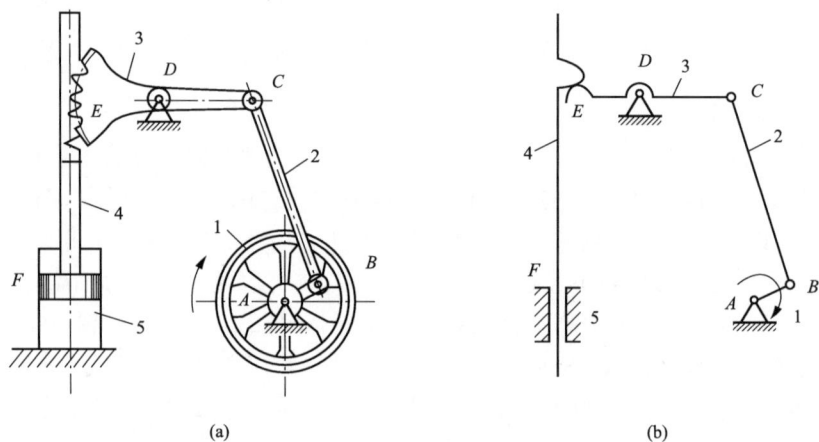

(a)　　　　　　　　　　　　(b)

图 2-12　活塞泵及其运动简图
1—曲轴；2—连杆；3—摆杆；4—活塞；5—机架

解　（1）机构分析。由图 2-12（a）可知，活塞泵是由机架 5（泵壳）、曲轴 1（盘）、连杆 2、摆杆 3、活塞 4 组成。曲轴 1 为原动件，摆杆 3 在连杆 2 的拖动下绕 D 点摆动，活塞 4 在摆杆 3 上的齿条驱动下做上下往复移动。因此，连杆 2、摆杆 3、活塞 4 为从动件。

（2）确定运动副的类型。构件 1 与构件 5、构件 1 与构件 2、构件 2 与构件 3、构件 3 与构件 5 之间为相对转动，组成转动副；构件 4 与构件 5 之间为相对移动，组成移动副；构件 3 与构件 4 之间组成高副——齿轮副。

（3）选择视图平面。该机构中各运动副的轴线互相平行，即所有的活动构件在同一平面，所以构件的运动平面作为视图平面，图中机构运动瞬时位置为原动件位置。

（4）按适当的比例，从构件 1 与机架连接的运动副 A 开始，按照运动与动力传动路线和已知运动尺寸 l_{AB}、l_{BC}、l_{CD}，D 点到构件 4 导路的距离和构件 4 导路的长度，依次确定各运动副 A、B、C、D、E、F 的位置，画上代表运动副的标号；用线段或曲线依次连接 A、B、C、D、E、F；用数字标注构件号，并在构件 1 上标注表示原动件运动方向的箭头。活塞泵机构运动简图如图 2-12（b）所示。

【例 2-2】　绘制如图 2-13（a）所示的颚式破碎机主体机构的运动简图。

解　（1）机构分析。由图 2-13（a）可知，颚式破碎机主机体机构由机架 1（固定构件）、偏心轴 2（主动件）、动颚板 3（工作执行件）和肘板 4 共四个构件组成，惯性轮 5 与机构运动分析无关，故不作考虑。当惯性轮带动偏心轴绕轴线转动时，驱使动颚板做平面运动，从而挤压矿石将其轧碎。

（2）确定运动副的类型。主动件偏心轴与机架组成转动副 A，偏心轴与动颚板组成转动副 B，肘板与动颚板组成转动副 C，肘板与机架组成转动副 D。

（3）选择视图平面。该机构中各运动副的轴线互相平行，即所有的活动构件在同一平面，因此选定构件的运动平面为视图平面。

（4）按适当的比例，根据各转动副之间的尺寸和位置关系，确定出四个转动副的位置，再用线段和符号绘制出机构运动简图，如图 2-13（c）所示。

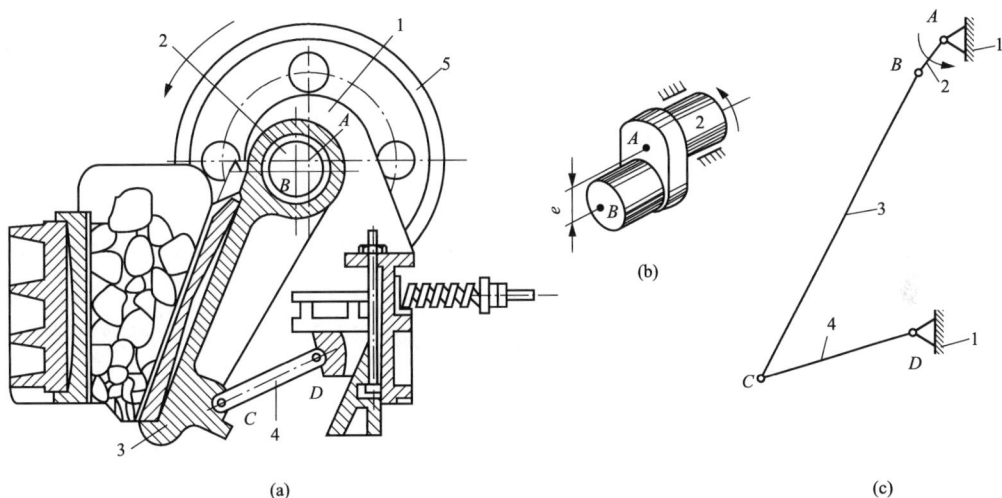

图 2-13　颚式破碎机及其机构运动简图
1—机架；2—偏心轴；3—动颚板；4—肘板；5—惯性轮

第三节　平面机构的自由度

一、平面机构自由度计算公式

一个做平面运动的自由构件具有 3 个自由度。假设一个平面机构有 n 个活动构件，在未用运动副连接之前，这些活动构件相对于机架的自由度总和为 $3n$。当用运动副连接组成机构之后，各构件的自由度受到约束，每个低副引入两个约束，每个高副引入一个约束。若此平面机构包含 P_L 个低副和 P_H 个高副，则机构中由运动副引入的约束总数为 $2P_L + P_H$。因此，n 个活动构件的自由度总数减去运动副引入的约束总数即为该机构的自由度，用 F 表示。故平面机构自由度计算公式为

$$F = 3n - 2P_L - P_H \qquad (2-1)$$

在图 2-14 所示的平面四杆机构中，构件 1、2、3、4 彼此用铰链连接。取构件 4 为机架，该机构中 $n=3$，$P_L=4$，$P_H=0$。根据式（2-1），该平面机构的自由度为

$$F = 3n - 2P_L - P_H = 3 \times 3 - 2 \times 4 - 0 = 1$$

机构的自由度 $F=1$，表明机构能够运动，且只具有一

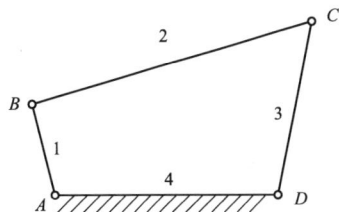

图 2-14　铰链四杆机构

个独立运动。

二、平面机构具有确定运动的条件

由式（2-1）可知，F 为机构相对机架的自由度数，要使机构能运动，必须使 $F>0$。自由度 $F \leqslant 0$ 时，机构不能运动，此时它相当于一个刚性桁架，如图 2-15 所示。

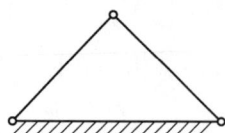

图 2-15　桁架

机构的自由度也是机构相对机架具有的独立运动的数目。由前述可知，从动件是不能独立运动的，只有原动件才能独立运动。通常每个原动件具有一个独立运动（如电动机转子具有一个独立转动，内燃机活塞具有一个独立移动），因此机构的自由度应当与原动件数相等。

图 2-13 所示的颚式破碎机工作装置共有 4 个构件，活动件为 $n=3$ 个，连接成 4 个低副和 0 个高副，则该机构的自由度为

$$F = 3 \times 3 - 2 \times 4 = 1$$

此机构只有一个原动件——偏心轴。由于原动件数等于机构自由度数，故该机构的运动是确定的。

综上可知，机构具有确定运动的条件是：机构自由度 $F>0$，且 F 等于原动件数。

三、计算机构自由度时应注意的问题

用式（2-1）计算机构自由度时，需要注意和正确处理以下几个问题，否则可能出现计算出的机构自由度与实际不符的情况。

1. 复合铰链

两个以上构件同时在一处用转动副相连接就构成复合铰链。图 2-16 所示为三个构件汇交成的复合铰链，可以看出，这三个构件共组成两个转动副。依此类推，K 个构件汇交而成的复合铰链具有 $K-1$ 个转动副。在计算机构自由度时应注意识别复合铰链，以免把转动副的个数算错。

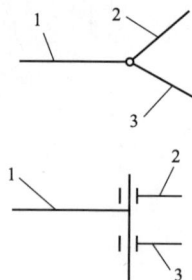

图 2-16　复合铰链

【**例 2-3**】　计算图 2-17 所示圆盘锯主体机构的自由度。

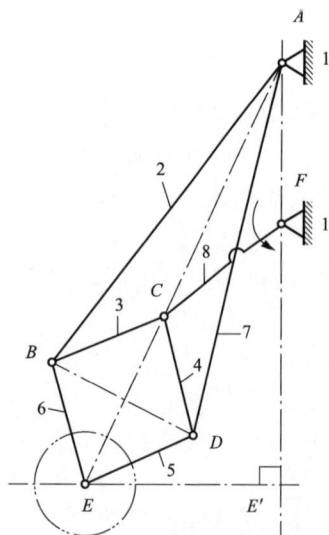

解　机构中有 7 个活动构件，$n=7$。A、B、C、D 四处都是三个构件汇交的复合铰链，各有两个转动副，E、F 处各有一个转动副，故 $P_L=10$。由式（2-1）可得

$$F = 3n - 2P_L - P_H = 3 \times 7 - 2 \times 10 = 1$$

F 与机构原动件数相等。当原动件 8 转动时，圆盘中心 E 将确定地沿 EE' 移动。

在由机架、杆件、滑块或齿轮等多个构件组成的转动副中，如图 2-18 所示的几种情况都属于复合铰链。

2. 局部自由度

所谓局部自由度是指机构中某些构件具有的并不影响其他构件运动关系的自由度。图 2-19（a）所示的凸轮机构中，构件 2 为一圆柱滚子，可相对其转动中心 C 自由转动，显然，构件 2 的转动并不影响凸轮 1 和从动件 3 之间的运动关

图 2-17　圆盘锯机构

系。因此，滚子 2 相对其转动中心 C 的转动是局部自由度。局部自由度不影响机构的运动，在计算机构自由度时应把它除去，如图 2-19（b）所示，设想将滚子 2 与从动件 3 焊接在一起后，再按图 2-19（b）计算机构的自由度，可得

$$F = 3n - 2P_L - P_H = 3 \times 2 - 2 \times 2 - 1 = 1$$

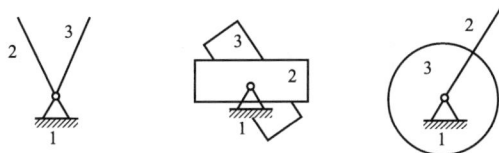

图 2-18 几种常用的复合铰链

3. 虚约束

在运动副引入的约束中，有些约束对机构自由度的影响是重复的。这些对机构运动不起限制作用的重复约束，称为消极约束或虚约束，在计算机构自由度时，应当除去不计。平面机构中的虚约束常出现在下列场合。

（1）两个构件之间组成多个导路平行的移动副时，只有一个移动副起作用，其余都是虚约束。如图 2-20（a）所示的凸轮机构中，从动件 2 在 A、B 处分别与机架 3 组成导路重合的移动副，计算机构自由度时只能算一个移动副，另一个为虚约束。

（2）两个构件之间组成多个轴线重合的回转副时，只有一个回转副起作用，其余都是虚约束。如图 2-20（b）所示，安装齿轮的轴与两个轴承之间组成两个相同且轴线重合的回转副 A 和 B，只能看作一个回转副。

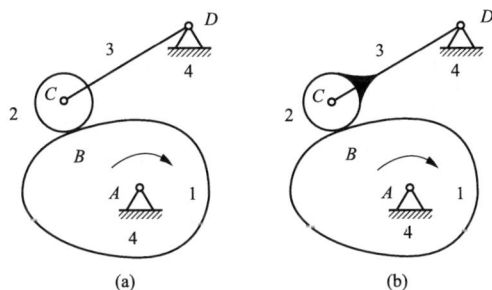

图 2-19 局部自由度
1—凸轮；2—滚子；3—从动件；4—机架

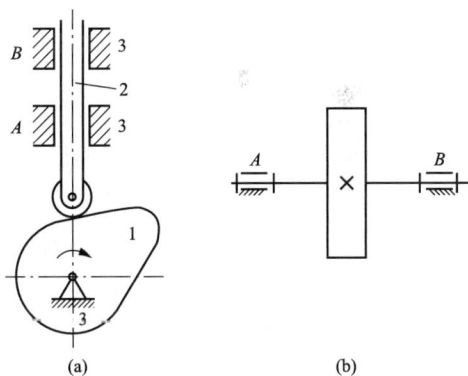

图 2-20 移动副和转动副中的虚约束
1—凸轮；2—从动件；3—机架

（3）机构中对传递运动不起独立作用的对称部分，也为虚约束。如图 2-21 所示的轮系中，中心轮 1 经过两个对称布置的小齿轮 2 和 2′驱动内齿轮 3，其中有一个小齿轮对传递运动不起独立作用。但由于第二个小齿轮的加入，使机构增加了一个虚约束。应当注意，对于虚约束，从机构的运动观点来看是多余的，但从增强构件刚度、改善机构受力状况等方面来看，都是必需的。

（4）两构件组成多处接触点且公法线重合的高副。如图 2-22 所示的机构，计算自由度时只应考虑一处高副，另一接触处为虚约束。

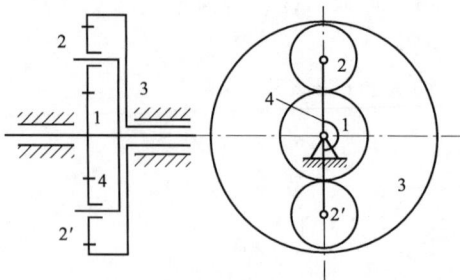

图 2-21　对称结构中的虚约束　　　　　　　　图 2-22　高副中的虚约束

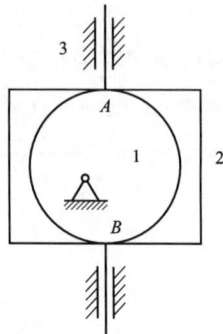

（5）重复轨迹的虚约束。在机构的运动过程中，如果两个构件上的两点之间的距离始终不变，则用一个构件和两个转动副将这两点连接起来，就会引入虚约束。

如图 2-23（b）所示的机构中，由于 EF 平行并等于 AB 及 CD，杆 5 上 E 点的轨迹与杆 3 上 E 点的轨迹完全重合，因此，由 EF 杆与杆 3 连接点上产生的约束为虚约束，计算时应将其去除，如图 2-23（a）所示。但如果不满足上述几何条件，则 EF 杆带入的约束为有效约束，如图 2-23（c）所示。

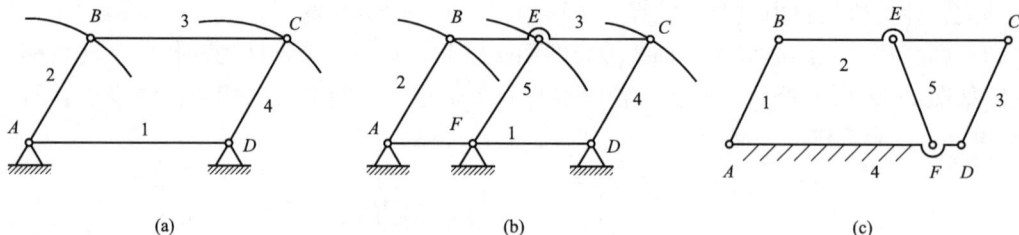

(a)　　　　　　　　　　(b)　　　　　　　　　　(c)

图 2-23　构件重复轨迹中的虚约束

机构中的虚约束都是在一定的特殊几何条件下产生的，这些条件对机构中零件的加工和机构的装配提出了较高的要求。如果这些几何条件不能满足，虚约束就会变成真实的约束而影响机构的运动。但在各种实际机构中，为了改善构件的受力情况、增加机构的强度和刚度，虚约束又是必不可少的。

【例 2-4】　计算图 2-24（a）所示大筛机构的自由度。

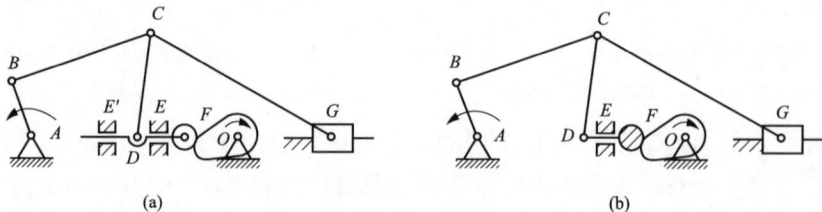

(a)　　　　　　　　　　　　　　　　　(b)

图 2-24　大筛机构

解　机构中的滚子有一个局部自由度；顶杆与机架在 E 和 E' 组成两个导路方向平行的移动副，其中之一为虚约束；C 处是复合铰链。现将滚子与顶杆焊成一体，去掉移动副 E，并在 C 点注明转动副个数如图 2-24（b）所示。由图 2-24（b）可知，$n=7$，$P_L=9$（7 个转

动副，2 个移动副），$P_H = 1$，根据式（2-1）得

$$F = 3n - 2P_L - P_H = 3 \times 7 - 2 \times 9 - 1 = 2$$

机构自由度等于 2，具有两个原动件。

第四节　速度瞬心及其在机构速度分析上的应用

一、速度瞬心

如图 2-25 所示，刚体 2 相对刚体 1 做平面运动，在任一瞬时，其相对运动可看作是绕某一重合点的转动，该重合点称为速度瞬心或瞬时回转中心，简称瞬心。因此，瞬心是两刚体上绝对速度相同的重合点（简称同速点）。瞬心有两类，即绝对瞬心和相对瞬心。

（1）绝对瞬心。如果两刚体（构件）之一是固定不动的，其瞬心称为绝对瞬心，如图 2-25 所示。

（2）相对瞬心。如果两刚体（构件）都处于运动之中，其瞬心称为相对瞬心，如图 2-26 所示。

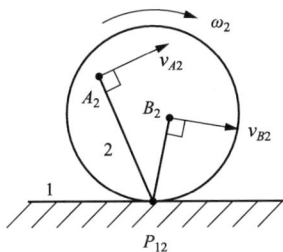

图 2-25　绝对瞬心
1—机架（刚体）；2—刚体

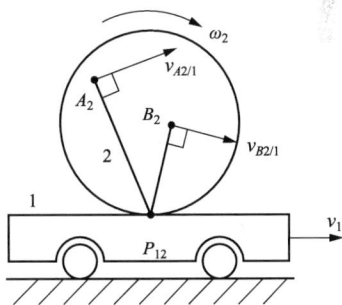

图 2-26　相对瞬心
1、2—刚体

二、瞬心的求法

对于平面机构，任意两个互做平面运动的构件之间都有一个瞬心。因此，若机构有 N 个构件，则该机构的瞬心总数 K 可按组合公式计算：

$$K = \frac{N(N-1)}{2} \tag{2-2}$$

机构中的任意两个构件，它们或组成运动副，或不组成运动副。对于前者，其瞬心可用观察法确定；对于后者，则需用三心定理法来求。

1. 观察法

如图 2-27 所示，当两构件组成转动副时，转动副的中心就是绝对速度相等的重合点，即瞬心 P_{12}。如图 2-28 所示，当两构件组成移动副时，由于各重合点的相对速度方向都是平行于导路方向的，所以其瞬心 P_2 必位于垂直于导路方向的无穷远处。如图 2-29 所示，当两构件组成滚滑副时，因其接触点 M 处有沿切线方向的相对滑动速度，故其瞬心 P 应位于过 M 点的公法线 n 上，至于在 n—n 上的具体位置，这里由于相对滑动速度的值未知而不能定出，需通过其他关系来确定。

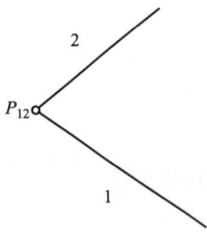

图 2-27 转动副的瞬心　　　图 2-28 移动副的瞬心　　　图 2-29 滚滑副的瞬心

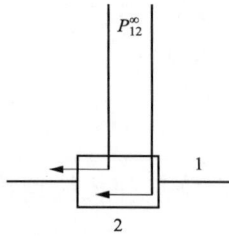

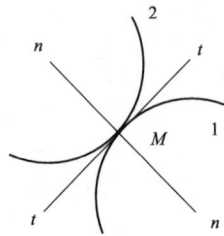

2. 三心定理法

对于不直接接触的各个构件，其瞬心可用三心定理寻求：做相对平面运动的三个构件共有三个瞬心，这三个瞬心位于同一直线上。

如图 2-30 所示，三个互做平面平行运动的构件 1、2、3，共有三个瞬心，即 P_{12}、P_{13} 和 P_{23}。为研究方便，设构件 1、3 固定，构件 1、3 和构件 2、3 分别组成转动副 A 和 B，则转动副 A、B 的中心分别是构件 1、3 和构件 2、3 的瞬心 P_{13} 和 P_{23}。构件 1、2 不组成运动副，但其瞬心 P_{12} 必在 P_{13} 和 P_{23} 的连线上。这是因为瞬心是两构件绝对速度（大小、方向）相等的瞬时重合点，若 P_{12} 不在 P_{13} 和 P_{23} 的连线上，而在图示的 C 点上，那么 v_{C1}、v_{C2} 的方向就无法一致，所以 P_{13}、P_{23} 和 P_{12} 三个瞬心必位于同一直线上。至于 P_{12} 的具体位置只有在构件 1、2 的运动已知时才能求出。

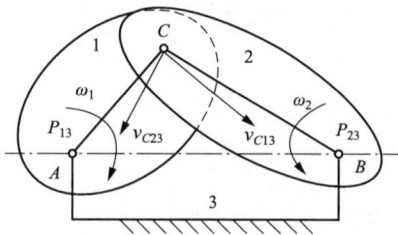

图 2-30 三心定理
1、2—构件；3—机架

值得注意的是，这三个瞬心的下标之间的关系：去掉两个瞬心下标中相同的 P_{13}、P_{23} 中的"3"，则该两瞬心下标中余下的数码"1"和"2"恰是第三个瞬心 P_{12} 的下标。

【例 2-5】 求如图 2-28 所示铰链四杆机构各瞬心的位置。

解 机构的瞬心数为

$$K = \frac{N(N-1)}{2} = \frac{4 \times (4-1)}{2} = 6$$

即构件 1 与 2、1 与 3、1 与 4、2 与 3、2 与 4、3 与 4 的瞬心是 P_{12}、P_{13}、P_{14}、P_{23}、P_{24}、P_{34}。

由观察法知，瞬心 P_{12}、P_{23}、P_{34}、P_{14} 分别位于四个转动副的中心上，如图 2-31 所示。瞬心 P_{13}、P_{24} 可用三心定理求得。由下标关系可知，P_{13} 既在 P_{12} 和 P_{23} 的连线上，也在 P_{14} 和 P_{34} 的连线上，故该两线的交点就是瞬心 P_{13}。同理，P_{24} 应在连线 $P_{12}P_{14}$ 和 $P_{23}P_{34}$ 的交点上。在这六个瞬心中，凡下标中带机架标号 4 的是绝对瞬心，其余为相对瞬心。

三、用瞬心法分析机构的速度

用速度瞬心可以比较方便地对机构进行速度分析。

【例 2-6】 如图 2-31 所示，若已知主动件的角速度为 ω_1，求构件 2、3 在图示位置的角速度 ω_2、ω_3。

解 （1）求 ω_3。因 P_{13} 是构件 1、3 具有绝对速度相等的瞬时重合点——相对瞬心，所

以其速度 $v_{P_{13}}$ 可写为

$$v_{P_{13}} = \omega_1 l_{P_{14}P_{13}} = \omega_3 l_{P_{34}P_{13}} \quad (方向如图)$$

所以 $\omega_3 = \omega_1 \dfrac{l_{P_{14}P_{13}}}{l_{P_{34}P_{13}}} = \omega_1 \dfrac{P_{14}P_{13}\mu_l}{P_{34}P_{13}\mu_l} = \omega_1 \dfrac{P_{14}P_{13}}{P_{34}P_{13}}$ （逆时

针方向）

其中，μ_l 为长度比例尺，$P_{14}P_{13}$、$P_{34}P_{13}$ 长度可在图中量得。现 P_{13} 落在连线 $P_{34}P_{13}$ 之外，因此两连架杆的角速度 ω_1、ω_3 转向相同。若 P_{13} 落在连线 $P_{34}P_{13}$ 之内，则 ω_1、ω_3 转向相反。

（2）求 ω_2。P_{24} 是构件 2、4 的绝对瞬心，这时构件 2 上其他各点都绕 P_{24} 转动，其上 B 点的速度为

$$v_B = \omega_2 P_{24}P_{12}\mu_l = \omega_1 P_{14}P_{12}\mu_l \quad (方向如图)$$

所以　　　$\omega_2 = \omega_1 \dfrac{P_{14}P_{12}}{P_{24}P_{12}}$ （顺时针方向）

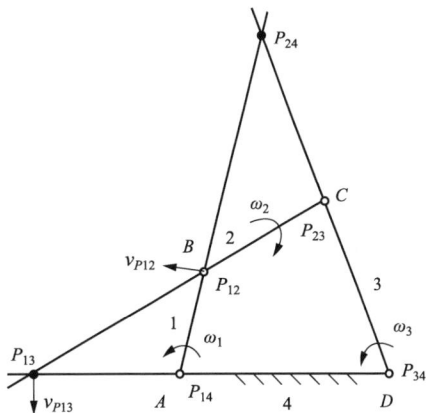

图 2-31　铰链四杆机构各瞬心
1、3—连架杆；2—连杆；4—机架

其中，$P_{14}P_{12}$、$P_{24}P_{12}$ 的长度可在图中量得。

用瞬心法对简单机构进行速度分析比较方便，不足之处是当构件较多时瞬心数目太多求解费时，且作图时可能会有某些瞬心落在图纸之外。

习　题

2-1　如图 2-32 所示的缝纫机下针机构，试绘制其机构运动简图。

2-2　如图 2-33 所示的唧筒机构，试绘制其机构运动简图。

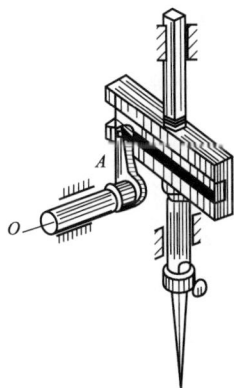

图 2-32　题 2-1 图

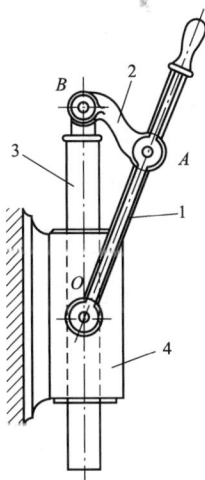

图 2-33　题 2-2 图

2-3　计算如图 2-34 所示平面机构的自由度。（机构中若有复合铰链、局部自由度、虚约束，予以指出）

2-4　求出如图 2-35 所示导杆机构的全部瞬心和构件 1、3 的角速度比。

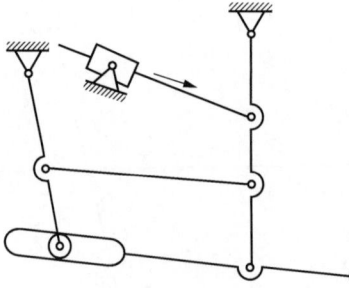

(a) 平炉渣口堵塞机构

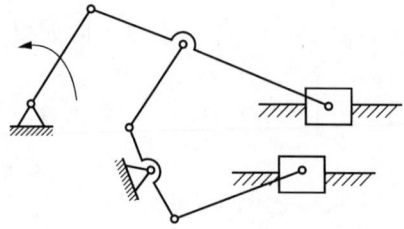

(b) 发动机机构

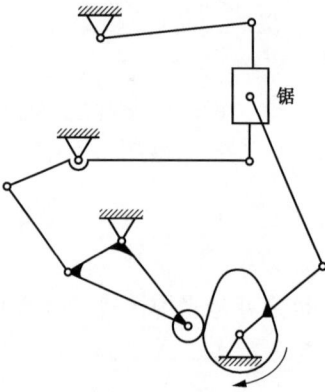

(c) 锯木机机构

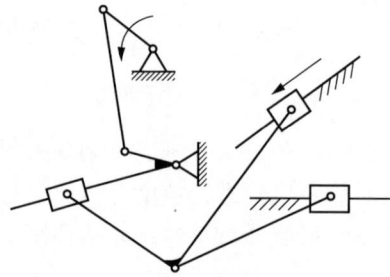

(d) 加药泵加药机构

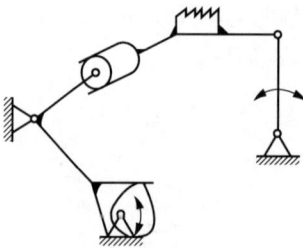

(e) 缝纫机送布机构

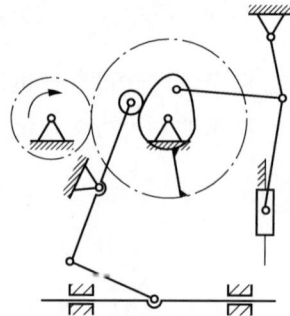

(f) 冲压机构

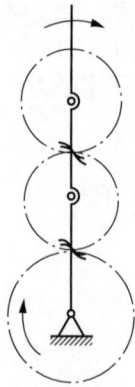

(g) 差动轮系

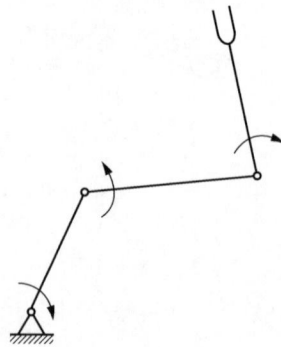

(h) 机械手

图 2-34　题 2-3 图

2-5　求出如图 2-36 所示正切机构的全部瞬心。设 $\omega_1 = 10\text{rad/s}$，求构件 3 的速度 ω_3。

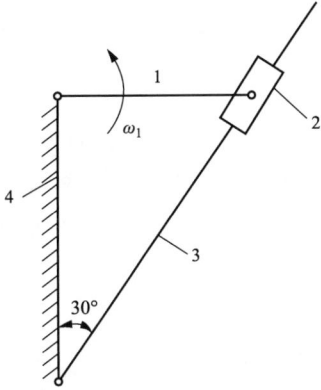
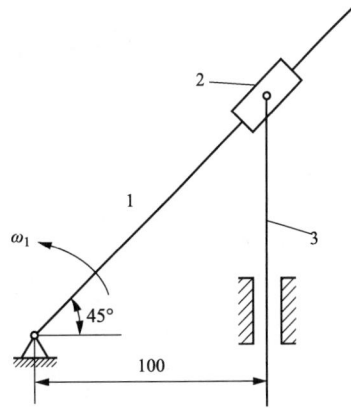

图 2-35　题 2-4 图　　　　　　　　　　　图 2-36　题 2-5 图

2-6　如图 2-37 所示的摩擦行星传动机构，设行星轮 2 与构件 1、4 保持纯滚动接触，试用瞬心法求轮 1 与轮 2 的角速度比 ω_1/ω_2。

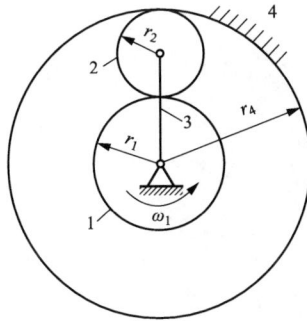

图 2-37　题 2-6 图

第三章 平面连杆机构

平面连杆机构是由若干个刚性构件通过低副（转动副、移动副）连接而成，且各构件均在相互平行的平面内运动的机构。最简单的平面连杆机构由四个构件组成，称为平面四杆机构。它是组成多杆机构的基础。本章着重介绍平面四杆机构的基本类型、特性及其常用的设计方法。

第一节 平面四杆机构的基本类型及其应用

平面连杆机构广泛应用于各种机械中，例如内燃机中的曲柄滑块机构（见图 3-1）、颚式破碎机中的铰链四杆机构（见图 3-2）、折叠伞的收放机构、缝机中的脚踏驱动机构等。平面连杆机构也称为平面低副机构。

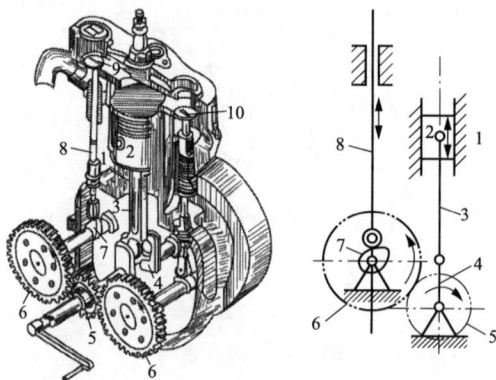

图 3-1 内燃机中的曲柄滑块机构

1—气缸体（机架）；2—活塞（滑块）；3—连杆；4—曲柄；5、6—齿轮；
7—凸轮；8—顶杆；9—进气阀；10—排气阀

平面连杆机构作为低副机构具有以下优点：

（1）构件间均为面接触，承载能力强、耐磨损。

（2）低副的接触表面是圆柱面或平面，制造简便并能获得较高的制造精度。

（3）可以实现多种形式的运动变换。当原动件以相同的运动规律运动时，通过改变各构件的相对长度，可使从动件获得不同的运动规律。

（4）可以实现各种复杂的运动轨迹。连杆构件上不同的点具有不同形状的运动轨迹，并且其形状还受到各构件相对长度的影响，因而可以得到各种不同形状的运动轨迹。

平面连杆机构具有以下缺点：

（1）连杆机构通常具有较长的运动链，由于尺寸误差和磨损产生的间隙，会使机构形成较大的累积误差，从而降低传动的精度和效率。

（2）机构中做平面复杂运动和往复运动的构件所产生的惯性力难以平衡，故在高速时产生的动载荷将引起较大的振动。

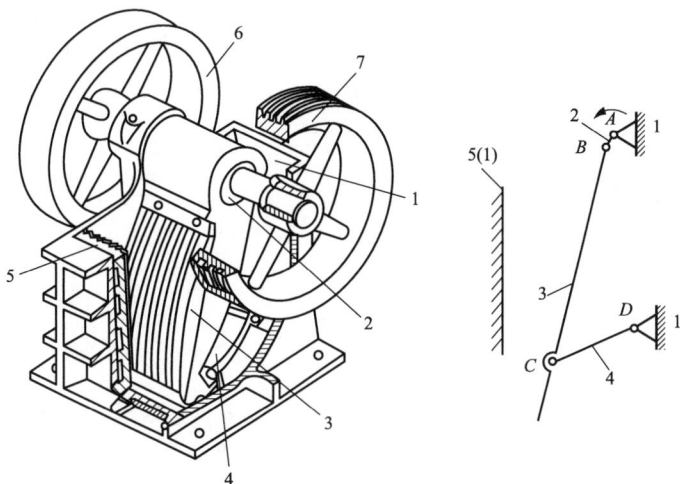

图 3-2　颚式破碎机中的铰链四杆机构

1—机架；2—偏心轴（曲柄）；3—动颚（连杆）；4—肘板（摇杆）；5—定板；6—飞轮；7—带轮

现代设计方法、计算机技术的广泛应用，为连杆机构的设计提供了更为有效的科学方法和手段，使连杆机构得到新的发展和更广泛的应用。

第二节　平面连杆机构的基本形式及演化

平面四杆机构种类繁多，按照所含移动副数目的不同，可分为全转动副的铰链四杆机构、含一个移动副的四杆机构和含两个移动副的四杆机构。

一、铰链四杆机构

全部用转动副相连的平面四杆机构称为平面铰链四杆机构，简称铰链四杆机构。如图 3-3（a）所示，机构的固定构件 4 称为机架，与机架用转动副相连接的构件 1 和 3 称为连架杆，不与机架直接连接的构件 2 称为连杆。若组成转动副的两构件能做整周相对转动，则称该转动副为整转副，否则称为摆动副。与机架组成整转副的连架杆称为曲柄，与机架组成摆动副的连架杆称为摇杆。

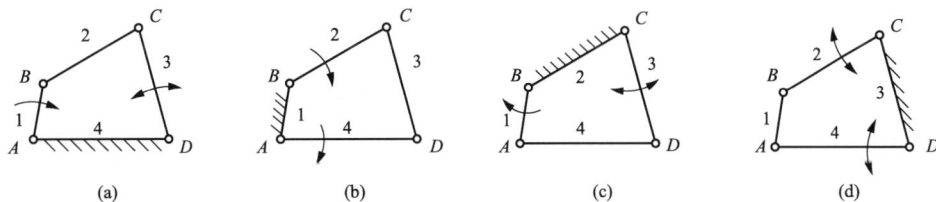

图 3-3　铰链四杆机构

根据两连架杆是曲柄或摇杆的不同，铰链四杆机构可分为三种基本形式：曲柄摇杆机构、双曲柄机构和双摇杆机构。

1. 曲柄摇杆机构

在铰链四杆机构中，若两个连架杆，一个为曲柄，另一个为摇杆，则此铰链四杆机构称为曲柄摇杆机构。通常曲柄为原动件，并做匀速转动；而摇杆为从动件，做变速往复摆动。

曲柄摇杆机构能实现整圈转动与往复摆动的转换。若取曲柄为主动件，则将曲柄的等速（或不等速）整圈转动变为摇杆的不等速往复摆动；若取摇杆为主动件，则将摇杆的不等速往复摆动变为曲柄的等速（或不等速）整圈转动。图 3-4 所示为雷达调整机构中所用的铰链四杆机构，是以曲柄为主动件的曲柄摇杆机构的实例。图 3-5 所示为缝纫机脚踏板驱动机构，则是以摇杆为主动件的曲柄摇杆机构的实例。

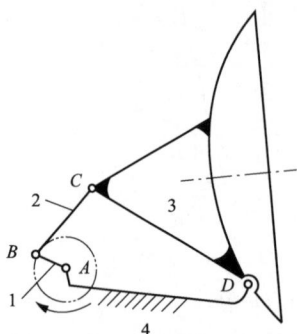

图 3-4 雷达调整机构

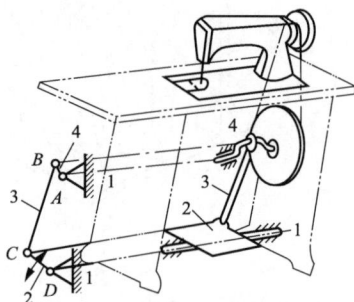

图 3-5 缝纫机脚踏板驱动机构

2. 双曲柄机构

当两连架杆都做整周转动时，该铰链四杆机构称为双曲柄机构。此机构的特点是主动曲柄匀速转动，从动曲柄变速转动。如图 3-6 所示的惯性筛机构正是利用双曲柄机构的特点设计的。

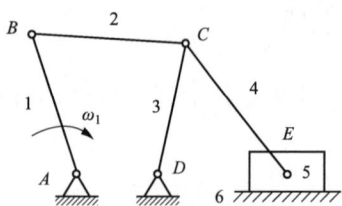

图 3-6 惯性筛机构

在双曲柄机构中，最常用的是平行四边形机构，即对边平行且相等的铰链四杆机构。在这种机构中，两曲柄转向相同、角速度相等，如图 3-7 (a) 所示。图 3-7 (b) 所示为这种机构在机车车轮中的应用，图 3-7 (c) 所示为其在摄影平台升降机构中的应用。

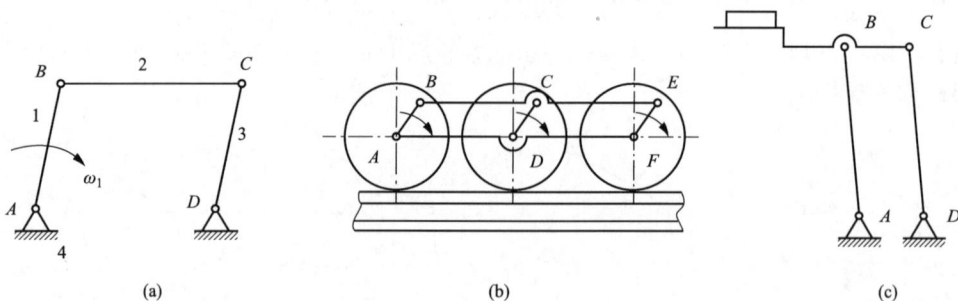

(a)

(b)

(c)

图 3-7 平行四边形机构

在如图 3-8 (a) 所示的双曲柄机构中，两曲柄长度相等，但并不平行，这种机构称为反平行四边形机构。此机构的特点是主动曲柄匀速转动，从动曲柄变速转动，且两曲柄转向相反。利用这一特点，将此机构用在车门的开闭机构中，从而达到两扇车门同时敞开或关闭的目的，如图 3-8 (b) 所示。

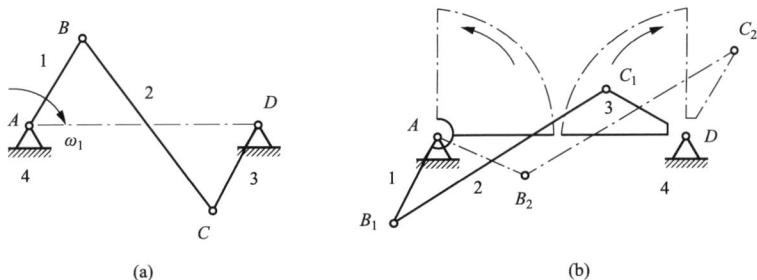

图 3-8 反平行四边形机构

3. 双摇杆机构

当铰链四杆机构中的两个连架杆都只能在一定角度范围内摆动时，该铰链四杆机构称为双摇杆机构。该四杆机构可实现两连架杆的某个位置要求的运动。例如飞机起落架机构和汽车前轮转向机构，见图 3-9 和图 3-10。

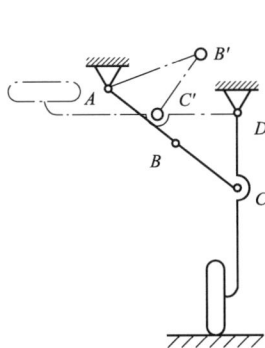

图 3-9　飞机起落架机构

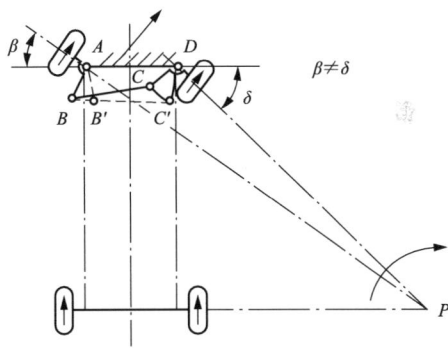

图 3-10　汽车前轮转向机构

两摇杆长度相等的双摇杆机构，称为等腰梯形机构。如图 3-10 所示轮式车辆的前轮转向机构就是等腰梯形机构的应用实例。车辆转弯时，与前轮轴固连的两个摇杆的摆角 β 和 δ 不等。如果在任意位置都能使两前轮轴线的交点 P 落在后轮轴线的延长线上，则当整个车身绕 P 转动时，四个车轮都能在地面上纯滚动，避免轮胎因滑动而损伤。等腰梯形机构就能近似地满足这一要求。

二、平面四杆机构的演化

在工程实际中，除了铰链四杆机构外，还常用到其他形式的平面四杆机构。为了便于研究，常将这些形式的平面四杆机构看成由铰链四杆机构通过各种方法演化而来（机构的演化也称为机构的变异）。机构演化的目的主要是满足机构运动方面的要求和机构设计上的要求，同时也改善构件的受力状况。下面分别介绍几种常见的演化方法及演化后的机构（也称为变异机构）。

1. 改变构件的形状和尺寸

适当地改变机构中构件的形状和尺寸，可以将转动副演化成移动副。曲柄滑块机构和双滑块机构就是这样演化的典型实例。

（1）曲柄滑块机构。在如图 3-11（a）所示的曲柄摇杆机构中，若用以摇杆转动中心 D 为圆心、摇杆 4 的长度 l_4 为半径的固定圆弧槽内滑动的滑块来代替摇杆，见图 3-11（b），则机构各构件间的相对运动并不会改变，但此时铰链四杆机构已演化为具有曲线导轨的曲柄滑块机构。

当如图 3-11 （b） 所示的 l_4 增至无穷大时（此时机架 1 的长度 l_1 也会增至无穷大），D 将趋于无穷远，上述替代中的圆弧槽就变为一直线，曲柄摇杆机构即演化为常见的曲柄滑块机构。根据滑块往复移动的导路中心线 m—m 是否通过曲柄转动中心 A，又分别称为对心曲柄滑块机构 ［见图 3-11 （c）］ 和偏距为 e 的偏置曲柄滑块机构 ［见图 3-11 （d）］。

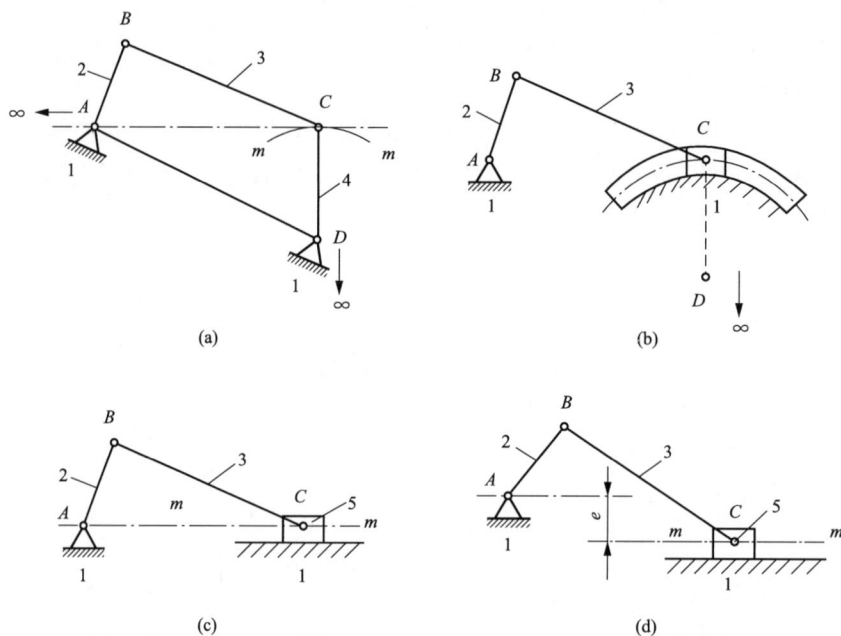

图 3-11　曲柄滑块机构的演化

这类机构在内燃机、压力机、空气压缩机、往复式水泵等机械中得到了广泛应用。

（2）双滑块机构。图 3-11 （c） 所示的曲柄滑块机构还可进一步演化为双滑块机构，当机构的曲柄 2 长度 l 也增至无穷大，且其转动中心 A 沿水平方向向左趋于无穷远时 ［见图 3-12 （a）］，曲柄也将被沿竖直方向做直线移动的滑块 2 所代替，则曲柄滑块机构演化为含有两个移动副的双滑块机构，如图 3-12 （b） 所示。

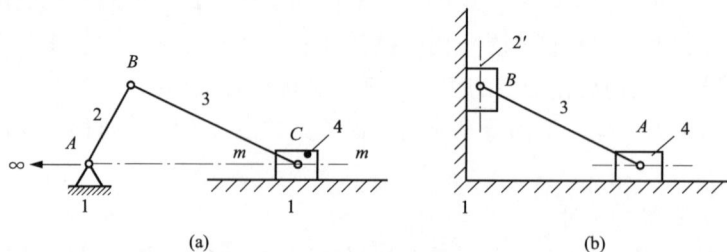

图 3-12　双滑块机构的演化 （一）
1—机架；2—曲柄；2′、4—滑块；3—连杆

图 3-13 所示的椭圆仪机构即为双滑块机构的具体应用。机构的连杆 3 上除中点 M 的轨

迹为圆以外，其余各点轨迹均为椭圆。

　　同样，在如图 3-14（a）所示的曲柄滑块机构中，当连杆长度增至无穷大，且其相对于滑块 4 的转动中心 C 沿水平方向向右趋于无穷远时［见图 3-14（b）］，连杆将被滑块 3（相对于滑块 4 沿竖直方向直线移动）所代替，曲柄滑块机构即演化为另一形式的双滑块机构［见图 3-14（c）］。该机构中，当曲柄 2 转动时，滑块 4 的水平位移按余弦规律变化（$s_2 = l_2\cos\varphi$），故又称为余弦机构。余弦机构常应用于计算装置中。

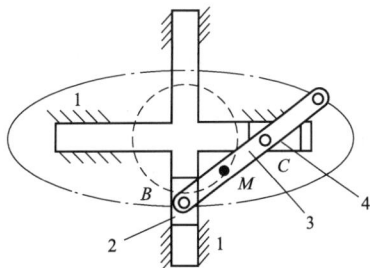

图 3-13　椭圆仪机构
1—机架；2、4—滑块；3—连杆

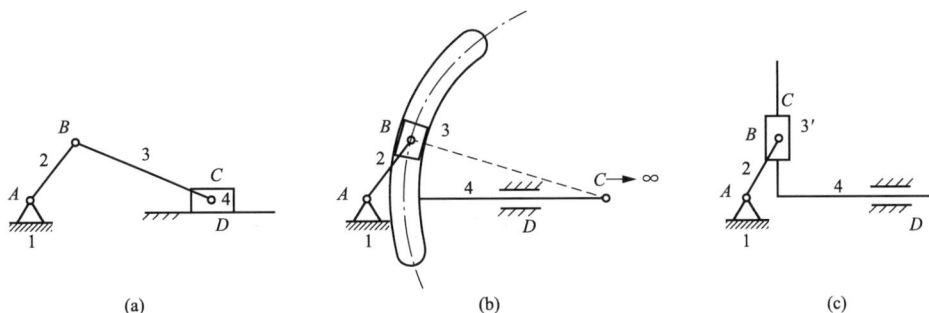

（a）　　　　　　　（b）　　　　　　　（c）

图 3-14　双滑块机构的演化（二）
1—机架；2—曲柄；3—连杆；3′、4—滑块

　　2. 变更机架

　　在机构中若取不同的构件作为机架，称为对机构进行倒置，倒置后可得到不同的机构。如图 3-11（a）所示的曲柄摇杆机构，当分别选取不同的构件作为机架时，即可得到曲柄摇杆机构、双摇杆机构和双曲柄机构。对如图 3-15（a）所示的曲柄滑块机构进行倒置，可分别得到导杆机构、摇块机构和定块机构。

　　（1）导杆机构。导杆机构可以看成是改变曲柄滑块机构中的固定构件演化而来的。如图 3-11（d）所示的曲柄滑块机构，若改取杆 1 为固定件，即得图 3-15（b）所示的导杆机构。杆 4 称为导杆，滑块 3 相对导杆滑动并一起绕 A 点转动。通常取杆 2 为原动件，当 $l_1 < l_2$ 时，杆 2 和杆 4 可整周转动，称为曲柄转动导杆机构或转动导杆机构；当 $l_1 > l_2$ 时，杆 4 只能往复摆动，称为曲柄摆动导杆机构或摆动导杆机构。由于导杆机构的传动角始终等于 90°，具有很好的传力性能，故用于牛头刨床、插床和回转式油泵之中。

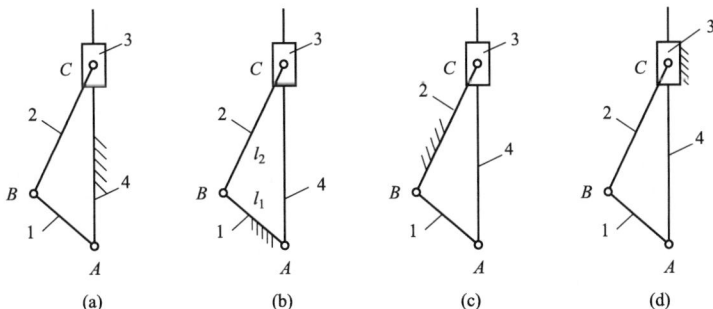

（a）　　　　　　　（b）　　　　　　　（c）　　　　　　　（d）

图 3-15　曲柄滑块机构的演化

（2）摇块机构。在图 3-11（d）所示的曲柄滑块机构中，若取杆 2 为固定件，即可得如图 3-15（c）所示的摆动滑块机构（或称摇块机构）。此时，滑块只能绕 C 点摆动，称为摇块，其运动特点是若杆 1 做整周回转或摆动，导杆 4 相对滑块 3 移动，并一起绕 C 点摆动。这种机构广泛应用于摆动式内燃机和液压驱动装置中。在如图 3-16 所示的自卸货车自动翻转卸料机构中，当油缸 3 中的压力油推动活塞杆 4 运动时，车厢 1 便绕回转副中心 B 倾转，当达到一定角度时，物料就自动卸下。

（3）定块机构。在如图 3-11（d）所示的曲柄滑块机构中，若取滑块 3 为固定件，即可得如图 3-15（d）所示的固定滑块机构（或称定块机构），其运动特点是当主动件杆 1 回转时，2 绕 C 点摆动杆 4 仅相对固定滑块做往复移动。这种机构常用于抽水唧筒（见图 3-17）和抽油泵中。

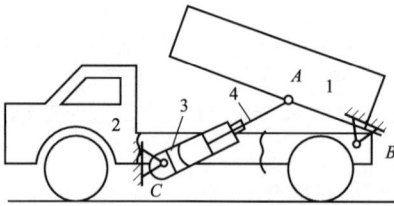

图 3-16 自卸货车

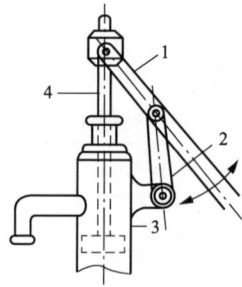

图 3-17 抽水唧筒

3. 扩大转动副

图 3-18 所示为偏心轮机构。杆 1 为圆盘，其几何中心为 B，因运动时该圆盘绕偏心 A 转动，故称为偏心轮。A、B 之间的距离 e 称为偏心距。按照相对运动的关系，可画出该机构的运动简图，如图 3-18（b）所示。由图可知，偏心轮是回转副 B 扩大到包括回转副 A 而形成的，偏心距 e 即为曲柄的长度。

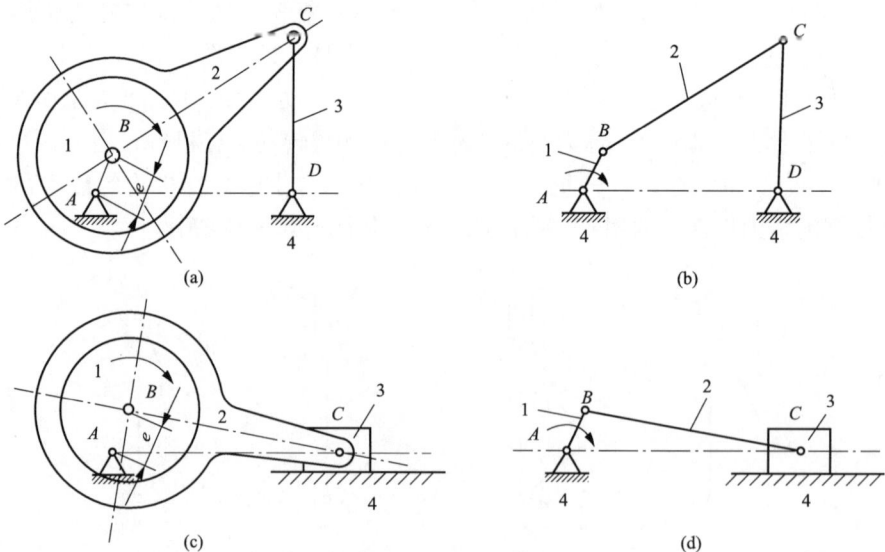

图 3-18 偏心轮机构

同理，图 3-18（c）所示的偏心轮机构可用图 3-18（d）来表示。

当曲柄长度很小时，通常都把曲柄做成偏心轮，这样不仅增大了轴颈的尺寸，提高了偏心轴的强度和刚度，而且当轴颈位于中部时，还可安装整体式连杆，使结构简化。因此，偏心轮广泛应用于传力较大的剪床、冲床、颚式破碎机、内燃机等机械中。

第三节　平面四杆机构的基本特性

平面四杆机构的基本特性包括运动特性和传力特性两个方面，这些特性不仅反映了机构传递和变换运动与力的性能，也是四杆机构类型选择和运动设计的主要依据。

一、铰链四杆机构曲柄存在的条件

工程实际中，用于驱动机构运动的原动机通常是做整周转动的（如电动机），这就要求机构的主动件也能做整周转动，即主动件是曲柄。为此，需要对平面四杆机构存在曲柄的条件加以研究。下面以铰链四杆机构为例来分析其存在曲柄的条件。

如图 3-19 所示，曲柄摇杆机构中构件 1 为曲柄，构件 2 为连杆，构件 3 为摇杆，构件 4 为机架，各杆的长度分别为 l_1、l_2、l_3、l_4。如果构件 1 为曲柄，则它一定做整周转动，也必能顺利通过与机架共线的两个位置 AB_1 和 AB_2。考察曲柄与机架共线时的两个位置所形成的 $\triangle B_1C_1D$ 和 $\triangle B_2C_2D$，分析其边长关系，可得

$$l_1 + l_2 \leqslant l_3 + l_4$$
$$l_3 \leqslant (l_2 - l_1) + l_4$$
$$l_4 \leqslant (l_2 - l_1) + l_3$$

即

$$\begin{cases} l_1 + l_2 \leqslant l_3 + l_4 \\ l_1 + l_3 \leqslant l_2 + l_4 \\ l_1 + l_4 \leqslant l_2 + l_3 \end{cases} \tag{3-1}$$

整理得

$$\begin{cases} l_1 \leqslant l_2 \\ l_1 \leqslant l_3 \\ l_1 \leqslant l_4 \end{cases} \tag{3-2}$$

式（3-2）表明构件 1 为最短杆。实际上述分析中，如果构件 1 为最短杆，也可得出与式（3-1）和式（3-2）类似的公式。由此可得铰链四杆机构具有曲柄的条件如下：

（1）最长杆与最短杆的长度之和小于或等于其余两杆长度之和。

（2）最短杆或其相邻杆应为机架。

根据有曲柄的条件可得出以下推论：

（1）当最长杆与最短杆长度之和小于或等于其余两杆长度之和时：①最短杆为机架时得到双曲柄

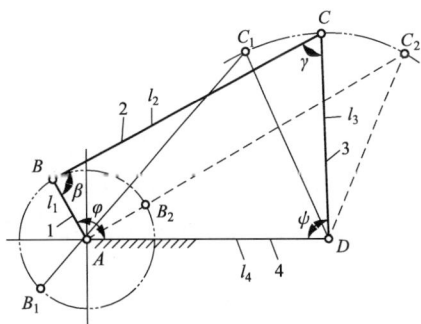

图 3-19　铰链四杆机构存在一个曲柄的条件
1—曲柄；2—连杆；3—摇杆；4—机架

机构；②最短杆的相邻杆为机架时得到曲柄摇杆机构；③最短杆的对面杆为机架时得到双摇杆机构。

（2）当最长杆与最短杆的长度之和大于其余两杆长度之和时，只能得到双摇杆机构。应当指出，当铰链四杆机构中最短杆与最长杆长度之和大于其余两杆长度之和时，不论哪一杆为机架，都不存在曲柄，只能是双摇杆机构。但要注意，该双摇杆机构与前者的双摇杆机构有本质上的区别，前者双摇杆机构中的连杆能做整周转动，而后者双摇杆中的连杆只能做摆动。

二、急回特性

如图 3-20 所示，曲柄摇杆机构原动件曲柄 AB 在转动一周的过程中，有两次与连杆 BC 共线。在这两个位置铰链中心 A 与 C 之间的距离 AC_1 和 AC_2 分别为最短和最长，因而从动摇杆 BD 的位置 C_1D 和 C_2D 分别为其左、右极限位置。摇杆在两极限位置间的夹角称为摇杆的摆角。

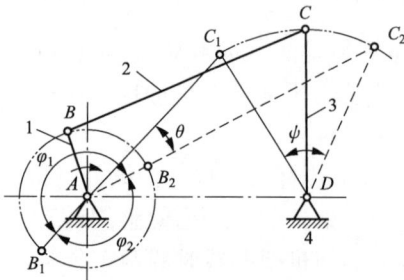

图 3-20 曲柄摇杆机构的急回特性

当曲柄由位置 AB_1 顺时针转到位置 AB_2 时，曲柄转角 $\varphi_1=180°+\theta$，其中 $\theta=\angle C_1AC_2$，这时摇杆由左极限位置 C_1D 摆到右极限位置 C_2D，摇摆角为 ψ；而当曲柄顺时针再转过角度 $\varphi_1=180°-\theta$ 时，摇杆由位置 C_2D 摆回到位置 C_1D，其摆角仍然是 ψ。虽然摇杆来回摆动的摆角相同，但对应的曲柄转角不同，即 $\varphi_1>\varphi_2$。当曲柄匀速转动时，对应的时间也不等（$t_1>t_2$），从而反映了摇杆往复摆动的快慢不同。令摇杆自 C_1D 摆至 C_2D 为工作行程，这时摇杆 CD 的平均角速度 $\omega_1=\psi/t_1$；摇杆自 C_2D 摆回至 C_1D 是其空回行程，这时摇杆的平均角速度 $\omega_2=\psi/t_2$。显然 $\omega_1<\omega_2$，表明摇杆具有急回运动的特性。牛头刨床、往复式输送机等机械就是利用这种急回特性来缩短非生产时间，提高生产率。

急回运动特性可用行程速度变化系数（也称行程速度变化系数）K 表示，即

$$K=\frac{\omega_2}{\omega_1}=\frac{\dfrac{\psi}{t_2}}{\dfrac{\psi}{t_1}}=\frac{t_1}{t_2}=\frac{\dfrac{\varphi_1}{\omega}}{\dfrac{\varphi_2}{\omega}}=\frac{\varphi_1}{\varphi_2}=\frac{180°+\theta}{180°-\theta}\geq 1 \tag{3-3}$$

或

$$\theta=180°\frac{K-1}{K+1} \tag{3-4}$$

式（3-4）表明，θ 与 K 之间存在一一对应关系，因此机构的急回特性也可用 θ 来表征。由于 $\theta=\angle C_1AC_2$，它与从动件极限位置对应的曲柄位置有关，故称 θ 为极位夹角。显然，θ 越大，K 越大，急回运动的性质也越显著。

具有急回特性的四杆机构除曲柄摇杆机构外，还有偏置曲柄滑块机构、摆动导杆机构等。

三、压力角和传动角

机构不仅要能实现预定的运动规律，还应该效率高、传力性能良好。为了衡量机构传力性能的优劣，引入压力角的概念，其定义是：从动件受力点力的方向（忽略摩擦、重力和惯性力）与受力点速度方向之间所夹的锐角。

如图 3-21 所示的曲柄摇杆机构中，曲柄 2 为主动件，若忽略构件所受的重力、惯性力和运动副中的摩擦力，则连杆 3 为二力构件，曲柄通过连杆传给从动摇杆 4 的力 F 一定沿 BC 方向，受力点 C 的速度 v_C 为垂直于 CD 的方向。由定义 F 与 v_C 所夹的锐角 α 即压力角。由图 3-21 可见，力 F 沿 v_C 方向的分力 $F_t = F\cos\alpha$ 是克服从动摇杆上工作阻力矩的有效分力，沿 CD 方向的分力 $F_n = F\sin\alpha$ 对从动摇杆无转动效应，只会增加运动副中的摩擦力，是有害分力。从机构传力而言，当然是 F_t 越大、F_n 越小越好，即压力角 α 越小，机构的传力效果越好。

因此，衡量连杆机构的传力性能，可以用压力角作为标志。为度量方便，常用压力角的余角 γ，即连杆与从动件所夹的锐角来检验机构的传力性能，γ 称为传动角。因 $\gamma = 90° - \alpha$，故 γ 越大（即 α 越小），机构的传力

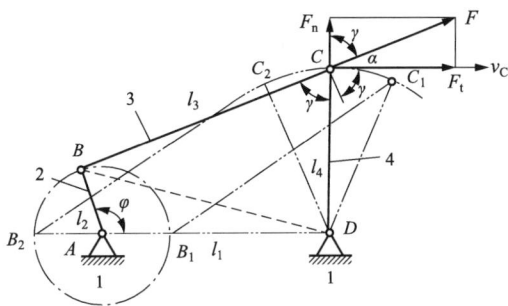

图 3-21　铰链四杆机构的压力角与传动角
1—机架；2—曲柄；3—连杆；4—摇杆

性能越好。机构运转过程中，传动角是变化的，机构出现最小传动角 $\gamma_{\min}$ 的位置正是其传力效果最差的位置，也是检验其传力性能的关键位置。该位置可由图 3-21 中 $\triangle ABD$ 和 $\triangle BCD$ 的边角关系来确定。设连杆与从动摇杆的夹角 $\angle BCD = \gamma'$，由余弦定理得

$$\overline{BD}^2 = l_1^2 + l_2^2 - 2l_1 l_2 \cos\varphi$$

$$\overline{BD}^2 = l_3^2 + l_4^2 - 2l_3 l_4 \cos\gamma'$$

$$\cos\gamma' = \frac{l_3^2 + l_4^2 - l_1^2 - l_2^2 + 2l_1 l_2 \cos\varphi}{2l_3 l_4} \tag{3-5}$$

由式（3-5）可知，当 φ 分别等于 $0°$ 和 $180°$ 时，$\cos\varphi = \pm 1$，即 $\cos\gamma'$ 取得最大值和最小值，对应的则有 $\gamma'_{\min}(\varphi = 0°)$ 和 $\gamma'_{\max}(\varphi = 180°)$。由传动角 γ 的定义知，若 $\gamma' \leqslant 90°$，则 $\gamma' = \gamma$；若 $\gamma' > 90°$，则 $\gamma = 180° - \gamma'$。因此，若 $\gamma'_{\min} \leqslant 90°$，而 $\gamma'_{\max} > 90°$，则应比较 $\gamma'_{\min}$ 与 $180° - \gamma'_{\max}$，两者中的较小值即 $\gamma_{\min}$。由此可知，以曲柄为主动件的曲柄摇杆机构，其最小传动角 $\gamma_{\min}$ 必在曲柄转至与机架共线位置 AB_1 或 AB_2 时出现。

为了保证连杆机构传力性能良好，设计时应对其传动角的最小值加以限制，即应使 $\gamma_{\min} \geqslant [\gamma]$。$[\gamma]$ 称为许用传动角，通常推荐 $[\gamma] = 40° \sim 50°$。此外，为节省动力，对于一些承受短暂高峰载荷的机械，应尽量利用机构处于最大传动角的位置进行工作。

四、死点位置

在如图 3-19 所示的曲柄摇杆机构中，若以摇杆 3 为原动件驱动曲柄 1 转动，当位于 $C_1 D$ 与 $C_2 D$ 时，通过连杆 2 传递到从动件曲柄 1 上力的作用线经过曲柄的转动中心 4，因而不能产生驱动力矩来推动曲柄转动，使整个机构处于静止状态，此时 $\alpha = 90°$ 或 $\gamma = 0°$，机构的这个位置称为死点位置。若摇杆继续摆动，曲柄可能沿着原来的运动方向继续向前转动，可能沿着与原来相反的方向转动，也可能由于转动副中摩擦力矩的影响卡死在该位置。

对于某些机械而言，死点位置是工作过程中极为不利的位置，必须采取措施使机构顺利地通过死点才能正常运行。例如，缝纫机若不能顺利越过死点，将会产生倒车而断线；内燃机若不能顺利越过死点，将会自动熄火。工程中越过死点位置的常用方法有两种。

（1）利用惯性，在从动轴上安装飞轮，利用飞轮的惯性通过死点位置，例如缝纫机的大

带轮就起到飞轮的作用，内燃机也是利用加装飞轮的惯性通过死点位置。

（2）采用相同机构错位排列的方法，使左、右两机构的死点位置互相错开来通过死点位置，如图 3-22 所示的错位排列的机车车轮联动机构。

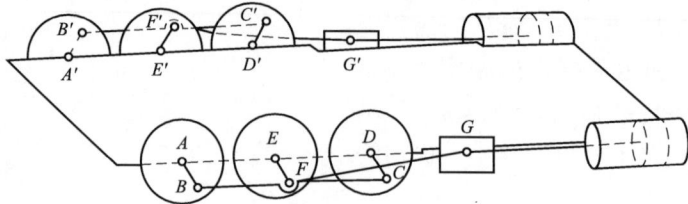

图 3-22　错位排列的机车车轮联动机构

虽然死点位置对机构运动不利，但机构的死点位置有以下两方面的应用：

（1）飞机起落架，当机轮放下时，BC 杆与 CD 共线，机构处在死点位置，地面对机轮的力尽管很大也不会使 CD 杆转动，保证了降落安全、可靠，如图 3-9 所示。

（2）钻床夹紧机构，工件夹紧后，点 B、C、D 成一条线，即使工件反力很大也不能使机构反转，因此夹紧牢固可靠，保证在钻削加工时工件不会松脱，如图 3-23 所示。

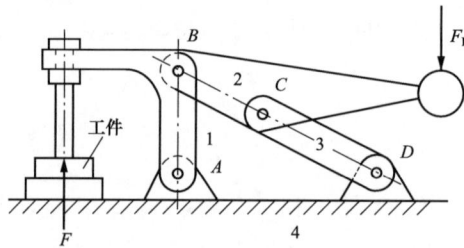

图 3-23　钻床夹紧机构

第四节　平面四杆机构的设计

平面四杆机构的设计是指根据已知条件来确定机构各构件的尺寸，一般可归纳为以下两类问题：

（1）按给定的运动规律设计四杆机构。例如，要求满足给定的行程速度变化系数以实现预期的急回特性。

（2）按照给定的运动轨迹设计四杆机构。例如，要求连杆上某点能沿着给定轨迹运动等。

在进行四杆机构设计时，往往还需要满足一些附加的几何条件或动力条件。通常先按运动条件来设计四杆机构，然后检验其他条件，例如检验最小传动角、机构是否满足曲柄存在的条件、机构的运动空间尺寸等。平面四杆机构的设计方法有图解法、解析法两种。图解法直观、清晰，一般比较简单易行，但其精度稍差；解析法精确度较好，但计算求解比较复杂。本节只介绍用图解法设计平面四杆机构。

用图解法设计平面四杆机构时，根据已知条件的不同，主要分为三种情况。

一、按给定两连杆的位置设计四杆机构

如图 3-24 所示，已知连杆 BC 的长度及在机构的运动过程中占据 B_1C_1 和 B_2C_2 两位置，设计满足连杆这两个位置的铰链四杆机构。

此类问题就是求两个固定铰链点 A、D。由于两连架杆做定轴转动，连架杆与连杆连接的铰链中心 B、C 两点的运动轨迹为圆或圆弧，该圆或圆弧的圆心就是固定铰链点的位置。因此此类设计问题变成了已知圆或圆弧上的两点，如何用作图的方法找出圆心的问题。

根据平面几何的定理，固定链 A、D 应分别在 B_1B_2 和 C_1C_2 的垂直平分线 b_{12} 和 c_{12} 上任意选取，可以得到无穷多个解。结合附加限定条件，从无穷多个解中选取满足要求的解。

二、按给定两连架杆的位置设计四杆机构

设已知机架 AD 的长度、连架杆 AB 的长度及连架杆 AB、CD 的两组对应位置 α_1、φ_1 和 α_2、φ_2，试设计该铰链四杆机构。

此问题的关键是求铰链 C 的位置。如图 3-25 所示，采用刚化反转法将 AB_2C_2D 刚化后绕 D 点反转 $\varphi_1-\varphi_2$ 角，C_2D 和 C_1D 重合，AB_2 转到 $A'B_2'$ 的位置。此时可以将此机构看成是以 CD 为机架、以 AB 为连杆的四杆机构，问题转化为按连杆的位置设计四杆机构。

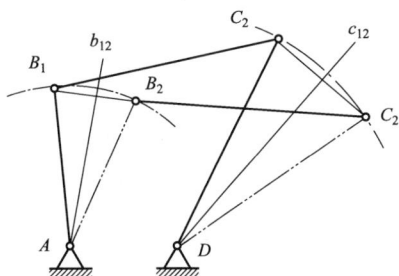

图 3-24 实现连杆两位置的设计

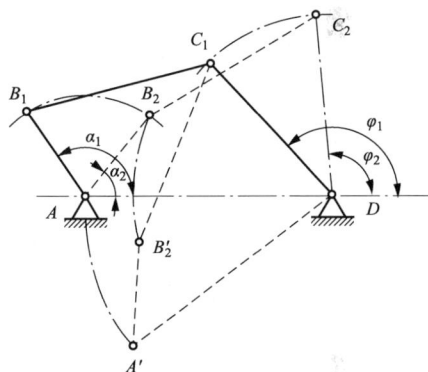

图 3-25 按给定两连架杆的位置设计四杆机构

现举例加以说明。如图 3-26 所示，已知四杆机构一连架杆 AB 和机架 AD 的长度，连架杆 AB 和另一连架杆上标线 ED 的三组对应位置 φ_1、ψ_1，φ_2、ψ_2，以及 φ_3、ψ_3，要求设计该铰链四杆机构。

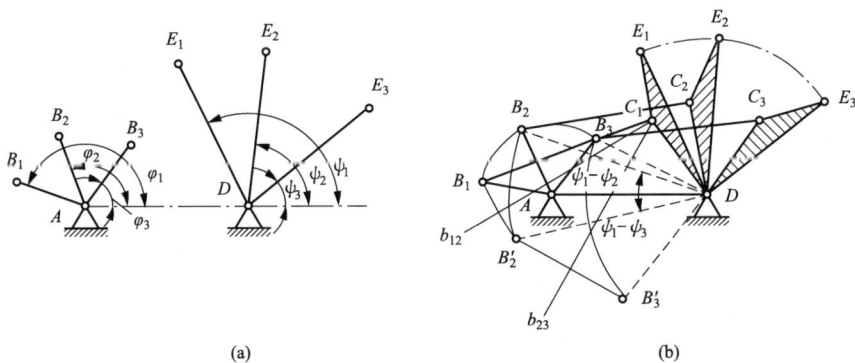

(a)

(b)

图 3-26 按给定两连架杆的三组对应位置设计四杆机构

设计步骤如下：

（1）选取适当的比例尺 μ_l，按给定条件画出两连架杆对应位置，并连接 DB_2 和 DB_3，如图 3-26（a）所示。

（2）用反转法将 DB_2 和 DB_3 分别绕 D 点反转 $\psi_1-\psi_2$、$\psi_1-\psi_3$，得 B_2' 和 B_3'。

（3）作 B_1B_2' 和 $B_2'B_3'$ 的垂直平分线 b_{12} 和 b_{23} 交于 C_1 点，连接 A、B_1、C_1、D 即为要求的铰链四杆机构。

（4）杆 BC 和杆 CD 的长度 l_{BC}、l_{CD} 为

$$l_{BC}=\mu_l B_1C_1$$
$$l_{CD}=\mu_l C_1D$$

三、按给定行程速度变化系数 K 设计四杆机构

1. 曲柄摇杆机构

设已知摇杆 CD 的长度 c、摆角 ψ 和行程速度变化系数 K，试设计该曲柄摇杆机构。

设计的关键是确定固定铰链 A 的位置，设计步骤如下：

（1）选取适当的比例尺 μ_l，按 c 和 ψ 作出摇杆的两个极限位置 C_1D 和 C_2D，如图 3-27 所示。

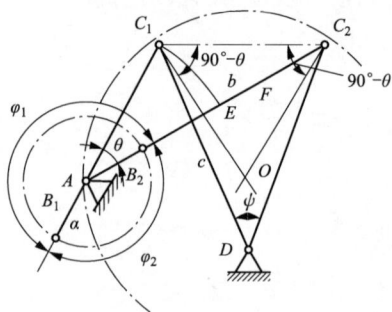

图 3-27　按给定行程速度变化系数设计曲柄摇杆机构

（2）按式（3-4）计算出极位夹角 θ。

（3）连接 C_1C_2，作 $\angle C_1C_2O=\angle C_2C_1O=90°-\theta$，以 O 为圆心、OC 为半径作圆 η，C_1C_2 所对的圆心角 $\angle C_1OC_2=2\theta$。

（4）在圆 η 上，C_1C_2 所对的圆心角为 θ，因此在圆周上适当选取 A 点，使 $\angle C_1AC_2=\theta$，则 AC_1、AC_2 即为曲柄与连杆共线的两个位置。设曲柄与连杆的长度分别为 a 和 b，则

$$\mu_l AC_1=b-a, \quad \mu_l AC_2=b+a$$

于是曲柄的长度为

$$a=\frac{\mu_l(AC_2-AC_1)}{2}$$

连杆的长度为

$$b=\frac{\mu_l(AC_2+AC_1)}{2}$$

2. 曲柄滑块机构

已知曲柄滑块机构的行程速度变化系数 K、行程 H 和偏心距 e，试设计该曲柄滑块机构，如图 3-28 所示。

作图步骤如下：

（1）按给定行程速度变化系数 K，求出极位夹角 θ，即 $\theta=180°\dfrac{K-1}{K+1}$。

（2）按给定的行程 H，画出滑块的两个极限位置 C_1 和 C_2。

（3）以 C_1C_2 为底作等腰三角形 $\triangle C_1OC_2$，使 $\angle C_1C_2O=\angle C_2C_1O=90°-\theta$，$\angle C_1OC_2=2\theta$。以 O 为圆心、OC_1 为半径作圆。

（4）作与 C_1C_2 相距为 e 的平行线 MN，此线与圆交于 A 点，A 点即为曲柄与机架的固定铰链中心。

（5）作直线 AC_1 和 AC_2，得到曲柄与连杆的两个共线位置，由 $AC_1=B_1C_1-AB_1$，$AC_2=B_2C_2+AB_2$，得曲柄 AB 及连杆 BC 的长度。

3. 导杆机构

已知摆动导杆机构的机架长度 d 和行程速度变化系数 K，试设计该机构。

取比例尺 μ_l，作 $AD=d/\mu_l$。由 K 计算出 θ，由图 3-29 可知，极位角 θ 等于导杆的摆角 ψ，因此，作 $\angle ADB_1=\angle ADB_2=\theta/2$，作 AB_1（或 AB_2）垂直于 BD_1（或 BD_2），则 AB 就是曲柄，其长度 $a=\mu_l AB_1$。

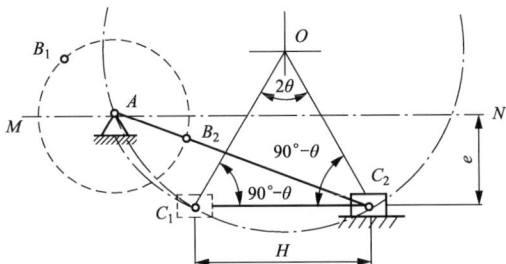

图 3-28 偏置曲柄滑块机构的设计　　图 3-29 按给定行程速度变化系数设计导杆机构

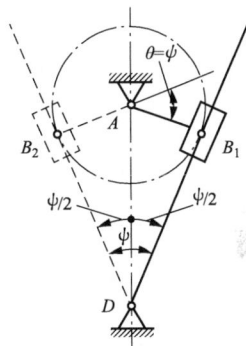

习 题

3-1 试根据如图 3-30 所示的尺寸判断各铰链四杆机构是曲柄摇杆机构、双曲柄机构还是双摇杆机构，并说明原因。

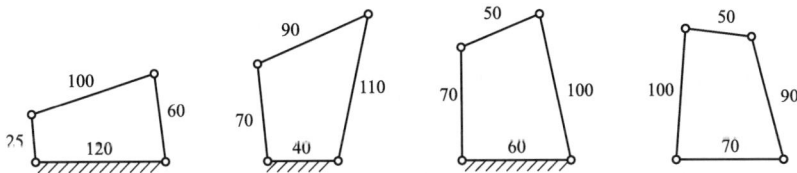

图 3-30 题 3-1 图

3-2 如图 3-31 所示的铰链四杆机构，已知 $b/a=1.5$，$c/a=1.2$，为使此机构为双曲柄机构，试分析确定 d/a 的取值范围。

3-3 设如图 3-32 所示的铰链四杆机构各杆长分别为 $BC=50\text{mm}$，$CD=35\text{mm}$，$AD=30\text{mm}$。若该机构为双曲柄机构，试分析确定曲柄 AB 杆长的取值范围。

3-4 在如图 3-33 所示的铰链四杆机构中，已知 $AD=80\text{mm}$，$AB=100\text{mm}$，$CD=150\text{mm}$，且 AD 为四杆中的最短杆。若该机构为双摇杆机构，试分析确定 BC 杆长的取值范围。

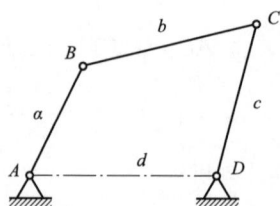

图 3-31　题 3-2 图

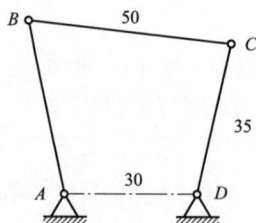

图 3-32　题 3-3 图

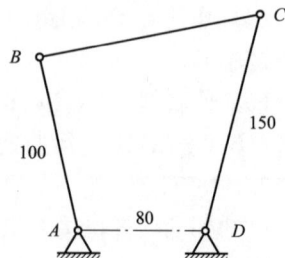

图 3-33　题 3-4 图

3-5　在图 3-34 示的机构中，标有运动方向箭头的构件为原动件。试在图上标出机构在图示位置的传动角 γ 和压力角 α，并判断哪些机构在图示位置正处于"死点"。

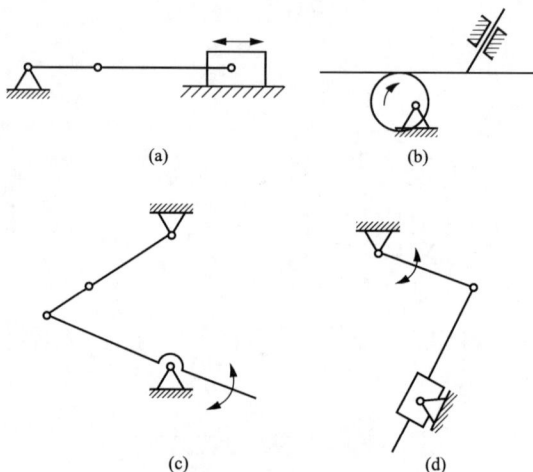

图 3-34　题 3-5 图

3-6　在如图 3-35 所示的铰链四杆机构中，已知：$l_{BC}=50\text{mm}$，$l_{CD}=35\text{mm}$，$l_{AD}=30\text{mm}$，AD 为机架。

（1）若此机构为曲柄摇杆机构，且 AB 为曲柄，求 l_{AB} 的最大值。

（2）若此机构为双曲柄机构，求 l_{AB} 的范围。

（3）若此机构为双摇杆机构，求 l_{AB} 的范围。

3-7　如图 3-36 所示的偏置式曲柄滑块机构，已知 $l_{AB}=18\text{cm}$，$l_{BC}=55\text{cm}$，偏距 $e=10\text{mm}$。试求该机构的行程速度变化系数 K 值。

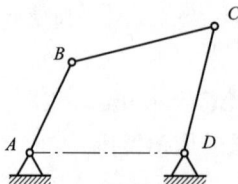

图 3-35　题 3-6 图

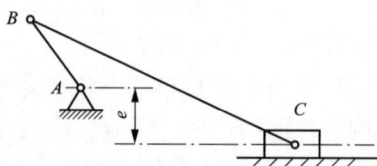

图 3-36　题 3-7 图

3-8　已知一曲柄摇杆机构的摇杆长度 $l_3=150\text{mm}$，摆角 $\psi=45°$，行程速度变化系数 $K=1.25$，试确定曲柄、连杆和机架的长度 l_1、l_2 和 l_4。

3-9　已知一曲柄滑块机构的滑块行程 $H=60\text{mm}$，偏距 $e=20\text{mm}$，行程速度变化系数 $K=1.4$。试确定曲柄和连杆的长度 l_1 和 l_2。

3-10　已知一导杆机构的固定件长度 $l_4=1000\text{mm}$，行程速度变化系数 $K=1.5$，试确定曲柄长度和导杆摆角 ψ。

第四章 凸 轮 机 构

凸轮机构广泛地应用于发动机、纺织、造纸、服装、印刷等工业领域中，特别是在需要实现机械自动化和半自动化的场合。随着工业自动化程度和凸轮 CAD/CAM 水平的不断提高，凸轮机构的应用范围将会更加广泛。

本章主要介绍凸轮机构中从动件的基本运动规律及其组合设计、反转法基本原理、平面凸轮轮廓的设计方法、凸轮机构基本尺寸的确定等内容。

第一节 凸轮机构的基本类型

一、凸轮机构的构成和功用

凸轮机构是由凸轮、从动件（也称推杆）和机架组成的高副机构。一般情况下，凸轮是具有曲线形状的盘状体或柱状体。从动件可做往复直线运动，也可做往复摆动。通常凸轮为主动件，且做等速运动。盘形凸轮机构示意如图 4-1 所示。图 4-1（a）所示为直动从动件盘形凸轮机构，图 4-1（b）所示为摆动从动件盘形凸轮机构。

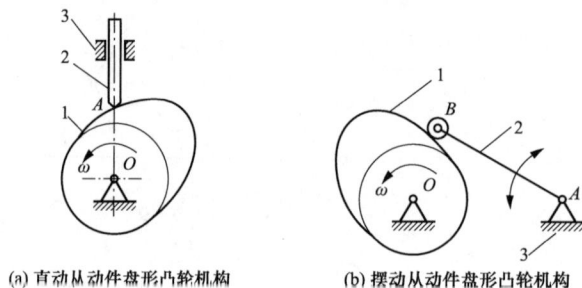

(a) 直动从动件盘形凸轮机构   (b) 摆动从动件盘形凸轮机构

图 4-1　盘形凸轮机构

1—凸轮；2—从动件；3—机架

当凸轮做等速转动时，从动件的运动规律（位移、速度、加速度与凸轮转角或时间之间的函数关系）取决于凸轮的曲线形状。反之，按机器的工作要求给定从动件的运动规律以后，合理地设计出凸轮的曲线轮廓，是凸轮设计的重要内容。由于凸轮机构在机器中的功能不同，其从动件的运动规律也不相同。如图 4-2（a）所示的带动刀架进给运动的凸轮机构中，要求直动从动件做等速移动；如图 4-2（b）所示的箭杆织机中的打纬凸轮机构中，要求摆动从动件在远离凸轮中心的终点位置处的加速度最大，且为负值，以实现靠惯性力打紧纬线的目的。

凸轮机构的最大优点是只要适当地设计出凸轮的轮廓曲线，就可以使从动件得到各种预期的运动规律，机构简单、紧凑、可靠。正因如此，凸轮机构不可能被数控、电控等装置完全代替。凸轮机构的缺点是凸轮廓线与从动件之间为点、线接触，易磨损，不适合高速、重载。

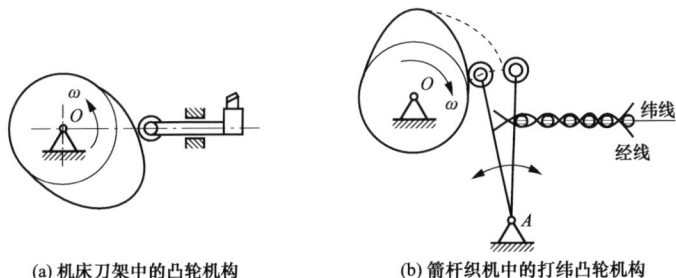

(a) 机床刀架中的凸轮机构　　　　(b) 箭杆织机中的打纬凸轮机构

图 4-2　凸轮机构功能示意图

二、凸轮机构的分类

凸轮机构的种类很多，一般可按凸轮的形状、从动件的形状与运动形式、凸轮与从动件维持高副接触的方式等特点进行分类。

1. 按凸轮的形状分类

（1）盘形凸轮。盘形凸轮是一个变曲率半径的圆盘，做定轴转动，如图 4-1 所示。

（2）移动凸轮。具有曲线形状的构件做往复直线移动，从而驱动从动件做直线运动或定轴摆动，这种凸轮称为移动凸轮，如图 4-3（a）所示。

（3）圆柱凸轮。在圆柱体上开出曲线状的凹槽或在其端面上做出曲线状轮廓，称为圆柱凸轮，如图 4-3（b）、（c）所示。

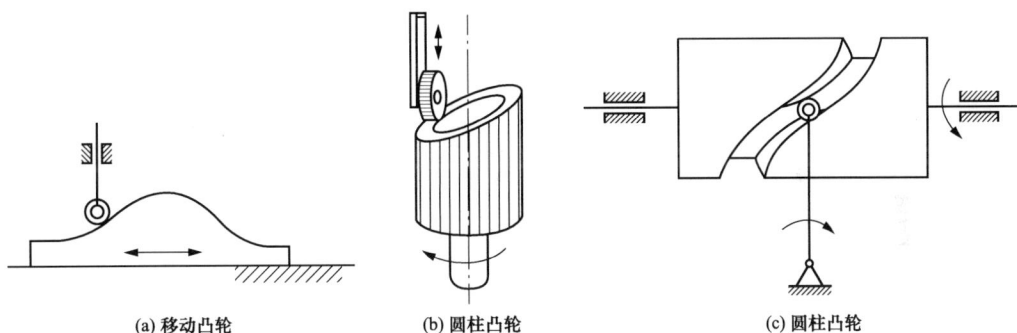

(a) 移动凸轮　　　　　(b) 圆柱凸轮　　　　　(c) 圆柱凸轮

图 4-3　凸轮的类型

2. 按从动件形状分类

（1）尖底从动件。图 4-4（a）、（e）所示为尖底从动件。尖底从动件能与具有复杂曲线形状的凸轮廓线保持良好接触，但其尖底容易磨损，一般用于传递动力较小的低速凸轮机构中。

（2）滚子从动件。图 4-4（b）、（f）所示为滚子从动件。从运动学的角度看，滚子从动件的滚子运动是多余的，但滚子的转动作用把凸轮与从动件之间的滑动摩擦转化为滚动摩擦，减少了凸轮机构的磨损，可以传递较大的动力，故应用更为广泛。

（3）平底从动件。图 4-4（c）、（g）所示为平底从动件。平底从动件的特点是受力比较平稳（不计摩擦时，凸轮对平底从动件的作用力垂直于平底），凸轮与平底之间容易形成楔形油膜，润滑较好。故平底从动件常用于高速凸轮机构中。

（4）曲底从动件。图 4-4（d）、（h）所示为曲底从动件，具有尖底与平底的优点，在工程中的应用也较多。

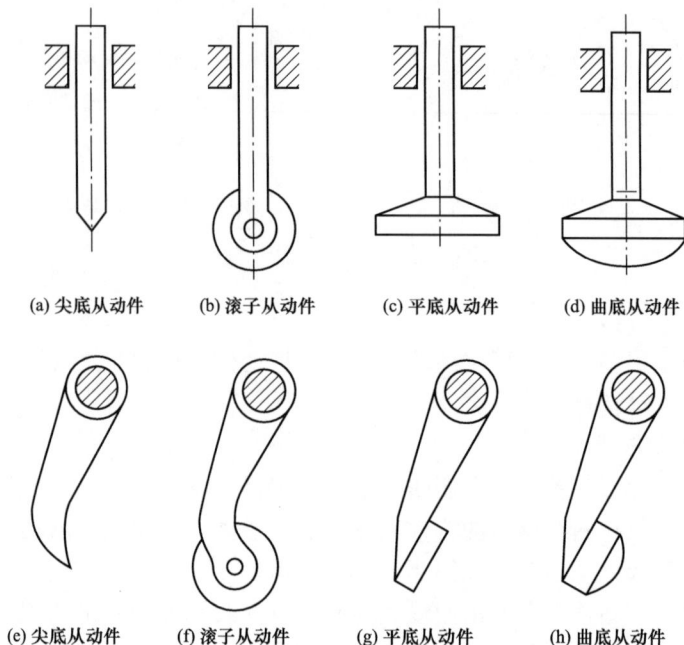

(a) 尖底从动件　　　(b) 滚子从动件　　　(c) 平底从动件　　　(d) 曲底从动件

(e) 尖底从动件　　　(f) 滚子从动件　　　(g) 平底从动件　　　(h) 曲底从动件

图 4-4　从动件种类

3. 按凸轮与从动件维持高副接触的方式分类

在凸轮机构的工作过程中，必须保证凸轮与从动件一直接触。常把凸轮与从动件保持接触的方式称为封闭方式或锁合方式，主要靠外力或特殊的几何形状来保持二者的接触。

（1）力封闭。利用从动件上安装的弹簧的弹力或从动件本身的重力来维持凸轮与从动件的接触，称为力封闭方式，如图 4-5 所示。

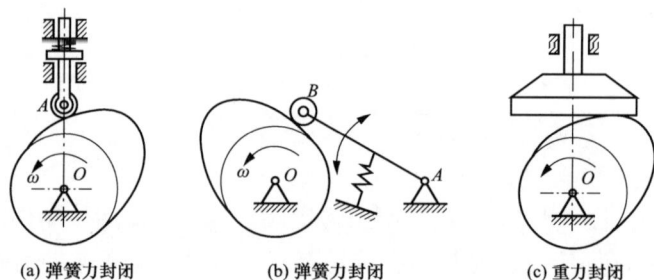

(a) 弹簧力封闭　　　　　(b) 弹簧力封闭　　　　　(c) 重力封闭

图 4-5　力封闭凸轮机构

（2）形封闭。依靠凸轮或从动件特殊的几何形状来维持凸轮和从动件的接触方式称为形封闭方式。在如图 4-6（a）所示的槽形凸轮机构中，靠凸轮端面沟槽保持凸轮与从动件接触。在如图 4-6（b）所示的等宽凸轮机构中，两高副接触点之间的距离处处相等，并等于从动件的槽宽 b。在如图 4-6（c）所示的等径凸轮机构中，凸轮轮廓线沿半径方向上任意两点间的距离处处相等。在如图 4-6（d）所示的共轭凸轮机构中，安装在同一轴上的两个凸轮控制一个摆杆，一个凸轮驱动摆杆逆时针摆动，另一个凸轮驱动摆杆顺时针返回摆动。采用形封闭的凸轮机构，要有较高的加工精度才能保证准确的形封闭条件。

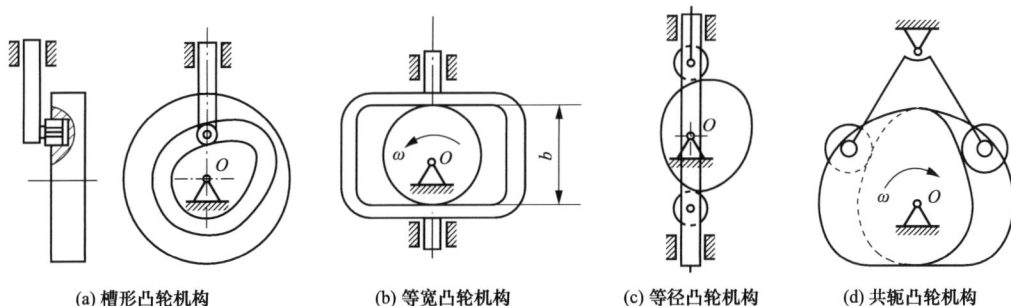

(a) 槽形凸轮机构　　(b) 等宽凸轮机构　　(c) 等径凸轮机构　　(d) 共轭凸轮机构

图 4-6　形封闭凸轮机构

4. 按从动件的运动形式分类

从动件做往复直线移动，称为直动从动件凸轮机构。从动件做往复摆动，称为摆动从动件凸轮机构。在直动从动件盘形凸轮机构中，当从动件的中心轴线通过凸轮的回转中心时，称为对心直动从动件盘形凸轮机构，如图 4-6（a）、（c）所示。当从动件的中心轴线不过凸轮的回转中心时，称为偏置直动从动件盘形凸轮机构，偏置的距离称为偏距。图 4-7（a）所示为偏置直动尖底从动件盘形凸轮机构，图 4-7（b）所示为偏置直动滚子从动件盘形凸轮机构。

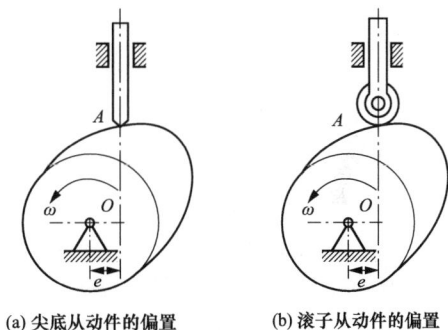

(a) 尖底从动件的偏置　　(b) 滚子从动件的偏置

图 4-7　偏置直动从动件盘形凸轮机构

第二节　从动件的运动规律

一、凸轮机构的运动过程和基本参数

如图 4-8 所示的对心尖顶直动从动件盘形凸轮机构，以凸轮轮廓曲线最小向径 r_b 为半径所作的圆称为基圆，r_0 称为基圆半径。凸轮顺时针转动，向径渐增的凸轮轮廓曲线段与从动件尖顶接触，从动件尖顶与凸轮轮廓曲线上点 A（基圆与曲线 AB 的连接点）接触开始以一定运动规律向上移动，待凸轮转到点 B 时，从动件上升到距凸轮回转中心最远的位置，从动件移动的这一路程称为从动件的推程，以 h 表示；凸轮转过的角度 δ_t 称为推程运动角，当凸轮继续转动，凸轮轮廓曲线以 O 为中心的圆弧 BC 段与从动件尖顶接触时，从动件在最远位置停留，此过程称为远休，与之对应的凸轮转角 δ_s 称为远休止角；向径渐减的凸轮轮廓曲线段 CD 与从动件尖顶接触时，从动件以一定运动规律返回初始位置，此过程称为回程，与之对应

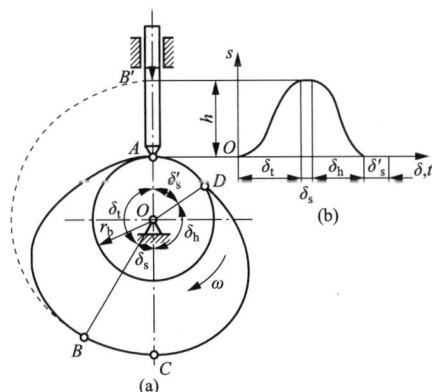

图 4-8　对心尖顶直动从动件盘形凸轮机构

的凸轮转角 δ_h 称为回程运动角；同理，凸轮基圆上 DA 段圆弧与从动件尖顶接触时，从动件在距凸轮回转中心最近的位置停留不动，此过程称为近休，这时对应的凸轮转角 δ'_s 称为近休止角。当凸轮连续回转时，从动件重复进行升—停—降—停的运动循环。

从动件的运动规律是指从动件的位移 s、速度 v、加速度 a、加速度的变化率 j（跃度）随时间 t 或凸轮转角 δ 变化的规律。它们全面反映了从动件的运动特性及其变化的规律性。从动件的运动规律可用运动线图进行描述，如图 4-8（b）所示的位移线图。凸轮机构运动线图横坐标轴为时间 t 或凸轮转角 δ，纵坐标轴是从动件位移 s、速度 v 或加速度 a。

凸轮转角与从动件运动的关系见表 4-1。

表 4-1　　　　　　　　　　　凸轮转角与从动件运动的关系

凸轮转角	推程运动角 δ_t	远休止角 δ_s	回程运动角 δ_h	近休止角 δ'_s
从动件位移	推程	远休	回程	近休

二、从动件的常用运动规律

1. 等速运动规律

当凸轮等速回转时，从动件在推程（或回程）的速度 v_0 为常数，称为等速运动规律。

图 4-9 所示为从动件做等速运动时的位移、速度、加速度线图。由图 4-9 可知，从动件在运动时，由于速度为常数，故其加速度为零。但在运动开始时，速度由 0 突变为 v_0，理论上将产生无穷大的加速度值，即 $a = +\infty$；运动终止时，速度由 v_0 突变为 0，则 $a = -\infty$。因此，在 A、B 两点理论上将产生无穷大的惯性力，致使凸轮机构产生强烈冲击，这种冲击称为刚性冲击。因此，等速运动规律只适用于低速轻载的场合，且不宜单独使用。在运动开始和终止段应当用其他运动规律过渡，以减轻刚性冲击。

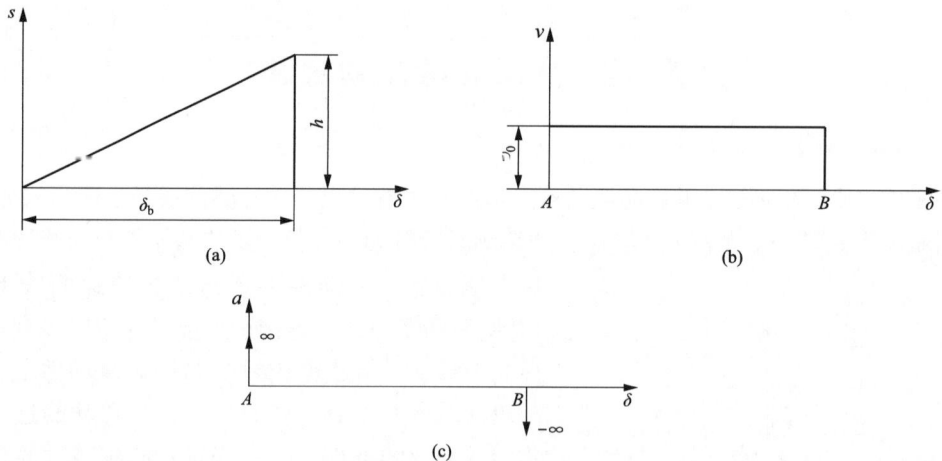

图 4-9　等速运动

2. 等加速等减速运动规律

等加速等减速运动规律是指从动件在推程（或回程）的前半程做等加速运动，后半程做等减速运动，通常加速度和减速度的绝对值相等。采用此运动规律，可使凸轮机构的动力特性有一定的改善。

图 4-10 所示为从动件按等加速等减速运动规律运动的位移、速度、加速度线图。由图 4-10

可知，加速度线图为两段平行于横坐标轴的直线，速度线图由两段斜直线组成，而位移线图是两段光滑连接的抛物线。

从运动线图可以看出，其速度曲线是连续的，但是在运动开始、终止和等加速等减速变换的瞬间，即图中 A、B、C 三点处，加速度出现有限值的突变，因而会产生有限惯性力的突变，从而导致柔性冲击。因此，等加速等减速运动规律只适用于中低速凸轮机构。

3. 简谐运动规律（余弦加速度运动规律）

点在圆周上做匀速运动时，它在这个圆的直径上的投影所构成的运动称为简谐运动。从动件做简谐运动时，其加速度按余弦规律变化，故又称余弦加速度运动规律。

图 4-11 所示为从动件推程时的余弦加速度运动的位移、速度、加速度线图。由图 4-11 可见，其加速度曲线也是不连续的，从动件在行程开始和终止位置，加速度有有限值突变，也会引起柔性冲击，一般只适用于中速的场合。

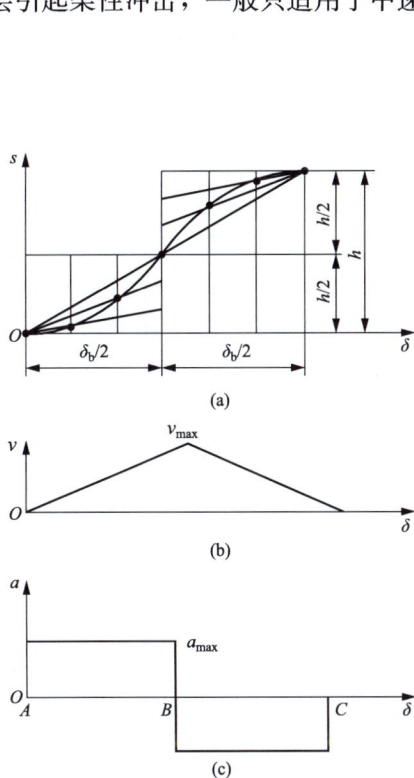

图 4-10 等加速等减速运动

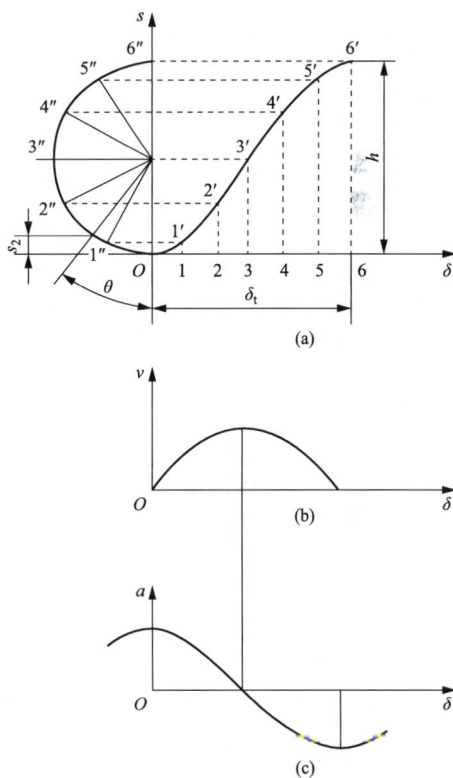

图 4-11 余弦加速度运动

4. 摆线运动规律（正弦加速度运动规律）

当滚圆沿纵轴匀速滚动时，圆周上 点的轨迹为一条摆线，此时该点在纵轴上的投影即为摆线运动规律。从动件做摆线运动时，其加速度按正弦规律变化，故又称正弦加速度运动规律。

推程时，从动件正弦加速度运动的位移、速度、加速度线图如图 4-12 所示。由图 4-12 可见，其加速度曲线连续，理论上不存在冲击，故适用于高速传动。

5. 组合运动规律

在工程实际中，为使凸轮机构获得更好的运动性能，经常采用组合型运动规律，以改善其运动特性，从而避免在运动始、末位置产生冲击。如图 4-13 所示的组合运动规律为用正弦加速度与等速运动规律组合而成，它既满足工作中等速运动的要求，又克服了其始末两点存在的刚性冲击。注意，当采用不同的运动规律构成组合运动规律时，它们在连接点处的位移、速度、加速度应分别相等。

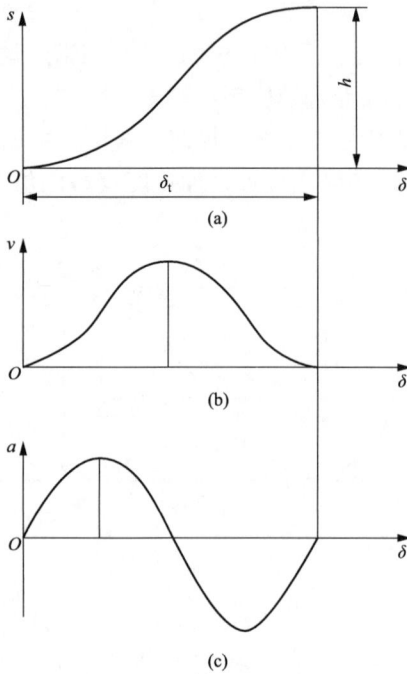

图 4-12　正弦加速度运动　　　　　　　　图 4-13　组合运动

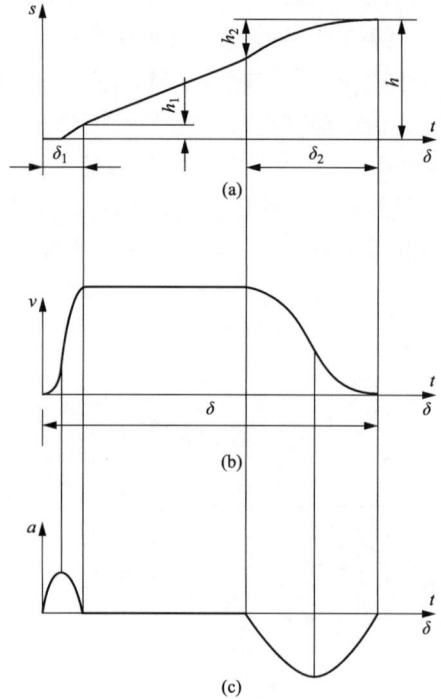

第三节　凸轮轮廓的设计

一、反转法原理

用图解法绘制凸轮轮廓时，首先需要根据工作要求合理地选择从动件的运动规律，画出位移线图，初步确定凸轮的基圆半径 r_b，然后绘制凸轮轮廓。

由于凸轮机构工作时凸轮是转动的，而在绘制凸轮轮廓时，需要使凸轮与图纸相对静止不动。因此，凸轮轮廓设计采用了反转法原理。

根据相对运动关系，若给整个机构加上绕凸轮回转中心 O 的公共角速度 $-\omega$，机构各构件间的相对运动关系不变。而此时，凸轮相对静止不动，原来固定不动的导路（机架）以角速度 $-\omega$ 绕 O 点转动，从动件除以角速度 $-\omega$ 绕 O 点转动外，同时还按照给定的运动规律在导路中往复移动，如图 4-14 所示。由于尖顶始终与凸轮轮廓接触，所以反转后尖顶的运动轨迹就是凸轮轮廓。下面介绍几种常用盘形凸轮轮廓的绘制方法。

二、直动从动件盘形凸轮轮廓的绘制

1. 对心直动尖顶从动件盘形凸轮轮廓的绘制

图 4-15（a）所示为一对心直动尖顶从动件盘形凸轮机构。已知凸轮的基圆半径 r_b，设

凸轮以等角速度 ω_1 顺时针方向转动。要求按照给定的从动件位移线图［见图 4-15（b）］绘出凸轮轮廓。

作图步骤：

（1）选定合适的比例尺，以 r_b 为半径作基圆，此基圆与导路的交点 A_0 即为从动件尖顶的起始位置。另外以同一长度比例尺和适当的角度比例尺作出从动件的位移线图 s_2-φ_1。

（2）将位移线图的推程运动角和回程运动角等分。

（3）自 OA_0 沿 $-\omega_1$（逆时针）方向依次取角度 φ_h、φ_s'、φ_h'、φ_s，并将它们各分成与图 4-15（b）相对应的若干等分，在基圆上得到点 A_1'、A_2'、A_3'…。

（4）过点 A_1'、A_2'、A_3'…作射线，这些射线 OA_1'、OA_2'、OA_3'…便是反转后从动件导路的各个位置。

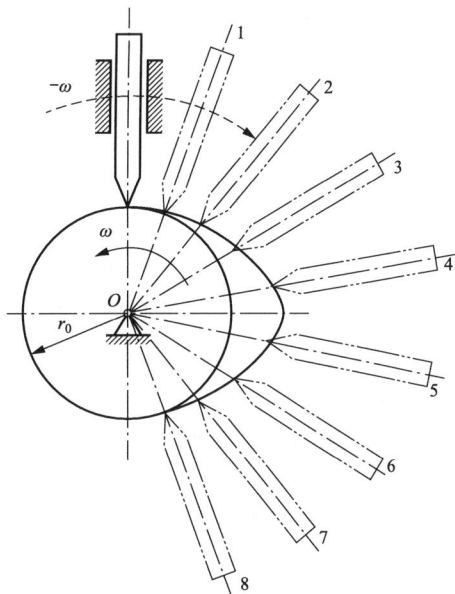

图 4-14 反转法原理图

（5）量出图 4-15（b）相应的各个位移量 s_2，截取 $A_1A_1' = 11'$，$A_2A_2' = 22'$，$A_3A_3' = 33'$…得到反转后尖顶的一系列位置 A_1、A_2、A_3…。

（6）将点 A_0、A_1、A_2、A_3…连成光滑曲线，便得到所要求的凸轮轮廓。

画图时，推程运动角和回程运动角的等分数要根据运动规律的复杂程度和精度要求来决定。

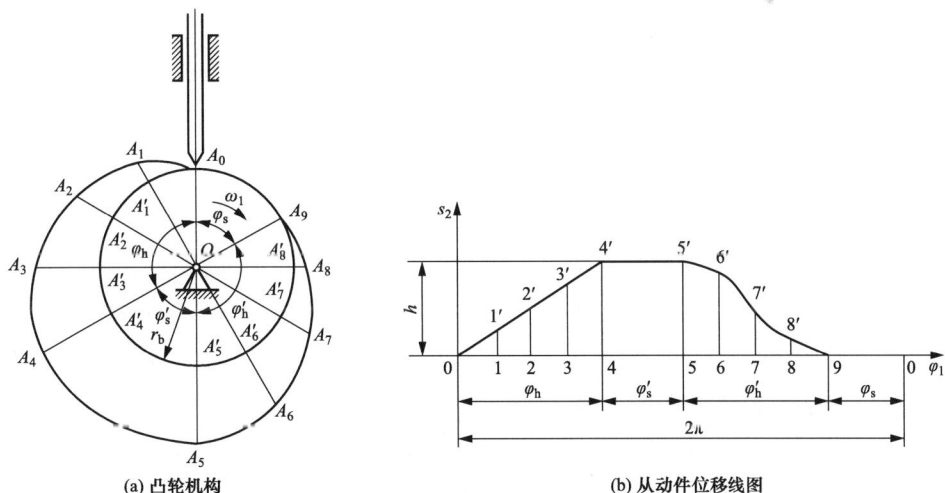

(a) 凸轮机构

(b) 从动件位移线图

图 4-15 对心直动尖顶从动件盘形凸轮机构

2. 对心直动滚子从动件盘形凸轮轮廓的绘制

对心直动滚子从动件盘形凸轮轮廓的设计方法如图 4-16 所示。首先，把滚子中心视为尖顶从动件的顶点，按上述方法先求得尖顶从动件盘形凸轮轮廓线 β_0，称为滚子从动件盘形凸轮的理论轮廓线。再以理论轮廓线上的各点为圆心、以滚子半径为半径，画一系列圆，这些圆的内包络线 β 便是滚子从动件盘形凸轮的实际轮廓线。

由作图过程可知，滚子从动件盘形凸轮的基圆半径 r_b 应当在理论轮廓上度量。同一理论轮廓线的凸轮，当滚子半径不同时就有不同的实际轮廓线，它们与相应的滚子配合均可实现相同的从动件运动规律。凸轮制成后，不得随意改变滚子半径，否则从动件的运动规律会改变。

3. 对心直动平底从动件盘形凸轮轮廓的绘制

对心直动平底从动件盘形凸轮轮廓绘制方法如图 4-17 所示。首先，将从动件的平底与导路中心的交点 A_0 看作尖顶从动件的尖顶，按照尖顶从动件凸轮轮廓绘制的方法，求出理论轮廓上一系列点 A_1、A_2、A_3…过这些点画出各个位置的平底 A_1B_1、A_2B_2、A_3B_3…这些平底形成的包络线便是凸轮的实际轮廓线。图中位置 3、7 是平底分别与凸轮轮廓相切于平底最左和最右的位置。为了保证平底始终与凸轮轮廓接触，平底左侧长度应大于 a，右侧长度应大于 b。为了使平底从动件始终保持与凸轮实际轮廓相切，要求凸轮实际轮廓线全部为外凸曲线。

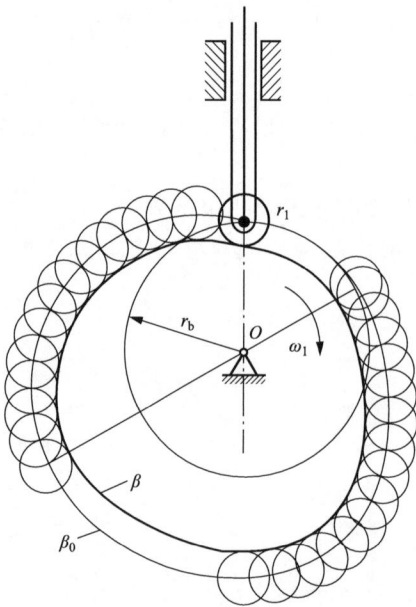

图 4-16　对心直动滚子从动件盘形凸轮　　　　图 4-17　对心直动平底从动件盘形凸轮

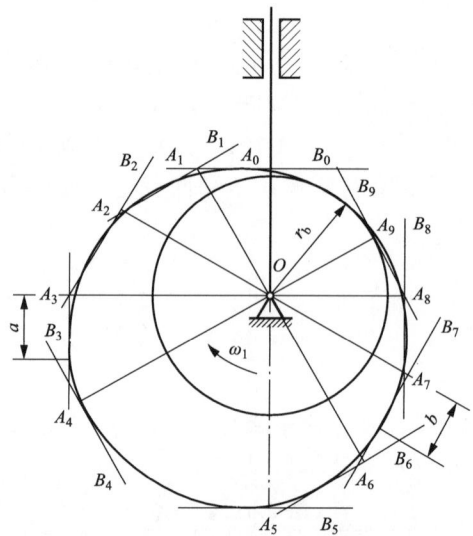

4. 偏置尖顶直动滚子从动件盘形凸轮轮廓的绘制

如图 4-18 所示，偏置尖顶直动滚子从动件的导路与凸轮回转中心之间存在偏距 e，因此，在绘制凸轮轮廓时，应以点 O 为圆心，画出偏距圆和基圆，以导路与偏距圆的切点作为从动件的起始位置，沿 $-\omega$ 方向将偏距圆分成与位移线图相应的等分点，再过这些等分点分别作偏距圆的切线，这就是反转后导路的一系列新位置。其余步骤均可参照对心直动从动件盘形凸轮轮廓的绘制方法进行。

用图解法绘制凸轮轮廓比较简便，能满足一般机械的要求。当精确度要求高（如高速凸轮和凸轮靠模）时，需要用解析法逐点计算。

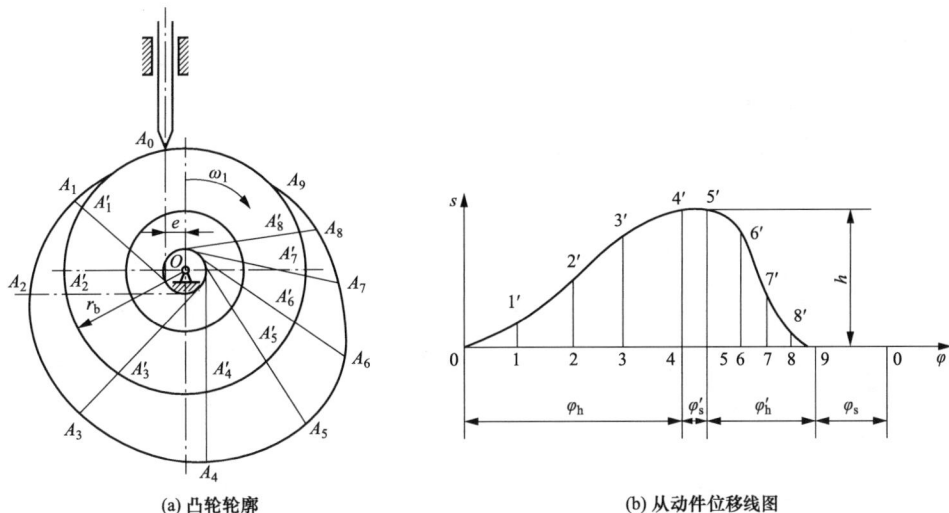

(a) 凸轮轮廓　　　　　　　　　　(b) 从动件位移线图

图 4-18　偏置尖顶直动滚子从动件盘形凸轮

第四节　凸轮机构设计的注意事项

在设计凸轮机构时，不仅要保证从动件实现预定的运动规律，还要求传力性能良好、结构紧凑，因此，在绘制凸轮时，应注意以下几个问题。

一、滚子半径的选择

增大滚子半径对减小凸轮与滚子间的接触应力有利。但是，滚子半径增大后对凸轮实际轮廓线有很大影响，如图 4-19 所示。设理论轮廓线外凸部分的最小曲率半径为 ρ_{min}，滚子半径为 r_T，则相应位置实际轮廓的曲率半径 ρ' 为

$$\rho' = \rho_{min} - r_T$$

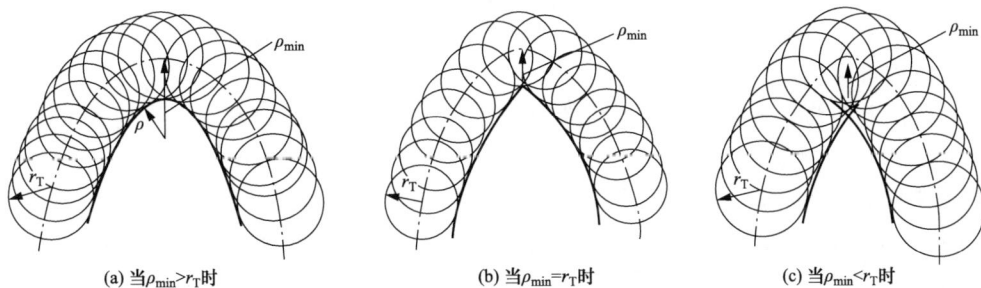

(a) 当 $\rho_{min} > r_T$ 时　　　　(b) 当 $\rho_{min} = r_T$ 时　　　　(c) 当 $\rho_{min} < r_T$ 时

图 4-19　滚子半径的选择

当 $\rho_{min} > r_T$ 时，$\rho' > 0$，实际轮廓线为一平滑曲线，如图 4-19（a）所示。

当 $\rho_{min} = r_T$ 时，$\rho' = 0$，在凸轮实际轮廓线上产生尖点，如图 4-19（b）所示。由于尖点的接触应力很大，极易磨损，会改变原定的运动规律，故应避免。

当 $\rho_{min} < r_T$ 时，$\rho' < 0$，实际轮廓线发生相交，如图 4-19（c）所示。图中部分轮廓线在实际加工时将被切去，因此，凸轮机构工作时，这部分运动规律无法实现，即出现运动失

真，这是不允许的。

为了使凸轮轮廓在任何位置都不变尖更不相交，滚子半径 r_T 必须小于理论轮廓外凸部分的最小曲率半径 $\rho_{\min}$（理论轮廓的内凹部分对滚子半径的选择没有影响）。如果 $\rho_{\min}$ 过小，则允许选择的滚子半径太小，而不能满足安装和强度要求时，应当加大凸轮基圆半径，重新设计凸轮轮廓线。

二、压力角

凸轮机构的压力角是指从动件运动方向与其受力方向所夹的锐角。

图 4-20（a）所示为尖顶直动从动件盘形凸轮机构在推程的一个瞬时位置。若不考虑摩擦的影响，则凸轮对从动件的作用力 F 沿法线 n—n 方向，从动件运动方向与 n—n 方向之间的夹角 α 即为压力角。力 F 可以分解为沿从动件运动方向的有效分力 $F' = F\cos\alpha$ 和使从动件压紧导路的有害分力 $F'' = F\sin\alpha$，且有 $F'' = F'\tan\alpha$。

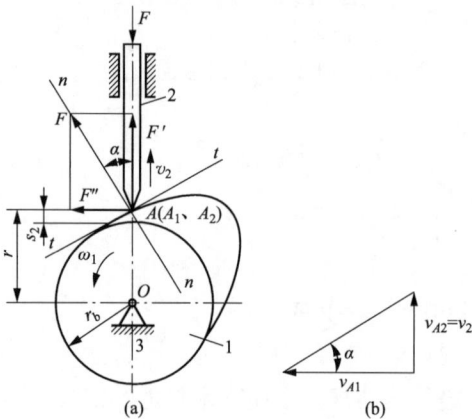

压力角 α 越大，则有害分力 F'' 也越大，凸轮驱动从动件越困难，机构效率越低。当 α 增大到一定程度时，由 F'' 引起的摩擦力大于有效分力 F'，凸轮机构将发生自锁。

为了保证凸轮机构正常工作，提高传动效率，减小磨损，应对压力角 α 加以限制。凸轮轮廓曲线上各点的压力角是变化的，设计时应使最大压力角不超过许用值，即 $\alpha_{\max} \leqslant [\alpha]$。一般设计中，许用压力角 $[\alpha]$ 的推荐值如下：

直动从动件凸轮机构，推程中 $[\alpha] = 30° \sim 35°$；

摆动从动件凸轮机构，推程中 $[\alpha] = 40° \sim 45°$。

从动件在回程中一般不承受工作载荷，只是在重力或弹簧力等作用下返回。因此，回程发生自锁的可能性很小，则不论是直动从动件凸轮机构还是摆动从动件凸轮机构，其回程的许用压力角均可取 $[\alpha] = 70° \sim 80°$。

如果 $\alpha_{\max}$ 超过许用值，则应考虑修改设计。通常采用加大凸轮基圆半径的方法，使 $\alpha_{\max}$ 减小。

三、基圆半径

由图 4-20（a）可知，从动件位移 s_2 与点 A 处凸轮向径 r 和基圆半径 r_b 的关系为

$$r = r_b + s_2$$

从动件位移 s_2 根据工作需要事先给定。如果凸轮基圆半径 r_b 增大，r 也增大，凸轮机构的尺寸相应增大。因此，为使凸轮机构紧凑，r_b 应尽可能取小一些。但是，根据凸轮机构的运动分析，凸轮上点 A 的速度为 $v_{A1} = r\omega_1$，由图 4-20（b）所示的速度多边形可以求出从动件上点的速度 v_2，即

$$v_2 = v_{A1}\tan\alpha = r\omega_1\tan\alpha$$

$$r = \frac{v_2}{\omega_1\tan\alpha}$$

$$r_b = \frac{v_2}{\omega_1 \tan\alpha} - s_2 \qquad (4\text{-}1)$$

由式（4-1）可知，当给定运动规律后，ω_1 和 s_2 均为已知，如果要减小凸轮基圆半径 r_b，就要增大从动件的压力角 α，基圆半径过小，则压力角将超过许用值，使得机构效率太低，甚至发生自锁。为此，应在保证最大压力角不超过许用值的条件下，缩小凸轮机构尺寸。基圆半径推荐为

$$r_b = (0.8 \sim 1)d + r_T$$

式中：d 为凸轮轴直径；r_T 为滚子半径。

习 题

4-1 从动件的常用运动规律有哪几种？它们各有什么特点？各适用于什么场合？

4-2 如图 4-21 所示的偏置直动从动件盘形凸轮机构，已知 AB 段为凸轮的推程廓线。试在图上标注：（1）推程运动角；（2）凸轮位于图示位置时，凸轮机构的压力角。

4-3 在如图 4-22 所示的凸轮机构中，已知该凸轮的理论廓线，试在此基础上作出凸轮的实际廓线，并画出基圆。

4-4 已知从动件升程 $h = 30\text{mm}$，$\delta_t = 150°$，$\delta_s = 30°$，$\delta_h = 120°$，$\delta_s' = 60°$，从动件在推程做余弦加速度运动，在回程做等加速等减速运动，试绘出其运动线图 $s\text{-}t$、$v\text{-}t$ 和 $a\text{-}t$。

4-5 如图 4-23 所示，偏置直动滚子从动件盘形凸轮机构从动件的运动规律如下：推程按摆线运动规律运动，推程运动角 $\sigma_t = 120°$，行程 $h = 30\text{mm}$，远休止角 $\sigma_s = 30°$；回程按等速运动规律运动，回程运动角 $\sigma_h = 150°$，近休止角 $\sigma_s' = 60°$。如图 4-23 所示，已知凸轮以角速度 ω 逆时针匀速转动，基圆半径 $r_b = 50\text{mm}$，偏距 $e = 12\text{mm}$，滚子半径 $r_T = 10\text{mm}$。试设计此凸轮机构。

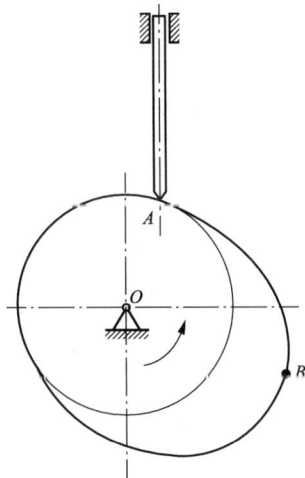

图 4-21 题 4-2 图

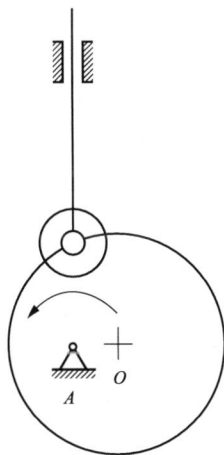

图 4-22 题 4-3 图

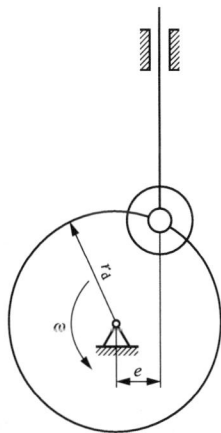

图 4-23 题 4-5 图

第五章 齿 轮 机 构

　　齿轮传动是指由齿轮副传递运动和动力的装置，它是现代各种设备中应用最广泛的一种机械传动方式。齿轮传动的作用是改变机构的速比和运动方向。齿轮传动的主要优点：①使用的圆周速度和功率范围广；②效率较高；③传动比稳定；④寿命长；⑤工作可靠性高；⑥可实现平行轴、任意角相交轴和任意角交错轴之间的传动。齿轮传动的缺点：①要求较高的制造和安装精度，成本较高；②不适宜于远距离两轴之间的传动。

　　按照两轴的相对运动、齿廓曲线、速度高低、传动比和封闭形式，齿轮机构可分类如下：

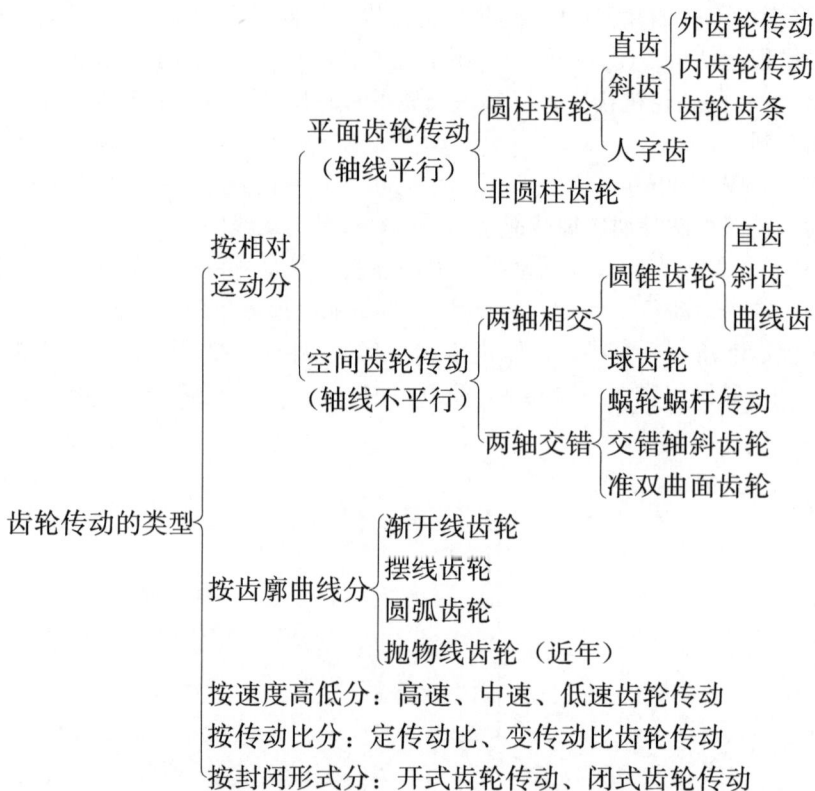

齿轮传动的类型
- 按相对运动分
  - 平面齿轮传动（轴线平行）
    - 圆柱齿轮
      - 直齿
        - 外齿轮传动
        - 内齿轮传动
        - 齿轮齿条
      - 斜齿
      - 人字齿
    - 非圆柱齿轮
  - 空间齿轮传动（轴线不平行）
    - 两轴相交
      - 圆锥齿轮
        - 直齿
        - 斜齿
        - 曲线齿
      - 球齿轮
    - 两轴交错
      - 蜗轮蜗杆传动
      - 交错轴斜齿轮
      - 准双曲面齿轮
- 按齿廓曲线分
  - 渐开线齿轮
  - 摆线齿轮
  - 圆弧齿轮
  - 抛物线齿轮（近年）
- 按速度高低分：高速、中速、低速齿轮传动
- 按传动比分：定传动比、变传动比齿轮传动
- 按封闭形式分：开式齿轮传动、闭式齿轮传动

第一节　齿廓啮合的基本定律及渐开线齿形

一、齿廓啮合的基本定律

　　齿轮传动的基本要求之一是瞬时角速度之比必须保持不变，否则当主动轮以等角速度回转时，从动轮的角速度为变数，从而产生惯性力矩。这种惯性力矩不仅影响齿轮的寿命，而且还会引起机器的振动和噪声，影响其工作精度。

　　如图 5-1 所示，平面齿轮机构中两相互啮合的主动齿廓和从动齿廓在 K 点接触，过 K

点作两齿廓的公法线 n—n，它与连心线 O_1O_2 的交点 C 称为节点。根据瞬心定义，可知 C 点也就是齿轮 12 的相对速度瞬心，根据传动比的定义可知 i_{12} 的计算式为

$$i_{12} = \omega_1/\omega_2 = O_2C/O_1C \tag{5-1}$$

式（5-1）表明，一对传动齿轮的连心线 O_1O_2，被齿廓接触点公法线分割为两段，该两线段长度与两轮瞬时角速度成反比。因此，齿廓啮合的基本定律如下：若使一对齿轮的传动比为常数，过任一接触点的齿廓公法线与两轮连心线交于定点 C（节点）；或者，若保持齿轮为定角速比，不论齿廓在任何位置接触，过接触点所作的齿廓公法线都必须与连心线交于一定点。

传动齿轮的齿廓曲线除要求满足定角速比之外，还必须考虑制造、安装、强度等要求。在机械中，常用的齿廓有渐开线齿廓、摆线齿廓和圆弧齿廓。本章以渐开线齿廓齿轮展开讨论。

图 5-1 齿廓实现定
角速度比的条件

当节点 C 的位置固定时，C 在两轮运动平面上的轨迹是两个相切的圆，称为节圆，以 r' 表示两个节圆的半径。由于节点的相对速度等于零，所以一对齿轮传动时，它的一对节圆在做纯滚动。由图 5-1 可知，一对外啮合齿轮的中心距等于两节圆半径之和，角速度比恒等于两节圆半径的反比。

二、渐开线的形成和特性

当一直线在一圆周上做纯滚动时（见图 5-2），此直线上任意一点的轨迹称为该圆的渐开线，这个圆称为渐开线的基圆，该直线称为发生线。

由渐开线形成过程可知，渐开线具有以下特性：

（1）当发生线从位置 I 滚到位置 II 时，因它与基圆之间为纯滚动，没有相对滑动，所以 $\overset{\frown}{AB}$ 等于 BK。

（2）当发生线在位置 II 沿基圆做纯滚动时，B 点是它的速度瞬心，因此直线 BK 是渐开线上 K 点的法线，且线段 BK 为其曲率半径，B 点为其曲率中心。又因发生线始终切于基圆，故渐开线上任意一点的法线必与基圆相切。

（3）渐开线齿廓上某点的法线（压力方向线），与齿廓上该点速度方向线所夹的锐角 α_K，称为该点的压力角。以 r_b 表示基圆半径，由图 5-2 可知

$$\cos\alpha_K = \frac{OB}{OK} = \frac{r_b}{r_K} \tag{5-2}$$

式（5-2）表示渐开线齿廓上各点压力角不等，半径 r_K 越大（即 K 点离轮心越远），其压力角越大。

（4）渐开线的形状取决于基圆的大小。大小相等的基圆其渐开线形状相同，大小不等的基圆其渐开线形状不同。如图 5-3 所示，取大小不等的两个基圆使其渐开线上压力角相等的点在 K 点相切。由图可见，基圆越大，它的渐开线在 K 点的曲率半径越大，即渐开线越趋平直。当基圆半径趋于无穷大时，其渐开线将成为垂直于 BK 的直线，它就是渐开线齿条的齿廓。

（5）基圆之内无渐开线。

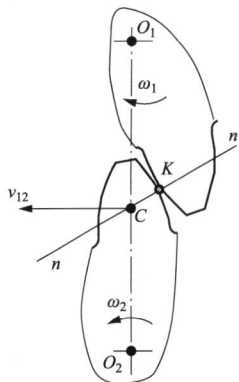

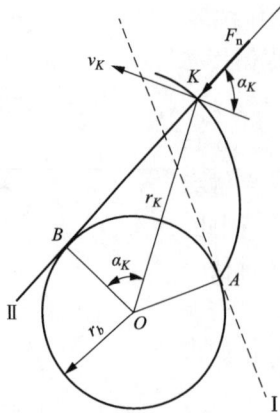

图 5-2 渐开线的形成

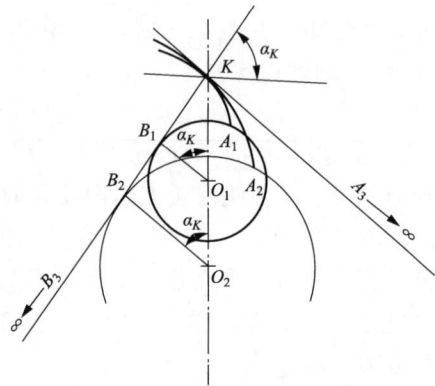

图 5-3 基圆大小对渐开线的影响

三、渐开线齿廓满足定角速度变比要求

如图 5-4 所示，渐开线齿廓在任意点 K 接触，过 K 点作两齿廓的公法线 $n-n$ 与两轮连心线交于 C 点。根据渐开线的特性，$n-n$ 必同时与两基圆相切，即过啮合点所作的齿廓公法线即两基圆的内公切线。齿轮传动时基圆位置不变，同一方向的内公切线只有一条，它与连心线交点的位置是不变的。因此，无论两齿廓在何处接触，过接触点所作齿廓公法线均通过连心线上同一点 C，故渐开线齿廓满足定角速比要求。

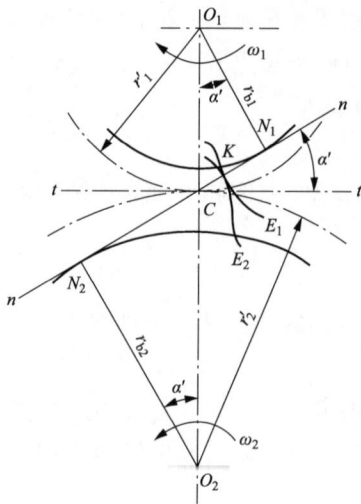

对于定角速比传动，角速度比 ω_1/ω_2，也等于转速比 n_1/n_2。当轮 1 主动、轮 2 从动时，该比值又称传动比，用符号 i_{12} 表示。

在图 5-4 中，$\triangle O_1N_1C$ 与 $\triangle O_2N_2C$ 相似，故一对齿轮的传动比为

图 5-4 渐开线齿廓定角速度比证明

$$i_{12}=\frac{n_1}{n_2}=\frac{\omega_1}{\omega_2}=\frac{r_2'}{r_1'}=\frac{r_{b2}}{r_{b1}} \tag{5-3}$$

可见，渐开线齿轮的传动比等于两轮基圆半径的反比。同时，可以从图 5-4 看出渐开线齿廓啮合的特点如下：

（1）传动比恒定。渐开线齿廓满足齿廓啮合基本定律，因此传动比保持不变。

（2）四线合一。齿轮传动时，其齿廓接触点的轨迹称为啮合线。对于渐开线齿轮，无论在哪一点接触，接触齿廓的公法线总是两基圆的内公切线 N_1N_1，直线 N_1N_1 就是渐开线齿廓的啮合线。因此，啮合线、过啮合点的公法线、基圆的公切线和正压力作用线四线合一。

（3）中心距可分性。一对渐开线齿轮制成之后，其基圆半径是不会改变的，因而由式（5-3）可知，即使两轮的安装中心距稍有改变，其角速比仍保持原值不变。这种性质称为渐开线齿轮传动的可分性。实际工作中，制造、安装误差或轴承磨损，常常导致中心距的微小改变，由于渐开线齿轮传动具有可分性，故仍能保持良好的传动性能。此外，根据渐开线齿轮传动的可分性还可以设计变位齿轮。因此，可分性是渐开线齿轮传动的一大优点。

（4）啮合角不变。过节点 C 作两节圆的公切线 $t-t$，它与啮合线 N_1N_1 间的夹角称为啮

合角 α'。由图可见，渐开线齿轮传动中啮合角为常数。由图中几何关系可知，啮合角在数值上等于渐开线在节圆上的压力角 α。啮合角不变表示齿廓间压力方向不变，若齿轮传递的力矩恒定，则轮齿之间、轴与轴承之间压力的大小和方向均不变，这也是渐开线齿轮传动的一大优点。

第二节　标准直齿圆柱齿轮的各部分名称及基本尺寸

一、渐开线标准齿轮的基本名称

图 5-5 所示为直齿圆柱齿轮的一部分。齿顶所确定的圆称为齿顶圆，其半径用 r_a（直径 d_a）表示。相邻两齿之间的空间称为齿槽。齿槽底部所确定的圆称为齿根圆，其直径用 r_f（直径 d_f）表示。为了使齿轮能在两个方向传动，轮齿两侧齿廓是完全对称的。在任意直径 d_K 的圆周上，轮齿两侧齿廓之间的弧长称为该圆上的齿厚，用 s_K 表示；齿槽两侧齿廓之间的弧长称为该圆上的齿槽宽，用 e_K 表示；相邻两齿同侧齿廓之间的弧长称为该圆上的齿距，用 p_K 表示。

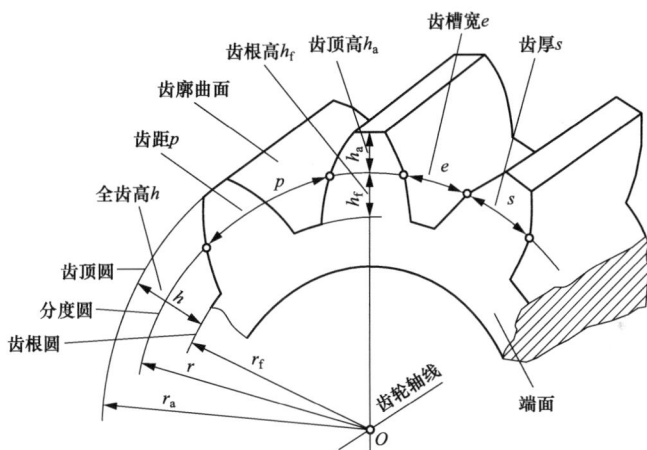

图 5-5　齿轮各部分名称

假设齿轮齿数为 z，则根据齿距定义可知，任意圆的周长可表达为 $\pi d_K = p_K z$，故

$$d_K = \frac{p_K}{\pi} z \qquad (5\text{-}4)$$

由式（5-4）可知，在不同直径的圆周上，比值 p_K/π 是不同的，而且其中还包含无理数 π；又由渐开线特性可知，在不同直径的圆周上，齿廓各点的压力角 α_K 也是不等的。为了便于设计、制造及互换，把齿轮某一圆周上的比值 p_K/π 规定为标准值（整数或简单有理数），并使该圆上的压力角也为标准值。这个圆称为分度圆，其直径以 d 表示。分度圆上的压力角简称压力角，以 α 表示，我国规定的标准压力角为 $20°$。分度圆上的齿距 p 对 π 的比值称为模数，用 m 表示，单位 mm，即

$$m = p/\pi \qquad (5\text{-}5)$$

齿轮的主要几何尺寸都与模数成正比，m 越大，p 越大，轮齿也越大，轮齿抗弯能力也越强。因此，模数 m 又是轮齿抗弯能力的重要标志。我国已规定了标准模数系列，见表 5-1。

表 5-1 标准模数系列（摘自 GB/T 1357—2008）

第Ⅰ系列	1 1.25 1.5 2 2.5 3 4 5 6 8 10 12 16 20 25 32 40 50
第Ⅱ系列	1.125 1.375 1.75 2.25 2.75 3.5 4.5 5.5 7 9 11 14 18 22 28 35 45

注 本表适用于渐开线直齿和斜齿圆柱齿轮（法向模数），优先采用第Ⅰ系列模数，应避免采用第Ⅱ系列。

为了简便，分度圆上的齿距、齿厚及齿槽宽习惯上不加分度圆字样，而直接称为齿距、齿厚及齿槽宽。分度圆上各参数的符号都不带下标，例如，用 s 表示齿厚，用 e 表示齿槽宽等。根据图 5-5 可知

$$p = s + e = \pi m \tag{5-6}$$

故分度圆直径 d 为

$$d = pz/\pi = mz \tag{5-7}$$

在轮齿上，介于齿顶圆和分度圆之间的部分称为齿顶，其径向高度称为齿顶高 h_a。介于齿根圆和分度圆之间的部分称为齿根，其径向高度称为齿根高 h_f。齿顶圆与齿根圆之间轮齿的径向高度称为全齿高 h，即

$$h = h_a + h_f \tag{5-8}$$

齿顶高和齿根高的标准值可用模数分别表示为

$$h_a = h_a^* m \tag{5-9}$$

$$h_f = (h_a^* + c^*)m \tag{5-10}$$

其中，h_a^* 和 c^* 分别为齿顶高系数和顶隙系数，其规定标准值见表 5-2。

表 5-2 渐开线圆柱齿轮的齿顶高系数和顶隙系数（摘自 GB/T 1356—2001）

系数	正常齿制	短齿制
h_a^*	1.0	0.8
c^*	0.25	0.3

由图 5-5 可以得出齿顶圆直径 d_a 和齿根圆直径 d_f 的计算式分别为

$$d_a = 2r_a = d + 2h_a \tag{5-11}$$

$$d_f = 2r_f = d - 2h_f \tag{5-12}$$

二、标准直齿轮的几何尺寸

齿轮的模数、压力角、齿顶高、齿根高均为标准值，且分度圆齿厚与齿间宽相等的齿轮，称为标准齿轮。一对标准齿轮分度圆相切时的中心距 O_1O_2 称为标准中心距 a。因此，对于标准齿轮，分度圆齿厚与齿间宽为

$$s = e = p/2 = \pi m/2 \tag{5-13}$$

因此，标准直齿轮的几何尺寸见表 5-3。

表 5-3 标准直齿轮的几何尺寸

序号	名称	符号	计算公式及参数选择
1	分度圆直径	d	$d = mz$
2	齿顶高	h_a	$h_a = m$
3	齿根高	h_f	$h_f = 1.25m$
4	全齿高	h	$h = 2.25m$

序号	名称	符号	计算公式及参数选择
5	顶隙	c	$c=c^*m=0.25m$
6	齿顶圆直径	d_a	$d_a=d+2h_a=m\ (z+2)$
7	齿根圆直径	d_f	$d_f=d-2h_f=m\ (z-2.5)$
8	基圆直径	d_b	$d_b=mz\cos\alpha=mz\cos20°$
9	中心距	a	$a=0.5m\ (z_1+z_2)$
10	齿距	p	$p=\pi m$
11	传动比	i	$i=\omega_1/\omega_2=d_2/d_1=z_2/z_1$

第三节　直齿圆柱齿轮机构的啮合传动

一、正确啮合条件

齿轮传动时，每一对齿仅啮合一段时间便要分离，而由后一对齿接替。如图 5-6 所示，当前一对齿在啮合线上 K 点接触时，其后一对齿应在啮合线上另一点 K' 接触，这样前一对齿分离时，后一对齿才能不中断地接替传动。令 K_1 和 K_1' 表示轮 1 齿廓上的啮合点、K_2 和 K_2' 表示轮 2 齿廓上的啮合点，为了保证前、后两对齿有可能同时在啮合线上接触，轮 1 相邻两齿同侧齿廓沿法线的距离 K_1K_1' 应与轮 2 相邻两齿同侧齿廓沿法线的距离 K_2K_2' 相等，即其正确啮合条件为

$$K_1K_1'=K_2K_2'$$

设 m_1、m_2、α_1、α_2、p_{b1}、p_{b2} 分别为齿轮 1 和齿轮 2 的模数、压力角、基圆齿距。同时，根据渐开线的特性可知，由轮 2 可得

$$K_2K_2'=N_2K'-N_2K=\widehat{N_2i}-\widehat{N_2j}=p_{b2}=\frac{\pi d_{b2}}{z_2}=\frac{\pi d_2}{z_2}\frac{d_{b2}}{d_2}=p_2\cos\alpha_2=\pi m_2\cos\alpha_2$$

同理，根据齿轮 1 可知　　　$K_1K_1'=p_1\cos\alpha_1=\pi m_1\cos\alpha_1$

因此，可知 $m_1\cos\alpha_1=m_2\cos\alpha_2$，由于模数和压力角已经标准化，所以必须满足：

$$m_1=m_2=m \tag{5-14}$$

$$\alpha_1=\alpha_2=\alpha \tag{5-15}$$

因此，渐开线齿轮的正确啮合条件是两轮的模数和压力角必须分别相等。

这样，一对标准齿轮的传动比进一步可表示为

$$i_{12}=\frac{n_1}{n_2}=\frac{\omega_1}{\omega_2}=\frac{d_2'}{d_1'}=\frac{d_{b2}}{d_{b1}}=\frac{d_2}{d_1}=\frac{z_2}{z_1} \tag{5-16}$$

二、标准中心矩

一对齿轮传动时，轮节圆上的齿槽宽与另一轮节圆上的齿厚之差称为齿侧间隙。齿轮加工时，刀具轮齿与工件轮齿之间是没有齿侧间隙的。在齿轮传动中，为了消除反向传动空程和减小撞击，也要求齿侧间隙等于零。因此，在机械设计中，正确安装的齿轮都按照无齿侧间隙的理想情况计算其名义尺寸。实际上，考虑轮齿膨胀、润滑和安装的需要，规定了不同用途的传动齿轮应有的微小齿侧间隙，其值由制造公差控制。

标准齿轮分度圆的齿厚与齿槽宽相等，同时，正确啮合的一对渐开线齿轮的模数相等，

故 $s_1 = e_1 = s_2 = e_2 = \pi m/2$。若安装时令分度圆与节圆重合（两分度圆相切），即齿侧间隙为零。一对标准齿轮分度圆相切时的中心距称为标准中心距，以 a 表示，即

$$a = r_1 + r_2 = m(z_1 + z_2)/2 \qquad (5\text{-}17)$$

因两分度圆相切，故顶隙 c 为

$$c = c^* m = h_f - h_a \qquad (5\text{-}18)$$

注意：分度圆和压力角是单个齿轮所具有的，而节圆和啮合角是两个齿轮相互啮合时才出现的。标准齿轮传动只有在分度圆与节圆重合时，压力角与啮合角才相等。

三、重合度

设如图 5-7 所示的轮 1 为主动轮，轮 2 为从动轮，转动方向如图所示。一对齿廓开始啮合时，应是主动轮的齿根部分与从动轮的齿顶接触，所以开始啮合点是从动轮的齿顶圆与啮合线 N_1N_2 的交点 B_2。当两轮继续转动时，啮合点的位置沿啮合线 N_1N_2 向下移动，轮 2 齿廓上的接触点由齿顶向齿根移动，而轮 1 齿廓上的接触点则由齿根向齿顶移动。终止啮合点是主动轮的齿顶圆与啮合线 N_1N_2 的交点 B_1。线段 B_1B_2 为啮合点的实际轨迹，称为实际啮合线段。当两轮齿顶圆加大时，点 B_1 和 B_2 趋近于 N_1 和 N_2，但基圆之内无渐开线，故线段 N_1N_2 为理论上可能的最大啮合线段，称为理论啮合线段。

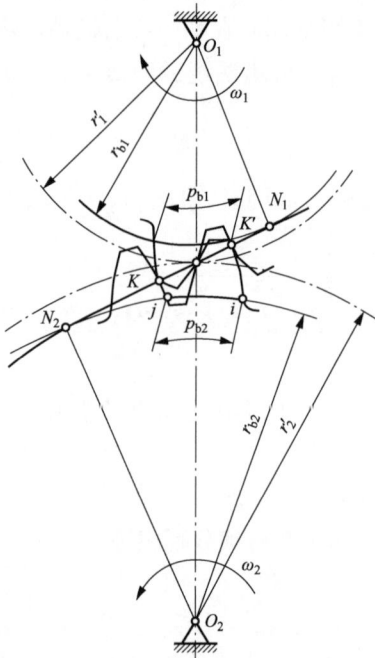

图 5-6　渐开线齿轮正确啮合条件　　　　　　　图 5-7　重合度

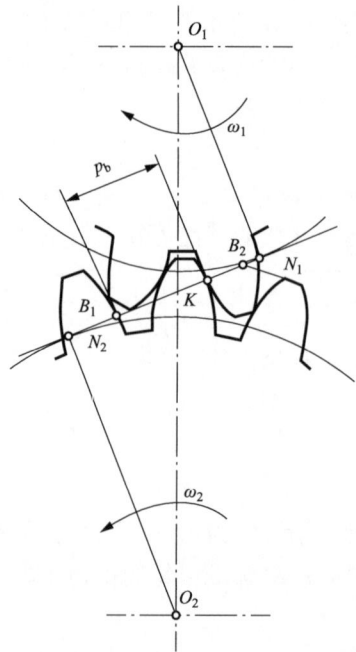

满足正确啮合条件的一对齿轮有可能在啮合线上两点同时啮合。但是，如果实际啮合线段 B_1B_2 小于两啮合点间齿距 B_1K，则两点不会同时啮合，连续传动也不能实现。也就是说，满足正确啮合条件只是连续传动的必要条件，不是充分条件。为了保证连续传动，还必须研究齿轮传动的重合度。实际啮合线段 B_1B_2 大于齿距 p，当前一对齿正要在终止啮合点 B_1 分离时，后一对齿已经在啮合线上 K 点啮合，故能保证连续正确传动。如果啮合弧等于齿距，则当前一对齿在啮合线上正要分离时，后一对齿在啮合线上正要进入啮合，处于传动

连续和不连续的边界状态。如果啮合弧小于齿距，则当前一对齿在啮合线上的 E 点终止啮合时，后一对齿还未进入啮合。若轮 1 继续回转，则轮 1 前一个齿的齿顶尖角将沿轮 2 渐开线齿廓滑过，这时接触点不在啮合线上，不能保证定角速比。由此可知，当考虑制造误差影响时，为了保证渐开线齿轮连续以定角速比传动，啮合弧必须大于齿距。

一对齿轮传动时，同时参加啮合的轮齿的对数称为重合度，即啮合弧与齿距之比称为重合度，用 ε 表示，因此齿轮连续传动的条件为

$$\varepsilon = B_1 B_2 / p_b > 1 \tag{5-19}$$

重合度越大，表示同时啮合的齿的对数越多。对于标准齿轮传动，其重合度都大于 1，可不必验算。

第四节 斜齿圆柱齿轮机构

平行轴齿轮传动相当于一对节圆柱的纯滚动，故平行轴斜齿轮机构又称斜齿圆柱齿轮机构，简称斜齿轮机构。

一、斜齿轮啮合的共轭齿廓曲面

图 5-8 所示为互相啮合的一对渐开线斜齿轮齿廓曲面。直齿轮齿廓曲面与基圆柱的交线为平行轴线的直线，而斜齿轮齿廓曲面与基圆柱的交线为螺旋线。斜齿圆柱齿轮螺旋角是指齿轮齿面与轴线的夹角，也称为齿轮的螺旋角 β。平面 S 为轴线平行的两基圆柱的内公切面，面上有一条与母线 $N_1 N_1$、$N_2 N_2$ 呈 β_b 的斜直线 KK。当平面 S 分别在基圆柱 1 和 2 上做纯滚动时，直线 KK 的轨迹即为齿轮 1 和 2 的齿廓曲面。这样形成的两个齿廓曲面一定能沿直线 KK 接触。在其他接触位置时，其接触线也都是平行于斜直线 KK 的直线，而且接触线始终在两基圆柱的内公切面（啮合面）上。因齿高有一定限制，故如图 5-9（a）所示在两齿廓啮合过程中，齿廓接触线的长度由零逐渐增长，从某一位置以后，又逐渐缩短，直至脱离接触。它说明斜齿轮的齿廓是逐渐进入接触又逐渐脱离接触的，故工作平稳。而一对直齿轮的齿廓进入和脱离接触都是沿齿宽突然发生的［见图 5-9（b）］，噪声较大，不适于高速传动。

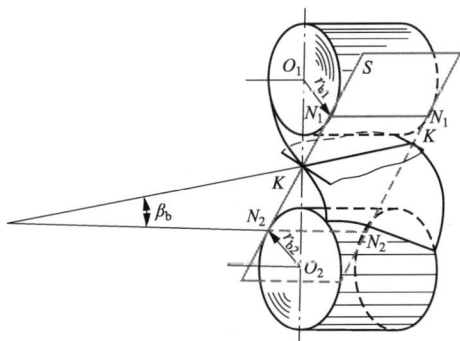

图 5-8 斜齿轮的齿廓曲面

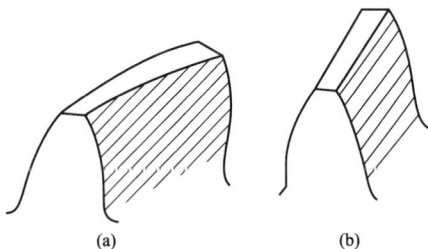

图 5-9 斜齿轮和直齿轮的齿廓接触线

由斜齿轮齿廓曲面的形成可见，其端面（垂直于轴线的截面）的齿廓曲线为渐开线。从端面看，一对渐开线斜齿轮传动就相当于一对渐开线直齿轮传动，所以它也满足定角速比的要求。

一对外啮合斜齿轮的正确啮合条件：两轮的模数和压力角必须相等，且两轮分度圆柱螺旋角（以下简称螺旋角）β 也必须大小相等、方向相反，即一个为左旋，另一个为右旋。

二、斜齿轮各部分名称和几何尺寸计算

斜齿轮的几何参数有端面和法面之分。端面是指圆柱齿轮的端面，即与圆柱轴线垂直的截面。法面是指过分度圆螺旋线上一点，垂直于螺旋线的平面，如图 5-10 所示。工程中规定斜齿轮法面上的参数（模数、分度圆压力角、齿顶高系数等）为标准值。但在计算斜齿轮的几何尺寸时却需按端面的参数进行计算，因此就必须建立法面参数与端面参数之间的换算关系。

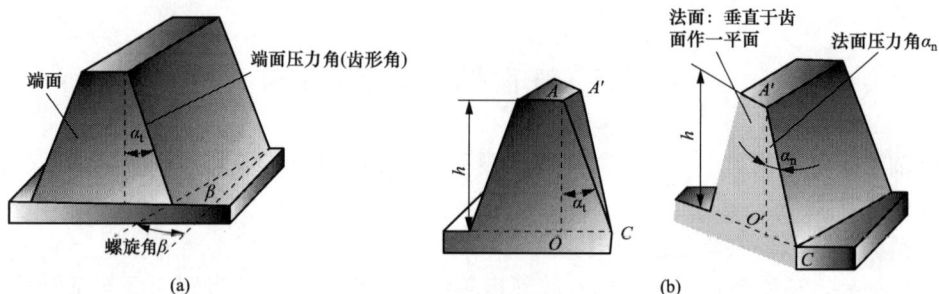

图 5-10 斜齿轮的端面与法面定义

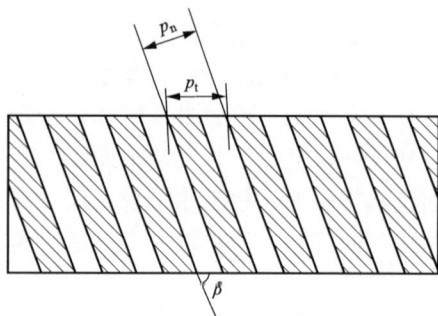

图 5-11 端面齿距与法面齿距

图 5-11 所示为端面齿距与法面齿距。由图可见，法向齿距 p_n 和端面齿距 p_t 之间的关系为

$$p_n = p_t \cos\beta \tag{5-20}$$

同时，由于齿距 $p = \pi m$，可知，法面模数 m_n 和端面模数 m_t 之间的关系为

$$m_n = m_t \cos\beta \tag{5-21}$$

一对斜齿轮传动在端面上相当于一对直齿轮传动，故可将直齿轮的几何尺寸计算公式用于斜齿轮的端面。渐开线标准斜齿轮的几何尺寸可按表 5-4 进行计算。

表 5-4 渐开线正常齿外啮合标准斜齿圆柱齿轮的几何尺寸计算

序号	名称	符号	计算公式及参数选择
1	端面模数	m_t	$m_t = m_n/\cos\beta$，m_n 为标准值
2	螺旋角	β	$\beta = 8° \sim 20°$
3	分度圆直径	d_1，d_2	$d_1 = m_t z_1 = m_n z_1/\cos\beta$，$d_2 = m_t z_2 = m_n z_2/\cos\beta$
4	齿顶高	h_a	$h_a = m_n$
5	齿根高	h_f	$h_f = 1.25 m_n$
6	全齿高	h	$h = h_a + h_f = 2.25 m_n$
7	顶隙	c	$c = h_f - h_a = 0.25 m_n$
8	齿顶圆直径	d_{a1}，d_{a2}	$d_{a1} = d_1 + 2h_a$，$d_{a2} = d_2 + 2h_a$
9	齿根圆直径	d_{f1}，d_{f2}	$d_{f1} = d_1 - 2h_f$，$d_{f2} = d_2 - 2h_f$
10	中心距	a	$a = (d_1 + d_2)/2 = m_t(z_1 + z_2)/2 = m_n(z_1 + z_2)/(2\cos\beta)$

三、斜齿轮传动的重合度

图 5-12（a）所示为斜齿轮与斜齿条在前端面的啮合情况。齿廓在 A 点开始啮合，在 E 点终止啮合，FG 是端面内齿条分度线上一点啮合始末所走的距离，即端面啮合弧。显然，齿条的工作齿廓只在 FG 区间处于啮合状态，FG 区间之外均不可能啮合。作从动齿条分度面的俯视图，如图 5-12（b）所示。当轮齿到达虚线所示位置时，其前端面虽已开始脱离啮合，但轮齿后端面仍处在啮合区，整个轮齿尚未终止啮合。只有当轮齿后端面走出啮合区，该齿才终止啮合。由此可见，斜齿轮传动的啮合弧 FH 比端面齿廓完全相同的直齿轮长 GH，故斜齿轮传动的重合度为

$$\varepsilon = \frac{\text{啮合弧}}{\text{端面齿距}} = \frac{FH}{p_t} = \frac{FG + GH}{p_t} = \varepsilon_t + \frac{b\tan\beta}{p_t} \tag{5-22}$$

式中：ε_t 为端面重合度，即与斜齿轮端面齿廓相同的直齿轮传动的重合度；$b\tan\beta/p_t$ 为轮齿倾斜而产生的附加重合度。

由式（5-22）可见，斜齿轮传动的重合度随齿宽 b 和螺旋角 β 的增大而增大，可达到很大的数值，这是斜齿轮传动平稳、承载能力较强的主要原因之一。

四、斜齿轮的当量齿数

由于斜齿轮的强度计算是针对法面的，所以需要知道斜齿轮的法向齿形。但法向齿形较为复杂，通常采用下述近似方法进行分析。

如图 5-13 所示，过斜齿轮分度圆柱上齿廓的任一点 C 作轮齿螺旋线的法面 nn，该法面与分度圆柱的交线为一椭圆。其长半轴 $a = d/2\cos\beta$，短半轴 $b = 0.5d$。由高等数学可知，椭圆在以 $\rho = a^2/b = d/2\cos^2\beta$。以 ρ 为分度圆半径，以斜齿轮法向模数 m_n 为模数，取标准压力角 α_n 作一直齿圆柱齿轮，其齿形即可认为近似于斜齿轮的法向齿形。该直齿圆柱齿轮称为斜齿圆柱齿轮的当量齿轮，其齿数称为当量齿数，用 z_v 表示，故

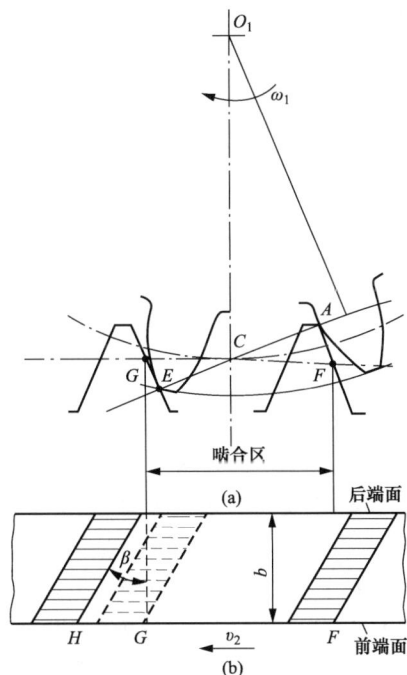

图 5-12 斜齿轮的重合度　　　　　图 5-13 斜齿轮的当量齿轮

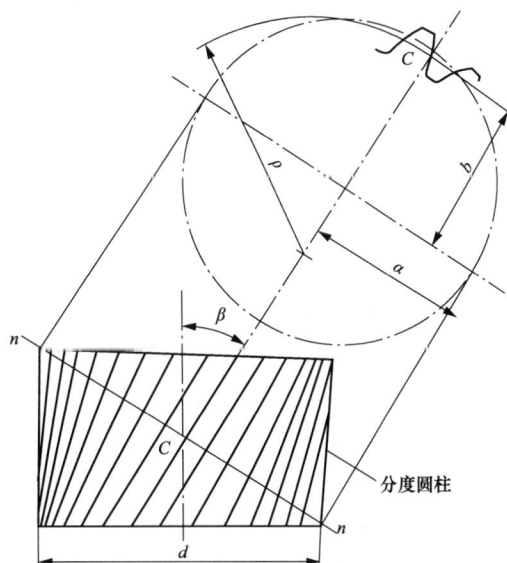

$$z_v = \frac{2\rho}{m_n} = \frac{d}{m_n \cos^2\beta} = \frac{m_n z}{m_n \cos^3\beta} = \frac{z}{\cos^3\beta} \qquad (5\text{-}23)$$

式中：z 为斜齿轮的实际齿数。

五、斜齿轮的优、缺点

与直齿轮相比，斜齿轮具有以下优点：

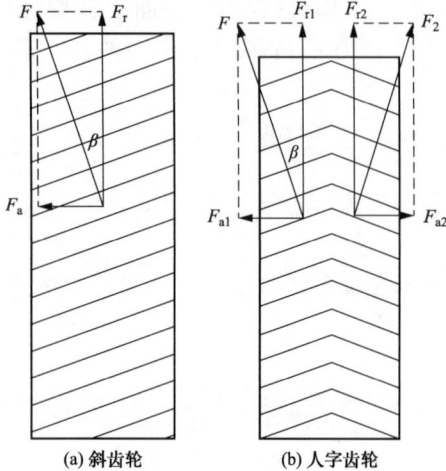

图 5-14 齿轮的轴向力

(1) 齿廓接触线是斜线，一对齿是逐渐进入啮合逐渐脱离啮合的，故运转平稳，噪声小。

(2) 重合度大，并随齿宽和螺旋角的增大而增大，故承载能力强，适于高速传动。

斜齿轮的主要缺点是斜齿齿面间的法向力 F 下会产生轴向分力 F_a [见图 5-14 (a)]，需要安装能承受较大轴向力的轴承，从而使结构复杂化。为了克服这一缺点，可以采用人字齿轮 [见图 5-14 (b)]。人字齿轮可看作螺旋角大小相等、方向相反的两个斜齿轮合并而成，因左右对称而使两轴向力的作用互相抵消。人字齿轮的缺点是制造较困难，成本较高。

由上述可知，螺旋角 β 的大小对斜齿轮的传动性能影响很大。若 β 太小，则斜齿轮的优点不能充分体现；若 β 太大，则会产生很大的轴向力。设计时一般取 $\beta = 8° \sim 20°$。

第五节 锥 齿 轮 机 构

一、锥齿轮概述

圆锥齿轮机构是用来传递空间两相交轴之间运动和动力的一种齿轮机构，其轮齿分布在截圆锥体上，齿形从大端到小端逐渐变小。和圆柱齿轮传动相似，一对锥齿轮的运动相当于一对节圆锥的纯滚动。除了节圆锥之外，锥齿轮还有分度圆锥、齿顶圆锥、齿根圆锥和基圆锥。图 5-15 所示为一对正确安装的标准锥齿轮，其节圆锥与分度圆锥重合。设 δ_1 和 δ_2 分别为小齿轮和大齿轮的分度圆锥角，Σ 为两轴线的交角，$\Sigma = \delta_1 + \delta_2$。因为 $r_1 = OC\sin\delta_1$，$r_2 = OC\sin\delta_2$，故传动比为

$$i = \omega_1/\omega_2 = z_2/z_1 = r_2/r_1 = \sin\delta_2/\sin\delta_1 \qquad (5\text{-}24)$$

二、背锥和当量齿数

锥齿轮转动时，其上任一点与锥顶 O 的距离保持不变，所以该点与另一锥齿轮的相对运动轨迹为一球面曲线。直齿锥齿轮的理论齿廓曲线为球面渐开线。因球面不能展开成平面、设计计算和制造都很困难，故采用下述近似方法加以研究。

如图 5-15 所示的上部为一对互相啮合的直齿锥齿轮在其轴平面上的投影，$\triangle OCA$ 和 $\triangle OCB$ 分别为两轮的分度圆锥，线段 OC 称为外锥距。过大端上 C 点作 OC 的垂线与两轮的轴线分别交于 O_1 和 O_2 点，分别以 OO_1 和 OO_2 为轴线，以 O_1C 和 O_2C 为母线作两个圆锥 O_1CC_1 和 O_2CC_2，该两圆锥称为背锥。将两扇形齿轮补足为完整的圆柱齿轮，则它们的齿数

分别增加到 z_{v1} 和 z_{v2}。由图可见，$r_{v1}=r_1/\cos\delta_1=mz_1/\cos\delta_1$，且 $r_{v1}=mz_{v1}/2$。因此，可知

$$z_{v1}=z_1/\cos\delta_1，z_{v2}=z_2/\cos\delta_2 \qquad (5\text{-}25)$$

齿数 z_{v1} 和 z_{v2} 称为锥齿轮的当量齿数，上述圆柱齿轮称为锥齿轮的当量齿轮。

直齿锥齿轮的正确啮合条件可从当量圆柱齿轮得到，即两轮大端模数必须相等，压力角必须相等。除此以外，两轮的外锥距还必须相等。

三、直齿锥齿轮几何尺寸计算

通常直齿锥齿轮的齿高由大端到小端逐渐收缩，称为收缩齿锥齿轮。这类齿轮按顶隙不同又可分为不等顶隙收缩齿［见图 5-16（a）］和等顶隙收缩齿［见图 5-16（b）］两种。不等顶隙锥齿轮的齿顶圆锥、齿根圆锥和分度圆锥具有同一锥顶，所以它的顶隙也由大端到小端逐渐缩小。这种齿轮的缺

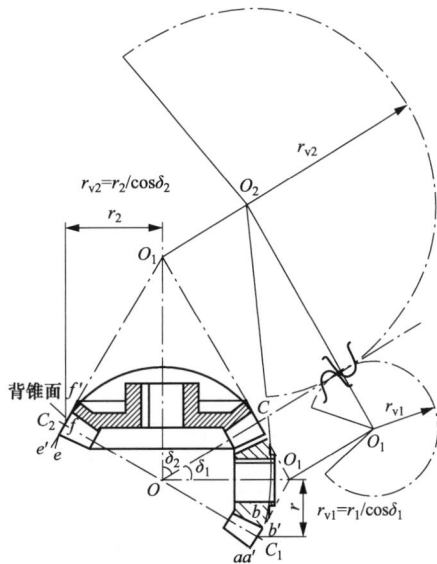

图 5-15　背锥和当量齿轮

点是小端轮齿强度较差且润滑不良。等顶隙锥齿轮的齿根圆锥和分度圆锥共锥顶，但齿顶圆锥（其母线与另一轮的齿根圆锥母线平行）并不与分度圆锥共锥顶。这种齿轮能增加小端顶隙，改善润滑状况；同时还可降低小端齿高，提高小端轮齿的弯曲强度，故常采用等顶隙锥齿轮传动。

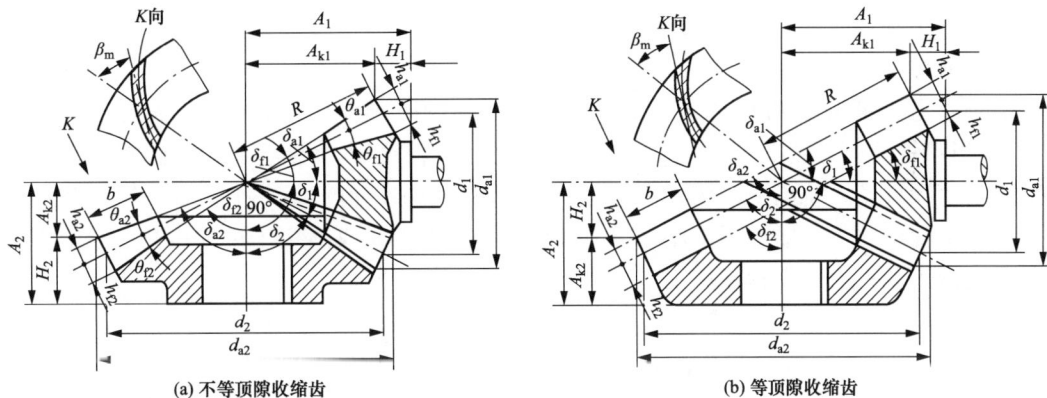

(a) 不等顶隙收缩齿　　　　　(b) 等顶隙收缩齿

图 5-16　$\Sigma=90°$ 标准直齿锥齿轮

圆锥有大端和小端，大端尺寸较大，计算和测量的相对误差较小，且便于确定齿轮机构外廓尺寸，所以直齿锥齿轮的几何尺寸计算以大端为标准。齿宽 b 不宜太大，齿宽过大则小端的齿很小，不仅对提高强度作用不大，而且还会增加加工难度。齿宽的常用范围是 $b=(0.25\sim0.3)R_e$。

当轴交角 $\Sigma=90°$ 时，对标准齿轮部分名称和几何尺计算公式见表 5-5。由表 5-5 可知，等顶隙齿与不等顶隙齿几何尺寸的主要区别在齿顶角 θ_a。等顶隙齿 $\theta_a=\theta_f$，不等顶隙齿 $\theta_a=\arctan(h_a/R_e)$。

表 5-5　　　　　　　　　　　　**Σ＝90°标准直齿锥齿轮的几何尺寸计算**

序号	名称	符号	计算公式及参数选择
1	大端模数	m_e	按 GB 12368—1990 取值
2	传动比	i_{12}	$i_{12}=z_2/z_1=\tan\delta_2$，单级传动 $i<7$
3	分度圆锥角	δ_1，δ_2	$\delta_2=\arctan(z_2/z_1)$，$\delta_1=90°-\delta_2$
4	分度圆直径	d_1，d_2	$d_1=m_e z_1$，$d_2=m_e z_2$
5	齿顶高	h_a	$h_a=m_e$
6	齿根高	h_f	$h_f=1.2m_e$
7	全齿高	h	$h=h_a+h_f=2.2m_e$
8	顶隙	c	$c=0.2m_e$
9	齿顶圆直径	d_{a1}，d_{a2}	$d_{a1}=d_1+2m_e\cos\delta_1$，$d_{a2}=d_2+2m_e\cos\delta_2$
10	齿根圆直径	d_{f1}，d_{f2}	$d_{f1}=d_1-2.4m_e\cos\delta_1$，$d_{f2}=d_2-2.4m_e\cos\delta_2$
11	外锥距	R_e	$R_e=(r_1^2+r_2^2)^{0.5}=0.5m_e(z_1^2+z_2^2)^{0.5}$
12	齿宽	b	$b\leqslant R_e/3$，$b\leqslant 10m_e$
13	齿顶角	θ_a	$\theta_a=\arctan(h_a/R_e)$（不等顶隙齿），$\theta_a=\theta_f$（等顶隙齿）
14	齿根角	θ_f	$\theta_f=\arctan(h_f/R_e)$
15	顶锥角	δ_{a1}，δ_{a2}	$\delta_{a1}=\delta_1+\theta_a$，$\delta_{a2}=\delta_2+\theta_a$
16	根锥角	δ_{f1}，δ_{f2}	$\delta_{f1}=\delta_1-\theta_f$，$\delta_{f2}=\delta_2-\theta_f$

第六节　渐开线齿轮的切齿原理

切齿方法按其原理可分为成形法和展成法两类。

一、成形法

成形法是用渐开线齿形的成形刀具直接切出齿形。常用刀具有盘形铣刀［见图 5-17 (a)］和指状铣刀［见图 5-17 (b)］两种。加工时，铣刀绕本身轴线旋转，同时轮坯沿齿轮轴线方向直线移动。铣出一个齿槽以后，将轮坯转过 $2\pi/z$ 再铣下一个齿槽，以此类推。这种切齿方法简单，不需要专用机床，但生产率低、精度差，仅适用于单件生产、精度要求不高的齿轮加工及不完全齿轮的加工。

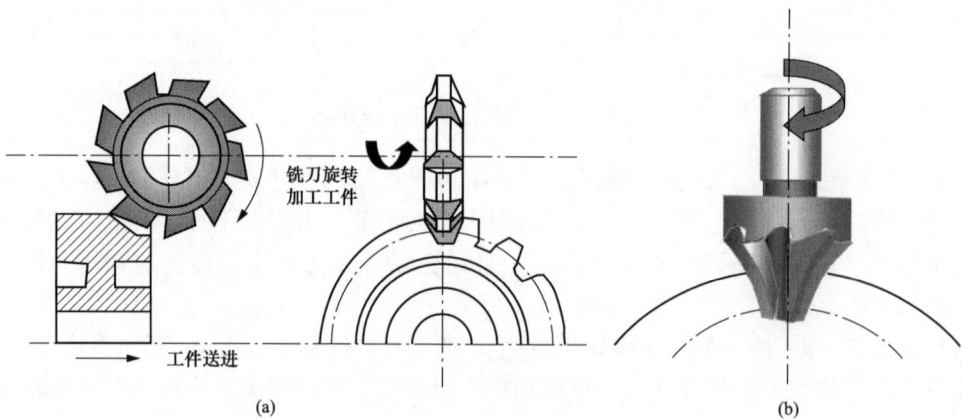

铣刀旋转
加工工件

工件送进

(a)　　　　　　　　　　　　(b)

图 5-17　成形法切齿

二、展成法

展成法是利用一对齿轮（或齿轮与齿条）互相啮合时，其共轭齿廓互为包络线的原理来切齿的。如果把其中一个齿轮（或齿条）做成刀具，就可以切出与它共轭的渐开线齿廓。用展成法切齿的常用刀具有齿轮插刀、齿条插刀和齿轮滚刀。

（1）齿轮插刀。齿轮插刀的形状如图 5-18（a）所示。其加工过程包括四个运动：①展成运动，插刀和轮坯按恒定的传动比 $i=\omega_{刀}/\omega_{坯}$ 回转；②切削运动，插刀沿轮坯轴线方向做往复切削运动；③进给运动，插刀向轮坯中心做径向运动，以便切出齿轮的高度；④让刀运动，防止刀具向上退刀时擦伤已加工好的面，损坏刀刃，轮坯做微小的径向让刀运动，刀刃再切削时，轮坯回位。

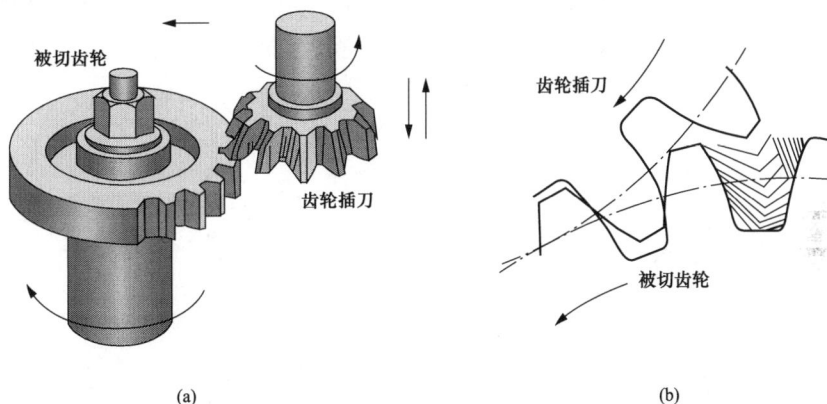

图 5-18　齿轮插刀切齿原理

因为插齿刀的齿廓是渐开线，所以插制出的齿轮齿廓也是渐开线。根据正确啮合条件，被切齿轮的模数和压力角必定与插刀的模数和压力角相等，故用同一把插刀切出的齿轮都能正确啮合。

（2）齿条插刀。用齿条插刀切齿是模仿齿轮与齿条的啮合过程，把刀具做成齿条状，其切齿原理与用齿轮插刀加工齿轮的原理相同，如图 5-19 所示。图 5-19（b）所示为齿条插刀齿廓在水平面上的投影，其顶部比传动用的齿条高出 cm（圆角部分），以便切出传动时的顶

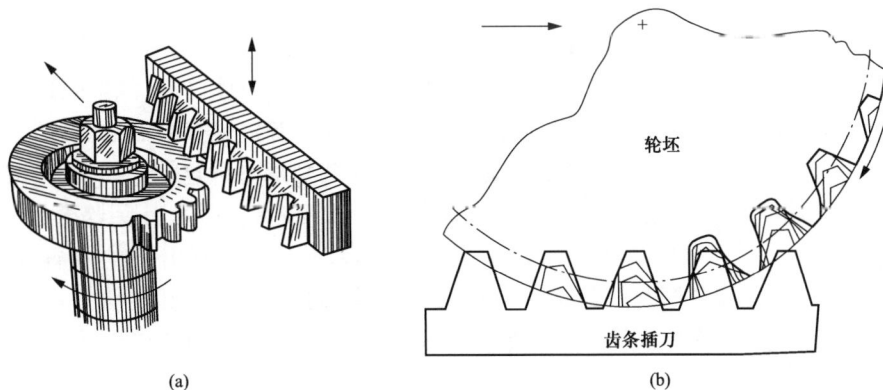

图 5-19　齿条插刀切齿原理

隙部分。齿条的齿廓为一直线，由图5-19可见，不论在中线（齿厚与齿槽宽相等的直线）上还是在与中线平行的其他任一直线上，它们都具有相同的齿距 p、相同的模数 m 和相同的压力角（对齿条刀也称为齿形角或刀具角）。

在切制标准齿轮时，轮坯径向进给直至刀具中线与轮坯分度圆相切并保持纯滚动。这样切成的齿轮，分度圆齿厚与分度圆齿槽宽相等，即 $s=e=p/2$，且模数和压力角与刀具的模数和压力角分别相等。

（3）齿轮滚刀。以上两种刀具都只能间断地切削，生产率较低。目前广泛采用的齿轮滚刀能连续切削，生产率较高。图5-20（a）、（b）所示为滚刀及其加工齿轮的情况。滚刀形状类似螺旋，它的齿廓在水平工作台面上的投影为一齿条。滚刀转动时，该投影齿条沿中线方向移动，这样按展成原理切出轮坯的渐开线齿廓。滚刀除旋转外，还沿轮坯轴向逐渐移动，以便切出整个齿宽。滚切直齿轮时，为了使刀齿螺旋线方向与被切齿轮方向一致，安装滚刀时需使其轴线与轮坯端面间的夹角等于滚刀的螺旋升角。

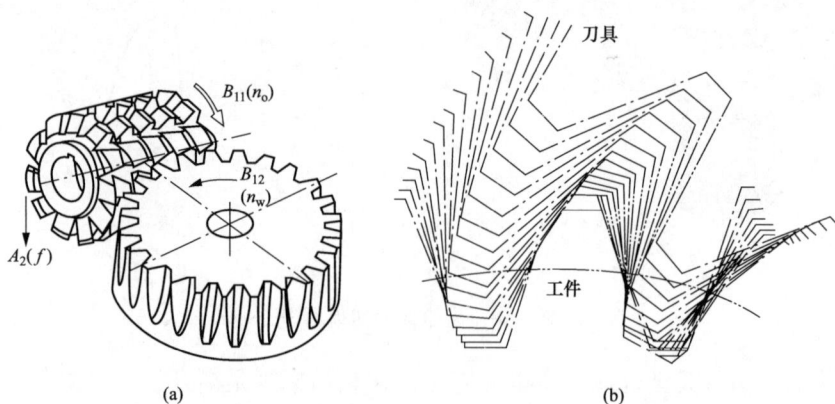

(a) (b)

图5-20 滚刀切齿原理

第七节 根切、最少齿数及变位齿轮

一、根切和最少齿数

在模数和传动比已经给定的情况下，小齿轮的齿数 z_1 越少，大齿轮齿数 z_2 以及齿数和 (z_1+z_2) 也越少，齿轮机构的中心距、尺寸和质量也减小。因此，设计时希望把小齿轮的齿数 z_1 取得尽可能少。但是对于渐开线标准齿轮，其最少齿数是有限制的。以齿条刀具切削标准齿轮为例，若不考虑齿顶线与刀顶线间非渐开线圆角部分（这部分刀刃主要用于切出顶隙，它不能展成渐开线），则其相互关系如图5-21（a）所示。图中 N_1 为啮合线的极限点。若刀具齿顶线超过 N_1 点（图中虚线齿条所示），则由基圆之内无渐开线的性质可知，超过 N_1 点的刀刃不仅不能展成渐开线齿廓，而且会将根部已加工出的渐开线切去一部分（如图中虚线齿廓），这种现象称为根切。根切使齿根削弱，根切严重时还会减小重合度，所以应当避免。

标准齿轮是否发生根切取决于其齿数的多少。如图5-21（b）所示，线段 CO_1 表示某被切齿轮的分度圆半径，其 N_1 点在齿顶线下方，故该齿轮必发生根切。当齿数增加时，分度圆半径增大，轮坯中心上移至 O_1' 处，极限点也相应地沿啮合线上移至齿顶线上方的 N_1' 处，从而避免根切；反之，齿数越少，分度圆半径越小，轮坯中心越低，极限点越往下移，根切越严重。标准齿轮欲避免根切，其齿数必须大于或等于不根切的最少齿数 z_{min}。

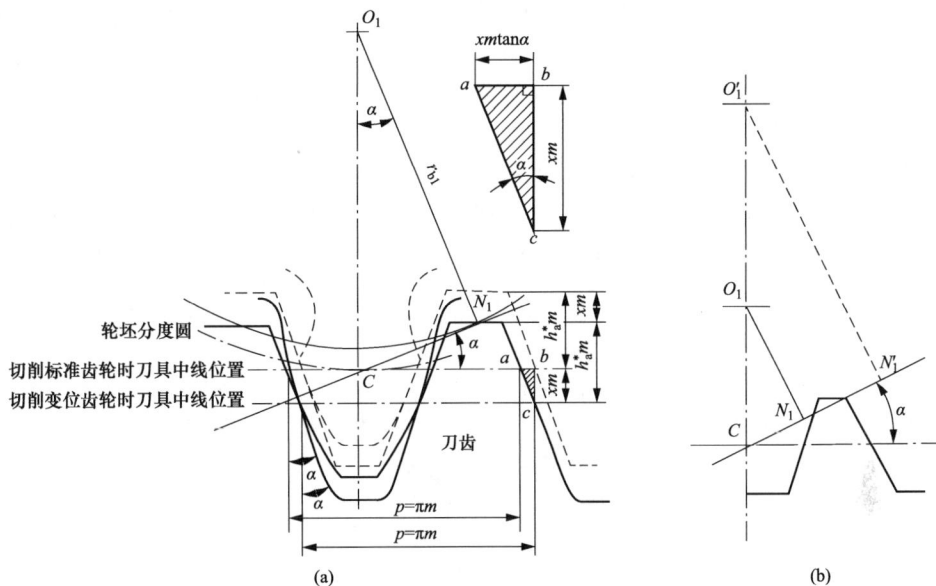

图 5-21　根切和变位齿轮

根据计算，对于 $\alpha=20°$ 和 $h_a^*=1$ 的正常圆柱齿制标准渐开线齿轮，当用齿条刀具加工时，其最少齿数 $z=17$；若允许略有根切，正常齿制标准齿轮的实际最少齿数可取 14。

标准斜齿轮不发生根切的最少齿数 z_{min} 可由其当量直齿轮的最少齿数 z_{vmin}（$z_{vmin}=17$）计算出来，计算公式为

$$z_{min}=z_{vmin}\cos^3\beta \tag{5-26}$$

标准锥齿轮可借助背锥和当量齿数就可以把圆柱齿轮的原理近似地用到锥齿轮上。例如直齿锥齿轮的最少齿数 z_{min}，与当量圆柱齿轮的最少齿数 z_{vmin} 之间的关系为

$$z_{min}=z_{vmin}\cos\delta \tag{5-27}$$

由式（5-27）可见，直齿锥齿轮的最少齿数比当量直齿圆柱齿轮的少。例如当 $\delta=45°$，$\alpha=20°$，$h_a^*=1.0$ 时，$z_{vmin}=17$，而 $z=17\cos45°=12$。

二、变位齿轮

标准齿轮存在下列主要缺点：

（1）标准齿轮的齿数必须大于或等于最少齿数 z，否则会产生根切。

（2）标准齿轮不适用于实际中心距 a' 不等于标准中心距 a 的场合。当 $a'>a$ 时，采用标准齿轮虽仍可保持定角速比，但会出现过大的齿侧间隙，重合度也减小；当 $a'<a$ 时，因较大的齿厚不能嵌入较小的齿槽宽，致使标准齿轮无法安装。

（3）一对互相啮合的标准齿轮，小齿轮齿根厚度小于大齿轮齿根厚度，抗弯能力有明显差别。为了弥补上述不足，在机械中出现了变位齿轮。变位齿轮可以制成齿数少于 z_{min} 而无根切的齿轮，实现非标准中心距的无侧隙传动，可以使大、小齿轮的抗弯能力比较接近。

如图 5-21（a）所示的虚线表示用齿条插刀或滚刀切制齿数小于最少齿数的标准齿轮而

发生根切的情况。这时刀具的中线与齿轮的分度圆相切，刀具的齿顶线超出了极限点 N_1。如果将刀具自轮坯中心向外移出一段距离 xm，使其齿顶线正好通过极限点 N_1，如图中实线所示则切出的齿轮可以避免根切。这时，与齿轮分度圆相切并做纯滚动的已经不是刀具的中线，而是与之平行的另一条直线（通称分度线）。用这种改变刀具相对位置的方法切制的齿轮称为变位齿轮。

以切削标准齿轮时的位置为基准，刀具的移动距离 xm 称为变位量，x 称为变位系数，并规定刀具远离轮坯中心时 x 为正值，称正变位；反之，刀具趋近轮坯中心时 x 为负值，称负变位。刀具变位后，总有一条分度线与齿轮的分度圆相切并保持纯滚动。因齿条刀具上任一条分度线的齿距 p、模数 m 和刀具角 α 均相等，故变位切制的齿轮，其齿距、模数和压力角均与标准齿轮一样都等于刀具的齿距、压力角。也就是说，齿轮变位前后的齿距、模数和压力角均不变化。由 $d=mz$ 和 $d_b=d\cos\alpha$ 可以推知，变位齿轮的分度圆和基圆也保持不变。

刀具变位后，因其分度线上的齿槽宽和齿厚不等，故与分度线做纯滚动的被切齿轮，其分度圆上的齿厚和齿槽宽也不等。图 5-21（a）中刀具做正变位，其分度线上的齿槽宽比中线上的齿槽宽增大了 $2ab$，故被切齿轮的分度圆齿厚也增大 $2ab$。与此相应，被切齿轮分度圆上的齿槽宽则减小了 $2ab$。由图 5-21（a）可知

$$ab=xm\tan\alpha \tag{5-28}$$

因此，变位齿轮分度圆齿厚和齿槽宽的计算式分别为

$$s=0.5\pi m+2xm\tan\alpha \tag{5-29}$$

$$e=0.5\pi m-2xm\tan\alpha \tag{5-30}$$

式（5-29）和式（5-30）对正变位和负变位都适用。负变位时，x 以负值代入。

由上述可知，正变位不仅可制出齿数小于 $z_{\min}$ 且无根切的齿轮，而且还能增大齿厚，提高轮齿的抗弯强度。

三、变位齿轮传动的类型

变位齿轮传动可分为等移距变位齿轮传动和不等移距变位齿轮传动两类。

（1）等移距变位齿轮传动。等移距变位齿轮传动中，两轮变位系数绝对值相等，但小齿轮为正变位，大齿轮为负变位。即 $x_1>0$、$x_2<0$，且 $x_1=-x_2$。由于小齿轮取正变位，故可减少小齿轮的齿数和增大小齿轮根部的齿厚从而提高传动质量。为了使两轮都不产生根切，两轮齿数之和必须大于或等于最小齿数的两倍，即 $z_1+z_2\geqslant 2z_{\min}$。

由式（5-29）和式（5-30）可知，等移距变位齿轮传动中，小齿轮分度圆齿厚的增量正好等于大齿轮齿槽宽的增量，故两轮分度圆相切（即分度圆与节圆重合），仍可实现无侧隙啮合。因此，等移距变位齿轮传动的中心距仍为标准中心距 a，其啮合角也与标准齿轮传动相同。但刀具变位后，被切齿轮的齿顶高和齿根高已不同于标准齿轮，所以等移距变位又称高度变位。

正常齿等移距变位齿轮传动的几何尺寸计算参见表 5-6。

表 5-6   正常齿等移距变位齿轮传动的几何尺寸计算

序号	名称	符号	计算公式及参数选择
1	齿数	z_1, z_2	$z_1+z_2\geqslant 34$

续表

序号	名称	符号	计算公式及参数选择
2	变位系数	x_1, x_2	$x_1=-x_2\neq0$, $x_1\geqslant(17-z_1)/17$, $x_2\geqslant(17-z_2)/17$
3	中心距	a'	$a'=a=0.5m(z_1+z_2)$
4	啮合角	α'	$\alpha'=\alpha=20°$
5	节圆直径	d'_1, d'_2	$d'_1=d_1=mz_1$, $d'_2=d_2=mz_2$
6	齿顶圆直径	d_{a1}, d_{a2}	$d_{a1}=d_1+m(2+2x_1)$, $d_{a2}=d_2+m(2+2x_2)$
7	齿顶根圆直径	d_{f1}, d_{f2}	$d_{f1}=d_1-m(2.5-2x_1)$, $d_{f2}=d_2-m(2.5-2x_2)$

（2）不等移距变位齿轮传动。除标准齿轮传动（$x_1=x_2=0$）和等移距变位齿轮传动（$x_1=-x_2$）之外，其余变位齿轮传动均称为不等移距变位齿轮传动。其变位系数可在不根切的条件下自由选择。不等移距变位齿轮传动中 $x_1\neq-x_2$，故由式（5-29）和式（5-30）可知，小齿轮分度圆齿厚与大齿轮分度圆齿槽宽必定不相等。若小齿轮齿厚小于大齿轮齿槽宽，则两分度圆相切时，必然出现过大的齿侧间隙，只有缩小中心距（$a'<a$），使两轮趋近，才能消除过大间隙，实现正常传动。反之，若小齿轮齿厚大于大齿轮齿槽宽，只有拉开中心距（$a'>a$），使两轮远离，才能安装。综上所述，采用不同变位系数可调整两轮分度圆齿厚，实现任意非标准中心距传动，故常用于变速箱滑移齿轮设计等场合。

不等移距变位齿轮传动的中心距不等于标准中心距。中心距增减时，两轮的分度圆相离或相交，但不相切。显然，这种传动中分度圆与节圆不重合，啮合角不等于分度圆压力角即 $\alpha'\neq20°$。由于啮合角发生了变化，所以不等移距变位又称角变位。角变位除用于凑配中心距外，还用于增大啮合角，加强齿根强度，从而提高接触强度和弯曲强度。

习　题

5-1　渐开线是如何生成的？它有哪些特性？其参数方程如何？什么条件下基圆小于齿根圆？

5-2　齿廓在基圆上的压力角和曲率半径如何？在无穷远处的压力角和曲率半径又如何？

5-3　当基圆半径无限大时，渐开线的形状、压力角和曲率半径如何？

5-4　已知一对外啮合正常齿制标准直齿圆柱齿轮，$m=3$mm，$z_1=19$，$z_2=41$，请计算这对齿轮的分度圆直径、齿顶高、齿根高、顶隙、中心距、齿顶圆直径、齿根圆直径、基圆直径、齿距、齿厚和齿槽宽。

5-5　已知一对外啮合正常齿制标准直齿圆柱齿轮 $a=160$mm，齿数 $z_1=20$，$z_2=60$，求模数和分度圆直径。

5-6　为什么斜齿轮的标准参数要规定在法面上，而其几何尺寸却要按端面来计算？

5-7　斜齿轮机构的基本参数、正确啮合条件和重合度有何特点？斜齿轮机构有哪些优缺点？

5-8　圆锥齿轮的齿廓曲线是如何形成的？为什么要引入背锥的概念？

5-9　证明：正常齿制标准渐开线直齿圆柱齿轮用齿条刀具加工时，不发生根切的最少齿数≈17。试用同样方法求短齿制标准渐开线直齿圆柱齿轮用齿条刀具加工时的最少齿数。

5-10　试根据渐开线特性说明一对模数相等、压力角相等但齿数不等的渐开线标准直齿圆柱齿轮，其分度圆齿厚、齿顶圆齿厚和齿根圆齿厚是否相等，哪一个较大。

5-11 与标准齿轮相比较，说明正变位直齿圆柱齿轮的参数 m、α、α'，哪些不变，哪些起了变化，变大还是变小。

5-12 已知一对正常齿制渐开线标准斜齿圆柱齿轮，$a=250$mm，$z_1=23$，$z_2=98$，$m_n=4$mm，试计算其螺旋角、端面模数、分度圆直径、齿顶圆直径和齿根圆直径。

5-13 试设计一对外啮合圆柱齿轮，已知 $z_1=21$，$z_2=32$，$m=2$mm，实际中心距为55mm。问：（1）该对齿轮能否采用标准直齿圆柱齿轮传动？（2）若采用标准斜齿圆柱齿轮传动来满足中心距要求，其分度圆螺旋角 β、分度圆直径和节圆直径各为多少？

5-14 已知一对等顶隙收缩齿渐开线标准直齿锥齿轮，$\Sigma=90°$，$z_1=17$，$z_2=43$，$m_e=3$mm，试求分度圆锥角、分度圆直径、齿顶圆直径、齿根圆直径、外锥距、齿顶角、齿根角、顶锥角、根锥角。

5-15 试述一对直齿圆柱齿轮、一对斜齿圆柱齿轮、一对直齿锥齿轮的正确啮合条件。

第六章 齿 轮 传 动

齿轮在机械装备、电力装备或其他工程领域，均属于常用零件。大多数齿轮传动不仅用来传递运动，还要传递动力。因此，齿轮传动除须运转平稳外，还必须具有足够的承载能力。本章着重论述标准齿轮传动的强度计算。

按照工作条件，齿轮传动可分为闭式传动和开式传动两种。闭式传动的齿轮封闭在刚性的箱体内，因而能保证良好的润滑和工作条件。重要的齿轮传动都采用闭式传动。开式传动的齿轮是外露的，不能保证良好的润滑，而且易落入灰尘、杂质，故齿面易磨损，只适用于低速传动。

第一节 齿轮传动的失效形式、设计准则及材料选择

一、齿轮传动的失效形式

齿轮传动的失效形式主要有五种。

1. 轮齿折断

轮齿折断一般发生在齿根部分（见图 6-1），因为轮齿受力时齿根弯曲应力最大，而且有应力集中。轮齿因短时意外的严重过载而引起的突然折断，称为过载折断。用淬火钢或铸铁制成的齿轮，容易发生这种折断。

在载荷的多次重复作用下，弯曲应力超过弯曲疲劳极限时，齿根部分将产生疲劳裂纹，裂纹的逐渐扩展最终将引起轮齿折断，这种折断称为疲劳折断。若轮齿单侧工作，根部弯曲应力一侧为拉伸，另一侧为压缩，轮齿脱离啮合时，弯曲应力为零，因此就任一侧而言，其应力都是按脉动循环变化。若轮齿双侧工作，则弯曲应力可按对称循环变化作近似计算。

2. 齿面点蚀

轮齿工作时，其工作表面上任一点所产生的接触应力由零（该点未进入啮合时）增加到最大值（该点啮合时），即齿面接触应力是按脉动循环变化的。若齿面接触应力超出材料的接触疲劳极限，在载荷的多次重复作用下，齿面表层就会产生细微的疲劳裂纹，裂纹的蔓延扩展使金属微粒剥落下来而形成疲劳点蚀，使轮齿啮合情况恶化而报废。理论分析和实践均表明，疲劳点蚀首先出现在齿根表面靠近节线处，见图 6-2。这是因为在该处同时啮合的齿数较少，接触应力较大。且在该区域齿面相对运动速度低，难以形成油膜润滑，故所受的摩擦力较大。在摩擦力和接触应力作用下，容易产生点蚀现象。齿面抗点蚀能力主要与齿面硬度有关，齿面硬度越高，抗点蚀能力越强。

软齿面（齿面硬度≤350HBS）的闭式齿轮传动常因齿面点蚀而失效。在开式传动中，由于齿面磨损较快，点蚀还来不及出现或扩展就被磨掉，所以一般看不到点蚀现象。

3. 齿面胶合

在高速、重载传动中，齿面间压力大，相对滑动速度大，因摩擦发热而使啮合区温度升高而引起润滑失效，致使两齿面金属直接接触并相互粘连，而随后的齿面相对运动，较软的

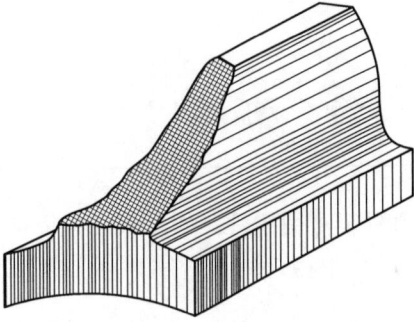

图 6-1　轮齿折断

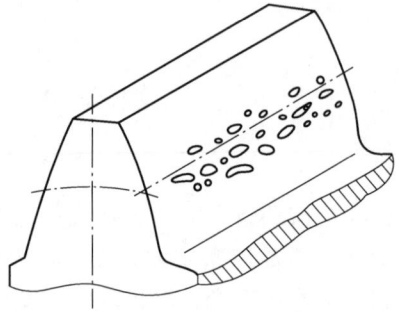

图 6-2　齿面点蚀

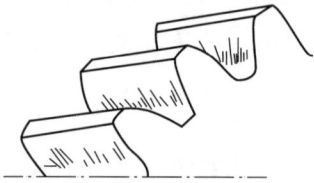

图 6-3　齿面胶合

齿面沿滑动方向被撕下而形成沟纹，这种现象称为齿面胶合，如图 6-3 所示。齿面胶合主要发生在齿顶、齿根等相对速度较大处。在低速、重载传动中，由于齿面间的润滑油膜不易形成，也易产生胶合破坏。

提高齿面硬度和减小表面粗糙度值能增强抗胶合能力，对于低速传动，采用黏度较大的润滑油；对于高速传动，采用含抗胶合添加剂的润滑油也很有效。

4. 齿面磨损

齿面磨损通常有磨粒磨损和跑合磨损两种。由于灰尘、硬屑粒等进入齿面间而引起的磨损称为磨粒磨损，磨粒磨损在开式传动中是难以避免的。齿面过度磨损（见图 6-4）显著变形，常导致严重噪声和振动，最终使传动失效。采用闭式传动、减小齿面表面粗糙度值和保持良好的润滑，可以防止或减轻这种磨损。

新的齿轮副，由于加工后表面具有一定的粗糙度，受载时实际上只有部分峰顶接触。接触处压强很高，因而在开始运转期间，磨损速度和磨损量都较大，磨损到一定程度后，摩擦面逐渐光洁，压强减小，磨损速度缓慢，这种磨损称为跑合磨损。人们有意地使新齿轮副在轻载下进行跑合，可为随后的正常磨损创造有利条件。但应注意，跑合结束后，必须清洗和更换润滑油。

5. 齿面塑性变形

在重载下，较软的齿面上可能产生局部的塑性变形，使齿廓失去正确的齿形，如图 6-5 所示。这种损坏常在过载严重和启动频繁的传动中遇到。

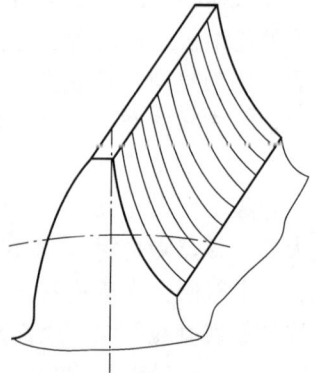

图 6-4　齿面磨损

二、齿轮传动的设计准则

齿轮传动的设计准则由失效形式确定，从理论上讲，对每一种失效形式都应该有相应的设计计算准则。

对于闭式齿轮传动，必须计算轮齿弯曲疲劳强度和齿面接触疲劳强度，以免产生轮齿疲劳折断和齿面点蚀。对于高速重载齿轮传动，还必须计算其抗胶合能力。对于一般的传动，只要选择恰当的润滑方式和润滑油的牌号和黏度，即可避免产生胶合和磨损。

对于开式传动，只需计算轮齿的弯曲疲劳强度，以免轮齿疲劳折断。由于开始式传动的轮齿齿面磨损速度大于齿面点蚀速度，故不用计算齿面接触强度。

对于齿面胶合和磨损，目前尚无成熟的计算方法，一般可将由弯曲强度计算出来的模数值加大10%~15%，以补偿预期的磨损量。

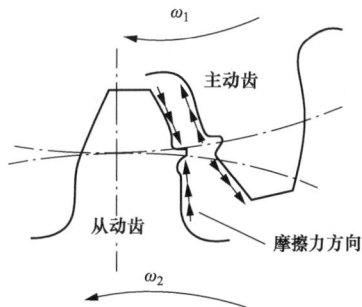

图 6-5　齿面塑性变形

三、齿轮材料的选择

对齿轮材料的基本要求是齿面硬、齿心韧，以及良好的加工性能和经济性。适用于制造齿轮的材料很多，其中最常用的是锻钢，其次是铸钢和铸铁，轻载并要求低噪声时，也可采用非金属材料。

1. 锻钢

锻钢是齿轮传动中应用最广的材料。为了提高齿面抗点蚀、胶合、磨损的能力，一般要进行热处理来提高齿面硬度。按热处理后齿面的硬度不同，可分为软齿面和硬齿面两大类。

（1）软齿面齿轮。齿面硬度≤350HBS的齿轮为软齿面齿轮。软齿面齿轮的材料通常为45、40Cr、40MnB、42SiMn等中碳钢或中碳合金钢，热处理方式为正火或调质。其工艺过程是先对齿轮毛坯进行热处理，然后进行切齿（滚齿、插齿、铣齿）。

（2）硬齿面齿轮。齿面硬度＞350HBS的齿轮为硬齿面齿轮。由于热处理后齿面硬度很高，这类齿轮的工艺过程是先切齿（粗切，留有磨削余量），然后进行表面热处理使齿面达到高硬度，最后用磨齿、研齿等方法精加工轮齿。加工精度一般在6级以上。

硬齿面齿轮常用的材料有中碳钢、中碳合金钢及低碳合金钢。热处理方法主要有表面淬火、表面渗碳渗氮等。

硬齿面齿轮的接触强度比软齿面齿轮大为提高，因此可以减小齿轮传动的尺寸。随着齿轮加工设备及工艺的发展，目前大都采用硬齿面齿轮。

2. 铸钢

直径较大（顶圆直径 $d \geqslant 500$mm）不易锻造的齿轮毛坯，常用铸钢制造。常用的铸钢牌号有 ZG270-500、ZG310-570、ZG340-640 等。铸钢齿轮毛坯应进行正火处理以消除残余应力和硬度不均匀现象。

3. 铸铁

铸铁易铸成形状复杂的齿轮毛坯，容易加工，成本低，但抗弯强度及抗冲击能力较差。铸铁常用于制造受力较小，无冲击载荷和大尺寸的低速齿轮（圆周速度小于6m/s）。常用的牌号有 HT200、HT350，球墨铸铁 QT500-7、QT600-3 等。球墨铸铁的力学性能和抗冲击性能优于灰铸铁。

4. 非金属材料

非金属材料，例如夹布胶木、尼龙常用于高速、小功率、精度不高或要求噪声低的齿轮传动中。其优点是质量轻、韧性好、噪声小、不生锈、便于维护，缺点是强度低、导热性差、不适在高温环境下工作。由于非金属材料的导热性差，与其配对的齿轮应采用金属材料，以利于散热。

常用的齿轮材料及其力学性能见表6-1。

表 6-1   常用的齿轮材料及其力学性能

材料牌号	热处理方式	硬度	接触疲劳极限 σ_{Hlim} （MPa）	弯曲疲劳极限 σ_{FE} （MPa）
45	正火	156～217HBS	350～400	280～340
	调质	197～286HBS	550～620	410～480
	表面淬火	40～50HRC	1120～1150	680～700
40Cr	调质	217～286HBS	650～750	560～620
	表面淬火	48～55HRC	1150～1210	700～740
40CrMnMo	调质	229～363HBS	680～710	580～690
	表面淬火	45～50HRC	1130～1150	690～700
35SiMn	调质	207～286HBS	650～760	550～610
	表面淬火	45～50HRC	1130～1150	690～700
40MnB	调质	241～286HBS	680～760	580～610
	表面淬火	45～55HRC	1130～1210	690～720
38SiMnMo	调质	241～286HBS	680～760	580～610
	表面淬火	45～55HRC	1130～1210	690～720
	氮碳共渗	57～63HRC	880～950	790
38CrMoAlA	调质	255～321HBS	710～790	600～640
	渗氮	＞850HV	1000	720
20CrMnTi	渗氮	＞850HV	1000	715
	渗碳淬火，回火	56～62HRC	1500	850
20Cr	渗碳淬火，回火	56～62HRC	1500	850
ZG310-570	正火	163～197HBS	280～330	210～250
ZG340-640	正火	179～207HBS	310～340	240～270
ZG35SiMn	调质	241～269HBS	590～640	500～520
	表面淬火	45～53HRC	1130～1190	690～720
HT300	时效	187～255HBS	330～390	100～150
QT500-7	正火	170～230HBS	450～540	260～300
QT600-3	正火	190～270HBS	490～580	280～310

注　接触疲劳强度和弯曲疲劳强度与材料硬度呈线性正相关。表中的数值是根据 GB/T 3480.1—2019 提供的线图，依材料的硬度值查得，它适用于材质和热处理质量达到中等要求时。

    上述热处理方式中，调质和正火两种处理后的齿面硬度较低（≤350HBS），为软齿面，其工艺过程较简单，但因齿面硬度较低，故其接触疲劳极限和弯曲疲劳极限较低；用表面淬火、渗碳淬火及渗氮处理后的齿面硬度较高，为硬齿面。硬齿面的接触疲劳极限和弯曲疲劳极限较高，故设计出来的传动尺寸较紧凑，但工艺比较复杂。

    当大、小齿轮都是软齿面时，考虑到小齿轮齿根较薄，弯曲强度较低，且受载次数较多，故在选择材料和热处理时，一般取小齿轮齿面硬度比大齿轮高 20～50HBS，以使小齿轮的弯曲疲劳极限稍高于大齿轮，大、小齿轮轮齿的弯曲强度相近。硬齿面齿轮的承载能力较强，但需专门设备磨齿，常用于要求结构紧凑或生产批量大的齿轮。当大、小齿轮都是硬齿面的时，小齿轮的硬度应略高，也可和大齿轮相等。

    转矩不大时，可试选用碳素结构钢，若计算出的齿轮直径太大，则可选用合金结构钢。轮齿进行表面热处理可提高接触疲劳强度，因而使装置较紧凑，若表面热处理后硬化层较深，轮齿会变形，则要进行磨齿。表面渗氮齿形变化小，不用磨齿，但氮化层较薄。尺寸较大的齿轮可用铸钢，但生产批量小时可能锻造比较经济。转矩小时，也可选用铸铁。要减小传动噪声，其中一个甚至两个可选用夹布塑料。

选定材料及其热处理方式后，接触疲劳极限和弯曲疲劳极限可由表 6-1 查出，一般可取表中硬度的平均值和相应的疲劳极限进行强度计算。

第二节　直齿圆柱齿轮传动的作用力及计算载荷

一、轮齿上的作用力

为了计算轮齿的强度、设计轴和轴承，有必要分析轮齿上的作用力。

设一对标准直齿圆柱齿轮按标准中心距安装，其齿廓在 C 点接触，如图 6-6（a）所示。如果略去摩擦力，则轮齿间相互作用的总压力为法向力 F_n，其方向沿啮合线。如图 6-6（b）所示，F_n 可分解为圆周力 F_t 和径向力 F_r 两个分力。

圆周力
$$F_t = \frac{2T_1}{d_1} \tag{6-1}$$

径向力 $\qquad\qquad\qquad\qquad F_r = F_t \tan\alpha \tag{6-1a}$

法向力 $\qquad\qquad\qquad\qquad F_n = F_t / \cos\alpha \tag{6-1b}$

式中：T_1 为小齿轮上的转矩，N·mm；d_1 为小齿轮上的分度圆直径，mm；α 为压力角。

$$T_1 = 10^6 \frac{P}{\omega_1} = 9.55 \times 10^6 \frac{P}{n_1}$$

式中：P 为传递的功率，kW；ω_1 为小齿轮上的角速度，$\omega_1 = \dfrac{2\pi n_1}{60}$，rad/s；$n_1$ 为小齿轮上的转速，r/min。

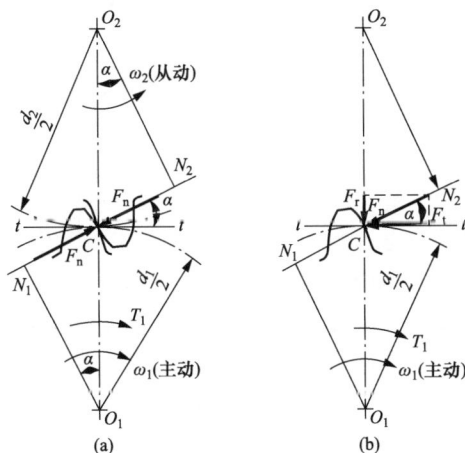

图 6-6　直齿圆柱齿轮传动的作用力

二、计算载荷

上述的法向力 F_n 为名义载荷。理论上，F_n 应沿齿宽均匀分布，但由于轴和轴承的变形、传动装置的制造和安装误差等原因，载荷沿齿宽的分布并不是均匀的，即出现载荷集中现象。如图 6-7（a）所示，齿轮位置对轴承不对称时，由于轴的弯曲变形，齿轮将相互倾斜，这时轮齿左端载荷增大，见图 6-7（b）。轴和轴承的刚度越小、齿宽 b 越大，载荷集中越严重。此外，由于各种原动机和工作机的特性不同、齿轮制造误差、轮齿变形等原因，还会引起附加动载荷。精度越低、圆周速度越高，附加动载荷就越大。因此，计算齿轮强度时，通常用计算载荷 KF_n 代替名义载荷 F_n 以考虑载荷集中和附加动载荷的影响。K 为载荷系数，其值可由表 6-2 查取。

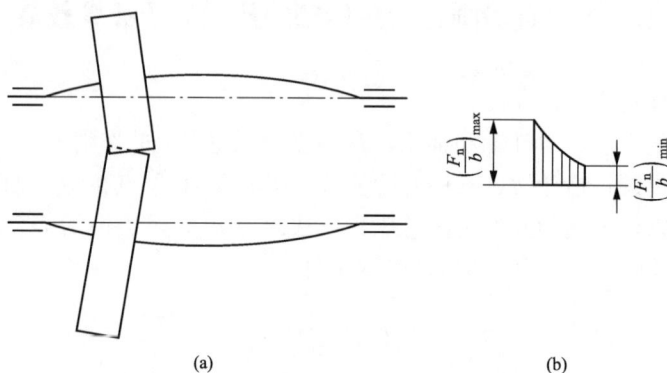

图 6-7　轴的弯曲变形引起的齿向偏载

表 6-2　　　　　　　　　　　　　　　　**载荷系数 K**

原动机	工作机械的载荷特性		
	均匀	中等冲击	大的冲击
电动机	1～1.2	1.2～1.6	1.6～1.8
多缸内燃机	1.2～1.6	1.6～1.8	1.9～2.1
单缸内燃机	1.6～1.8	1.8～2.0	2.2～2.4

注　斜齿、圆周速度低、精度高、齿宽系数小时，取小值；直齿、圆周速度高、精度低、齿宽系数大时，取大值。齿轮在两轴承之间对称布置时取小值，齿轮在两轴承之间不对称布置或悬臂布置时取大值。

第三节　直齿圆柱齿轮传动的强度计算

一、齿面接触强度计算

齿轮强度计算是根据齿轮可能出现的失效形式来进行的。在一般闭式齿轮传动中，轮齿的主要失效形式是齿面接触疲劳点蚀和轮齿弯曲疲劳折断，本节介绍 GB/T 3480.1—2019 规定的这两种强度计算方法（经适当简化）。

齿面疲劳点蚀与齿面接触应力的大小有关，而齿面最大接触应力可近似地用赫兹公式进行计算，即

$$\sigma_H = \sqrt{\frac{F_n}{\pi b} \cdot \frac{\dfrac{1}{\rho_1} \pm \dfrac{1}{\rho_2}}{\dfrac{1-\mu_1^2}{E_1} + \dfrac{1-\mu_2^2}{E_2}}}$$

其中，下标 1 为小齿轮、下标 2 为大齿轮，正号用于外啮合，负号用于内啮合，各符号的意义见第一章第四节。

试验表明，齿根部分靠近节线处最易发生点蚀，故常取节点处的接触应力为计算依据。

对于标准齿轮传动，由图 6-6（a）可知，节点处的齿廓曲率半径

$$\rho_1 = N_1 C = \frac{d_1 \sin\alpha}{2}, \quad \rho_2 = N_2 C = \frac{d_2 \sin\alpha}{2}$$

令 $u = d_2/d_1 = z_2/z_1$，可得

$$\frac{1}{\rho_1} \pm \frac{1}{\rho_2} = \frac{\rho_2 \pm \rho_1}{\rho_1 \rho_2} = \frac{2(d_2 \pm d_1)}{d_1 d_2 \sin\alpha} = \frac{u \pm 1}{u} \frac{2}{d_1 \sin\alpha}$$

其中，u（$\geqslant 1$）称为齿数比。齿数比与传动的关系如下：当小齿轮 1 主动用作减速传动时，$u = i_{12}$；当大齿轮 2 主动用作增速传动时，$u = 1/i_{21}$。

在节点处，一般仅有一对齿啮合，即载荷由一对齿承担，故

$$\sigma_H = \sqrt{\frac{F_n}{\pi b} \frac{\frac{2}{d_1 \sin\alpha} \frac{u \pm 1}{u}}{\frac{1-\mu_1^2}{E_1} + \frac{1-\mu_2^2}{E_2}}} = \sqrt{\frac{\frac{F_t}{\cos\alpha} \frac{2}{d_1 \sin\alpha} \frac{u \pm 1}{u}}{\pi b \left(\frac{1-\mu_1^2}{E_1} + \frac{1-\mu_2^2}{E_2}\right)}}$$

令 $Z_E = \sqrt{\dfrac{1}{\pi \left(\dfrac{1-\mu_1^2}{E_1} + \dfrac{1-\mu_2^2}{E_2}\right)}}$，称为弹性系数，$\sqrt{\text{MPa}}$，其数值与材料有关，见表 6-3。

表 6-3 　　　　　　　　　　　　　　弹性系数 Z_E 　　　　　　　　　　　　　$\sqrt{\text{MPa}}$

齿轮材料	灰铸铁	球墨铸铁	铸钢	锻钢	夹布胶木
锻钢	162.0	181.4	188.9	189.8	56.4
铸钢	161.4	180.5	188.0	—	—
球墨铸铁	156.6	173.9	—	—	—
灰铸铁	143.7	—	—	—	—

令 $Z_H = \sqrt{\dfrac{2}{\sin\alpha \cos\alpha}}$，称为区域系数，对于标准齿轮，$Z_H = 2.5$，因此可得

$$\sigma_H = 2.5 Z_E \sqrt{\frac{F_t}{bd_1} \frac{u \pm 1}{u}}$$

以 KF_t 取代 F_t，且 $F_t = \dfrac{2T_1}{d_1}$，得

$$\sigma_H = 2.5 Z_E \sqrt{\frac{2KT_1}{bd_1^2} \frac{u \pm 1}{u}} \leqslant [\sigma_H] \quad \text{MPa} \tag{6-2}$$

其中，b 为齿的宽度；T_1 的单位为 N·mm；b、d 的单位为 mm。

式（6-2）可用来验算齿面的接触强度。

令 $\phi_d = b/d_1$，代入式（6-2），可得设计公式

$$d_1 \geqslant 2.32 \sqrt[3]{\frac{KT_1}{\phi_d} \frac{u \pm 1}{u} \left(\frac{Z_E}{[\sigma_H]}\right)^2} \quad \text{mm} \tag{6-3}$$

其中，$[\sigma_H]$ 应取配对齿轮中的较小的许用接触应力。

$$[\sigma_H] = \frac{\sigma_{H\lim}}{S_H}$$

式中：$\sigma_{H\lim}$ 为试验齿轮失效概率为 1/100 时的接触疲劳强度极限，它与齿面硬度有关，见

表 6-1；S_H 为安全系数，见表 6-4。

由式（6-3）所得即为满足齿面接触强度所需的最小 d_1 值。

表 6-4 最小安全系数 S_H、S_F 的参考值

使用要求	S_{Hmin}	S_{Fmin}
高可靠度（失效概率≤1/10000）	1.5	2.0
较高可靠度（失效概率≤1/10000）	1.25	1.6
一般可靠度（失效概率≤1/100）	1.0	1.25

注 对于一般工业用齿轮传动，可用一般可靠度。

二、轮齿弯曲强度计算

计算弯曲强度时，仍假定全部载荷仅由一对轮齿承担。显然，当载荷作用于齿顶时，齿根所受的弯曲力矩最大。当轮齿在齿顶啮合时，因重合度恒大于 1，相邻的一对轮齿也处于啮合状态，载荷理应由两对轮齿分担。但考虑到加工和安装的误差，对一般精度的齿轮按一对轮齿承担全部载荷计算较为安全。

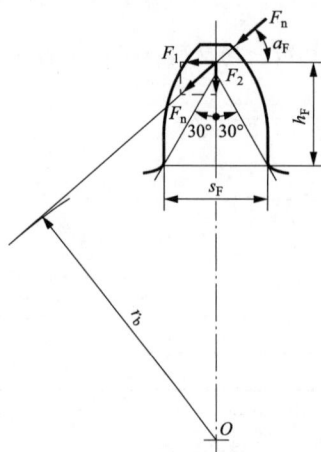
图 6-8 齿根危险截面

计算时将轮齿看作悬臂梁，如图 6-8 所示。其危险截面可用 30°切线法确定，即作与轮齿对称中心线呈 30°夹角并与齿根圆角相切的斜线，而认为两切点连线是危险截面位置（轮齿折断的实际情况与此基本相符），危险截面处齿厚为 s_F。

法向力 F_n 与轮齿对称中心线的垂线的夹角为 α_F，F_n 可分解为 $F_1 = F_n \cos\alpha_F$ 和 $F_2 = F_n \sin\alpha_F$ 两个分力，F_1 使齿根产生弯曲应力，F_2 则产生压缩应力。因后者较小，故通常略去不计。齿根危险截面的弯曲力矩为

$$M = KF_n h_F \cos\alpha_F$$

式中：K 为载荷系数；h_F 为弯曲力臂。

危险截面的弯曲截面系数 W 为

$$W = \frac{bs_F^2}{6}$$

故危险截面的弯曲应力为

$$\sigma_F = \frac{M}{W} = \frac{6KF_n h_F \cos\alpha_F}{bs_F^2} = \frac{6KF_t h_F \cos\alpha_F}{bs_F^2 \cos\alpha} = \frac{KF_t}{bm} \frac{6\left(\dfrac{h_F}{m}\right)\cos\alpha_F}{\left(\dfrac{s_F}{m}\right)^2 \cos\alpha} \tag{6-4}$$

令

$$Y_{Fa} = \frac{6\left(\dfrac{h_F}{m}\right)\cos\alpha_F}{\left(\dfrac{s_F}{m}\right)^2 \cos\alpha}$$

其中，Y_{Fa} 称为齿形系数。因 h_F 和 s_F 均与模数成正比，故 Y_{Fa} 只与齿形中的尺寸比例有关而与模数无关，如图 6-9 所示。考虑在齿根部有应力集中，引入应力修正系数 Y_{Sa}，如图 6-10 所示。由此可得轮齿弯曲强度的验算公式为

$$\sigma_F = \frac{2KT_1 Y_{Fa} Y_{Sa}}{bd_1 m} = \frac{2KT_1 Y_{Fa} Y_{Sa}}{bm^2 z_1} \leqslant [\sigma_F] \quad \text{MPa} \tag{6-5}$$

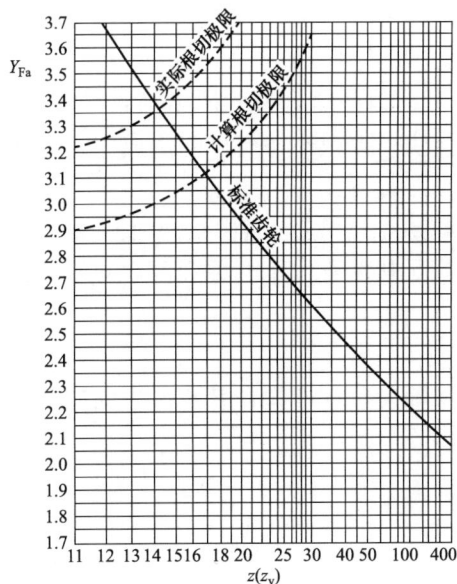

图 6-9　外齿轮的齿形系数 Y_{Fa}

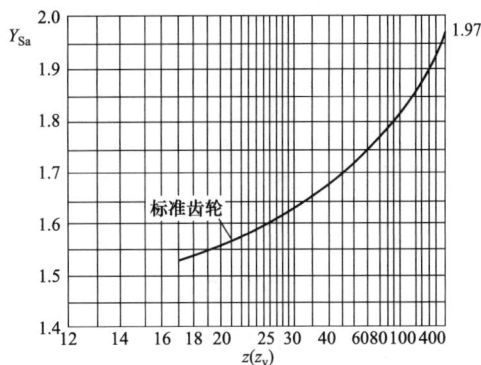

图 6-10　外齿轮的应力修正系数 Y_{Sa}

以 $b = \phi_d d_1$，代入式（6-5）得轮齿弯曲强度的设计公式为

$$m \geqslant \sqrt[3]{\frac{2KT_1}{\phi_d z_1^2} \frac{Y_{Fa} Y_{Sa}}{[\sigma_F]}} \quad \text{mm} \tag{6-6}$$

其中，许用弯曲应力

$$[\sigma_F] = \frac{\sigma_{FE}}{S_F}$$

式中：σ_{FE} 为试验轮齿失效概率为 $1/100$ 时的齿根弯曲疲劳极限，见表 6-1，若轮齿两面工作，应将表中的数值乘以 0.7；S_F 为安全系数，见表 6-4，因轮齿疲劳折断可能招致重大事故，所以 S_F 的取值较 S_H 大。

当预定的齿轮传动寿命 $N < N_0$ 时，由图 1-4 和式（1-6）可知，轮齿的接触疲劳强度和弯曲疲劳强度极限均可提高 k_N 倍（k_N 为寿命系数），因而可使齿轮传动尺寸较紧凑，这种设计称为有限寿命设计。k_N 计算方法见参考文献 [3]。

用式（6-5）验算弯曲强度时，应该对大、小齿轮分别进行验算；用式（6-6）计算 m 时，应比较 $Y_{Fa1} Y_{Sa1}/[\sigma_{F1}]$ 与 $Y_{Fa2} Y_{Sa2}/[\sigma_{F2}]$，以大值代入公式求 m。注意，算得的 m 值是必需的最小值，还应按表 5-1 圆整为标准模数值才能制造出来。传递动力的齿轮，其模数不宜小于 1.5mm。选定模数后，齿轮实际的分度圆直径应由 $d = mz$ 算出。对于开式传动，为考虑齿面磨损，可将算得的 m 值加大 $10\% \sim 15\%$。

第四节　圆柱齿轮参数选取、计算方法及传动精度

一、齿轮参数的选取

1. 齿数比 u

齿数比 $u = z_2/z_1$，由传动比而定，为避免大齿轮齿数过多，导致径向尺寸过大，一般应

使 $u \leqslant 7$。

2. 齿数

标准齿轮的齿数应不小于 17，一般可取 $z_1 > 17$。齿数多，有利于增加传动的重合度，使传动平稳，但当分度圆直径一定时，增加齿数会使模数减小，有可能造成轮齿弯曲强度不够。

设计时，最好使 a 值为整数，因中心距 $a = m(z_1 + z_2)/2$，当模数 m 值确定后，调整 z_1、z_2 值可达此目的。调整 z_1、z_2 值后，应保证满足接触强度和弯曲强度，并使 u 值与所要求的传动比的误差不超过 $\pm(3\% \sim 5\%)$。

3. 齿宽系数 ϕ_d 及齿宽 b

ϕ_d 取得大，可使齿轮径向尺寸减小，但将使其轴向尺寸增大，导致沿齿向载荷分布不均。ϕ_d 的取值可参考表 6-5。

表 6-5 齿宽系数 ϕ_d

齿轮相对于轴承的位置	齿面硬度	
	软齿面	硬齿面
对称布置	0.8～1.4	0.4～0.9
非对称布置	0.2～1.2	0.3～0.6
悬臂布置	0.3～0.4	0.2～0.25

注 轴及其支座刚性较大时取大值，反之取小值。

齿宽可由 $b = \phi_d d_1$ 算得，b 值应加以圆整，作为大齿轮的齿宽 b_2，而使小齿轮的齿宽 $b_1 = b_2 + (5 \sim 10)$ mm，以保证轮齿有足够的啮合宽度。

二、设计计算方法

对于闭式软齿面齿轮传动，齿面接触强度较弱，一般先按齿面接触强度进行设计计算，然后校核齿根弯曲疲劳强度，这样做可减少返工；对于闭式硬齿面齿轮传动，其齿根弯曲疲劳强度较低，故一般先按齿根弯曲强度进行设计计算，然后校核齿面接触强度。

对于开式齿轮传动，按齿根弯曲疲劳强度进行设计计算即可。

三、齿轮传动的精度

制造和安装齿轮传动装置时，不可避免地会产生误差，例如齿形误差、齿距误差、齿向误差、两轴线不平行等。误差对传动将会影响传递运动的准确性、传动的平稳性和载荷分布的均匀性。

GB/T 10095.1—2022 对圆柱齿轮及齿轮副规定了 0～12 共 13 个精度等级，其中，0 级的精度最高，12 级的精度最低，常用的是 6～9 级精度。

表 6-6 列出了齿轮传动精度等级的荐用范围，供设计时参考。

表 6-6 齿轮传动精度等级的选择及应用

精度等级	圆周速度 v（m/s）			应用
	直齿圆柱齿轮	斜齿圆柱齿轮	直齿锥齿轮	
6 级	$\leqslant 15$	$\leqslant 30$	$\leqslant 12$	高速重载的齿轮传动，如飞机、汽车和机床中的重要齿轮，分度机构的齿轮传动
7 级	$\leqslant 10$	$\leqslant 15$	$\leqslant 8$	高速中载或中速重载的齿轮传动，如标准系列减速器中的齿轮、汽车和机床中的齿轮

精度等级	圆周速度 v（m/s）			应用
	直齿圆柱齿轮	斜齿圆柱齿轮	直齿锥齿轮	
8 级	≤6	≤10	≤4	机械制造中对精度无特殊要求的齿轮
9 级	≤2	≤4	≤1.5	低速及对精度要求低的传动

【例 6-1】 某两级直齿圆柱齿轮减速器用电动机驱动，单向运转，载荷有中等冲击。高速级传动比 $i_{12}=3.7$，高速轴转速 $n_1=745$r/min，传动功率 $P=17$kW，采用软齿面，试计算此高速级传动。

解 （1）选择材料及确定许用应力。小齿轮用 40MnB 调质，齿面硬度为 241～286HBS，相应的疲劳强度取均值，由表 6-1 得 $\sigma_{Hlim1}=720$MPa，$\sigma_{FE1}=595$MPa；大齿轮用 ZG35SiMn 调质，齿面硬度为 241～269HBS，由表 6-1 得 $\sigma_{Hlim2}=615$MPa，$\sigma_{FE2}=510$MPa。由表 6-4，取 $S_H=1.1$，$S_F=1.25$，则

$$[\sigma_{H1}]=\frac{\sigma_{Hlim1}}{S_H}=\frac{720}{1.1}=655(\text{MPa})$$

$$[\sigma_{H2}]=\frac{\sigma_{Hlim2}}{S_H}=\frac{615}{1.1}=559(\text{MPa})$$

$$[\sigma_{F1}]=\frac{\sigma_{FE1}}{S_F}=\frac{595}{1.25}=476(\text{MPa})$$

$$[\sigma_{F2}]=\frac{\sigma_{FE2}}{S_F}=\frac{510}{1.25}=408(\text{MPa})$$

（2）按齿面接触强度设计。设齿轮按 8 级精度制造。根据表 6-2，取载荷系数 $K=1.5$，根据表 6-5，取齿宽系数 $\phi_d=0.8$，则小齿轮上的转矩

$$T_1=9.55\times10^6\times\frac{P}{n_1}=9.55\times10^6\times\frac{17}{745}=2.18\times10^5(\text{N}\cdot\text{mm})$$

由表 6-3 取 $Z_E=188.9\sqrt{\text{MPa}}$，$u=i_{12}=3.7$，则

$$d_1\geqslant2.32\sqrt[3]{\frac{KT_1}{\phi_d}\frac{u+1}{u}\left(\frac{Z_E}{[\sigma_H]}\right)^2}$$

$$=2.32\sqrt[3]{\frac{1.5\times2.18\times10^5}{0.8}\times\frac{3.7+1}{3.7}\times\left(\frac{188.9}{559}\right)^2}=90.47(\text{mm})$$

齿数取 $z_1=32$，则 $z_2=3.7\times32\approx118$。故

实际传动比 $\qquad\qquad i_{12}=\dfrac{118}{32}=3.69$

模数 $\qquad\qquad m=\dfrac{d_1}{z_1}=\dfrac{90.47}{32}=2.83$ （mm）

齿宽 $\qquad\qquad b=\phi_d d_1=0.8\times90.47=72.38$ （mm）

取 $b_2=75$mm，$b_1=80$mm。

按表 5-1 取 $m=3$mm，实际的 $d_1=zm=32\times3$mm$=96$mm，$d_2=118\times3$mm$=354$mm，则

中心距 $\qquad\qquad a=\dfrac{d_1+d_2}{2}=\dfrac{96+354}{2}=225$ （mm）

（3）验算轮齿弯曲强度。齿形系数 $Y_{fa1}=2.56$，$Y_{Fa2}=2.13$（见图 6-9），$Y_{Sa1}=1.63$，

$Y_{Sa2} = 1.81$（见图 6-10），由式（6-5），有

$$\sigma_{F1} = \frac{2KT_1 Y_{Fa1} Y_{Sa1}}{bm^2 z_1} = \frac{2 \times 1.5 \times 2.18 \times 10^5 \times 2.56 \times 1.63}{75 \times 3^2 \times 32} = 126.34(\text{MPa}) < [\sigma_{F1}] = 476\text{MPa}$$

$$\sigma_{F2} = \sigma_{F1} \frac{Y_{Fa2} Y_{Sa2}}{Y_{Fa1} Y_{Sa2}} = 126.34 \times \frac{2.13 \times 1.81}{2.56 \times 1.63} = 116.73(\text{MPa}) < [\sigma_{F2}] = 408\text{MPa}，安全。$$

（4）齿轮的圆周速度。

$$v = \frac{\pi d_1 n_1}{60 \times 1000} = \frac{\pi \times 96 \times 745}{60 \times 1000} = 3.74(\text{m/s})$$

对照表 6-6 可知选用 8 级精度是适宜的。

其他计算从略。

第五节　斜齿圆柱齿轮传动

一、轮齿上的作用力

图 6-11 所示为斜齿轮轮齿受力情况，从图 6-11（a）可以看出，轮齿所受总法向力 F_n 处于与轮齿相垂直的法面上，它可分解为圆周力 F_t、径向力 F_r 和轴向力 F_a，其数值的计算公式可由图 6-11（b）导出

圆周力 $$F_t = \frac{2T_1}{d_1}$$

径向力 $$F_r = \frac{F_t \tan\alpha_n}{\cos\beta} \qquad\qquad (6-7)$$

轴向力 $$F_a = F_t \tan\beta$$

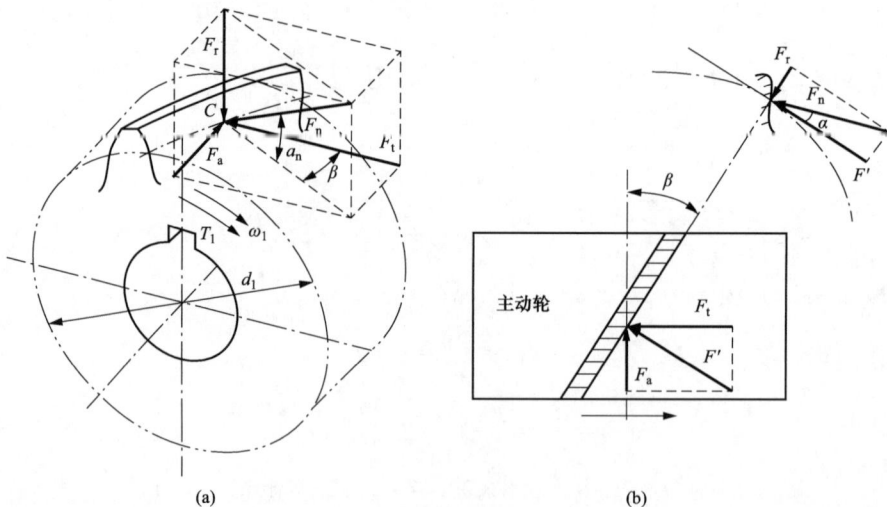

图 6-11　斜齿圆柱齿轮传动的作用力

各分力的方向如下：圆周力 F_t 的方向在主动轮上与运动方向相反，在从动轮上与运方向相同；径向 F_r 的方向对两齿轮都是指向各自的轴心；轴向力 F_a 的方向取决于轮齿螺旋方向和齿轮回转方向。对于主动轮，可用左、右手法则判断：左螺旋用左手，右螺旋用右手，

拇指伸直与轴线平行，其余四指沿回转方向握住轴线，则拇指的指向即为主动轮的轴向力方向，从动轮所受轴向方向则与主动轮相反。在如图 6-12 所示的一对斜齿轮传动中，主动轮的轮齿左旋，故用左手，四指沿回转方向握拳，则左手拇指指向左，即为主动轮所受轴向力 F_{a1} 的方向。

轴向力的指向关系到轴承的设计计算，下面介绍另一确定轴向力指向的方法。仍以图 6-12 为例，为便于直观分析，设想将从动轴绕主动轴转过 90°，使两齿轮的啮合区移到"桌面"（即主动轮在纸面下、从动轮在纸面上相啮合）。当主动轮转动时，其轮齿在啮合区受到从动轮齿的阻力 F_{n1}，F_{n1} 逆主动轮转动方向，且作用在轮齿的法面上，如图 6-12 所示，F_{n1} 在齿轮轴线方向的分量的指向，即为主动轮所受轴向力 F_{a1} 的方向。

β 为螺旋角，β 取得大，则重合度增大，使传动平稳，但轴向力也增加，因而增加轴承的负载，一般取 $\beta = 8° \sim 20°$。

图 6-12　轴向力的方向

二、强度计算

斜齿圆柱齿轮传动的强度计算是按轮齿的法面进行分析的，其基本原理与直齿圆柱齿轮传动相似。但是斜齿圆柱齿轮传动的重合度较大，同时相啮合的轮齿较多，轮齿的接触线是倾斜的，而且在法面内斜齿轮的当量齿轮的分度圆半径也较大，因此斜齿轮的接触应力和弯曲应力均比直齿轮有所降低。关于斜齿轮强度问题的详细讨论，可参阅相关机械设计教材。下面直接写出经简化处理的斜齿轮强度计算公式。

一对钢制标准斜齿轮传动的齿面接触应力及强度条件为

$$\sigma_H = 3.54 Z_E Z_\beta \sqrt{\frac{KT_1}{bd_1^2} \frac{u \pm 1}{u}} \leqslant [\sigma_H] \quad \text{MPa} \tag{6-8}$$

$$d_1 \geqslant 2.32 \sqrt[3]{\frac{KT_1}{\phi_d} \frac{u \pm 1}{u} \left(\frac{Z_E Z_\beta}{[\sigma_H]}\right)^2} \quad \text{mm} \tag{6-9}$$

式中：Z_E 为材料的弹性系数，由表 6-4 查取；Z_β 为螺旋角系数，$Z_\beta = \sqrt{\cos\beta}$。

齿根弯曲疲劳强度条件为

$$\sigma_F = \frac{2KT_1 Y_{Fa} Y_{Sa}}{bd_1 m_n} \leqslant [\sigma_F] \quad \text{MPa} \tag{6-10}$$

$$m_n \geqslant \sqrt[3]{\frac{2KT_1}{\phi_d z_1^2} \frac{Y_{Fa} Y_{Sa}}{[\sigma_F]} \cos^2\beta} \quad \text{mm} \tag{6-11}$$

式中：Y_{Fa} 为齿形系数，由当量齿数 $z_v = \frac{z}{\cos^3\beta}$ 查图 6-9 确定；Y_{Sa} 为应力修正系数，由 z_v 查图 6-10 确定。

【例 6-2】 某一斜齿圆柱齿轮减速器传递的功率 $P = 40\text{kW}$，传动比 $i_{12} = 3.3$，主动轴转速 $n_1 = 1470\text{r/min}$，用电动机驱动，长期工作，双向传动，载荷有中等冲击，要求结构紧凑，试计算此齿轮传动。

解 （1）选择材料及确定许用应力。因要求结构紧凑，故采用硬齿面的组合：小齿轮用 20CrMnTi 渗碳淬火，齿面硬度为 56 ～ 62HRC，查表 6-1 得 $\sigma_{Hlml} = 1500\text{MPa}$，$\sigma_{FE1} =$

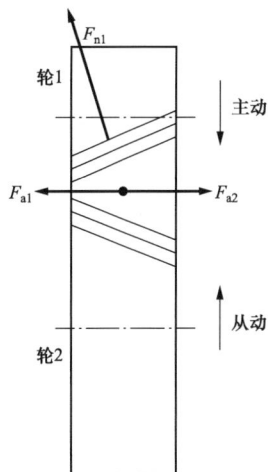

850MPa；大齿轮用 20Cr 渗碳淬火，齿面硬度为 $56\sim62$HRC，查表 6-1 得 $\sigma_{Himl}=1500$MPa，$\sigma_{FE1}=850$MPa。

按表 6-4 取 $S_F=1.25$，$S_H=1$，按表 6-3 取 $Z_E=189.8\sqrt{MPa}$，则有

$$[\sigma_{F1}]=[\sigma_{F2}]=\frac{0.7\sigma_{FE1}}{S_F}=\frac{0.7\times850}{1.25}=476(MPa)$$

$$[\sigma_{H1}]=[\sigma_{H2}]=\frac{\sigma_{Hlim}}{S_H}=\frac{1500}{1}=1500(MPa)$$

（2）按轮齿弯曲强度设计计算。齿轮按 8 级精度制造。由表 6-2 取载荷系数 $K=1.3$，由表 6-5 取齿宽系数 $\phi_d=0.8$。

小齿轮上的转矩 $\qquad T_1=9.55\times10^6\frac{P}{n_1}=9.55\times10^6\times\frac{40}{1470}=2.6\times10^5$ （N·mm）

初选螺旋角 $\qquad\qquad\qquad\qquad\quad \beta=15°$

齿数取 $z_1=19$，则 $z_2=3.3\times19\approx63$，取 $z_2=63$。实际传动比为 $i_{12}=u=\frac{63}{19}=2.32$。

齿形系数 $\qquad\qquad z_{v1}=\frac{19}{\cos^3 15°}=21.8$，$z_{v2}=\frac{63}{\cos^3 15°}=69.9$

查图 6-9 得 $Y_{Fa1}=2.88$，$Y_{Fa2}=2.27$。查图 6-10 得 $Y_{Sa1}=1.57$，$Y_{Sa2}=1.75$。

因 $\qquad\frac{Y_{Fa1}Y_{Sa1}}{[\sigma_{F1}]}=\frac{2.88\times1.57}{476}=0.0095>\frac{Y_{Fa2}Y_{Sa2}}{[\sigma_{F2}]}=\frac{2.27\times1.75}{476}=0.0083$

故应对小齿轮进行弯曲强度计算。

法向模数

$$m_n\geqslant\sqrt[3]{\frac{2KT_1}{\phi_d z_1^2}\frac{Y_{Fa}Y_{Sa}}{[\sigma_{F1}]}\cos^2\beta}=\sqrt[3]{\frac{2\times1.3\times2.6\times10^5}{0.8\times19^2}\times0.0095\times\cos^2 15°}=2.75(mm)$$

由表 5-1 取 $m_n=3$mm，则

中心距 $\qquad\qquad a=\frac{m_n(z_1+z_2)}{2\cos\beta}=\frac{3\times(19+63)}{2\cos 15°}=127.34(mm)$

取 $a=130$mm，则

确定螺旋角 $\qquad \beta=\arccos\frac{m_n(z_1+z_2)}{2a}=\arccos\frac{3\times(19+63)}{2\times130}=18°53'16''$

齿轮分度圆直径 $\qquad d_1=m_n z/\cos\beta=3\times19/\cos 18°53'16''=60.244(mm)$

齿宽 $\qquad\qquad b=\phi_d d_1=0.8\times60.249=48.2(mm)$

取 $\qquad\qquad\qquad b_2=50$mm，$b_1=55$mm

（3）验算齿面接触强度。将各参数代入式（6-8）得

$$\sigma_H=3.54Z_E Z_\beta\sqrt{\frac{2KT_1}{bd_1^2}\frac{u\pm1}{u}}$$

$$=3.54\times189.8\times\sqrt{\cos 18°53'16''}\times\sqrt{\frac{2\times1.3\times2.6\times10^5}{50\times60.244^2}\times\frac{3.32+1}{3.32}}$$

$$=1017(MPa)\leqslant[\sigma_H]=1500MPa$$

安全。

（4）齿轮的圆周速度。

$$v = \frac{\pi d_1 n_1}{60 \times 1000} = \frac{\pi \times 60.249 \times 1470}{60000} = 4.64 (\text{m/s})$$

对照表 6-6，选 8 级制造精度是合适的。

第六节　直齿锥齿轮传动

一、轮齿上的作用力

图 6-13 所示为直齿锥齿轮轮齿受力情况。法向力 F_n 可分解为三个分力：

圆周力 $$F_t = \frac{2T_1}{d_{m1}}$$

径向力 $$F_r = F_t \tan\alpha \cos\delta \tag{6-12}$$

轴向力 $$F_a = F_t \tan\alpha \sin\delta$$

式中：d_{m1} 为小齿轮齿宽中点的分度圆直径。

由图 6-14 中几何关系可得

$$d_{m1} = d_1 - \frac{b}{2}\sin\delta_1 \tag{6-13}$$

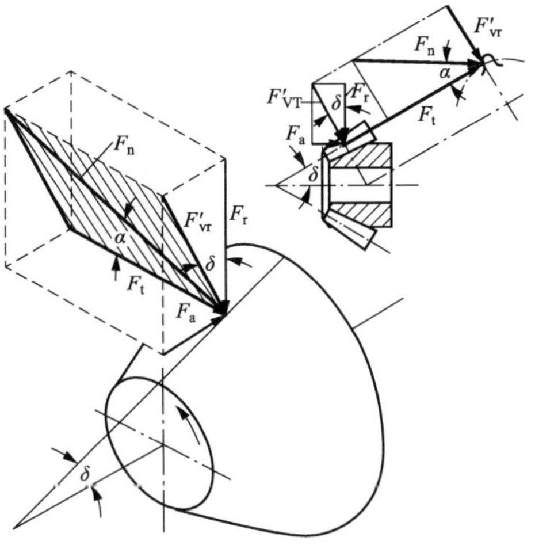

图 6-13　直齿锥齿轮传动的作用力 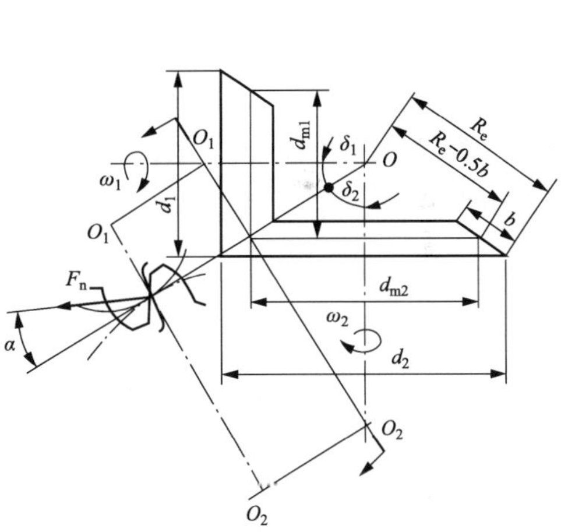　　　　图 6-14　直齿锥齿轮的当量齿轮

　　圆周力 F_t 的方向在主动轮上与运动方向相反，在从动轮上与运动方向相同。径向力 F_r 的方向对两轮都是垂直指向齿轮轴线。轴向力 F_a 的方向对两轮都是由小端指向大端。当 $\delta_1 + \delta_2 = 90°$ 时，则

$$\sin\delta_1 = \cos\delta_2$$
$$\cos\delta_1 = \sin\delta_2$$

　　小齿轮上的径向力和轴向力在数值上分别等于大齿轮上的轴向力和径向力，但其方向相反，如图 6-15 所示。

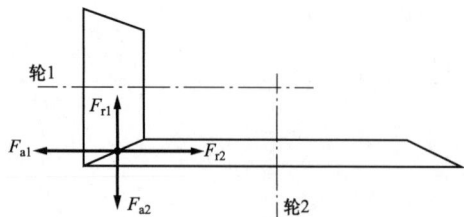

图 6-15　大、小锥齿轮的作用力

二、强度计算

1. 接触疲劳强度计算

可以近似认为，一对直齿锥齿轮传动和位于齿宽中点的一对当量圆柱齿轮传动（见图 6-14）的强度相等。由此可得轴交角为 90°的一对钢制直齿锥齿轮的齿面接触强度校核公式为

$$\sigma_H = 2.5 Z_E \sqrt{\frac{4KT_1}{0.85\phi_R(1-0.5\phi_R)^2 d_1^3 u}} \leqslant [\sigma_H] \quad \text{MPa} \qquad (6\text{-}14)$$

接触强度的设计公式为

$$d_1 \geqslant 1.84 \times \sqrt[3]{\frac{4KT_1}{0.85\phi_R \times (1-0.5\phi_R)^2 u}\left(\frac{Z_E}{[\sigma_H]}\right)^2} \quad \text{mm} \qquad (6\text{-}15)$$

式中：d_1 为小齿轮的分度圆直径；K 为载荷系数，查表 6-2 确定；ϕ_R 为齿宽系数，$\phi_R = b/R_e$，其中 b 为齿宽，R_e 为锥距（见图 6-14），一般取 $\phi_R = 0.25 \sim 0.3$；$u = z_2/z_1$，一般 $u \leqslant 5$；Z_E 为弹性系数，查表 6-3 确定。

2. 齿根弯曲疲劳强度

校核公式为　$\sigma_F = \dfrac{4KT_1 Y_{Fa} Y_{Sa}}{0.85\phi_R(1-0.5\phi_R)^2 z_1^2 m_e^3 \sqrt{1+u^2}} \leqslant [\sigma_F] \quad \text{MPa} \qquad (6\text{-}16)$

设计公式为　$m_e \geqslant \sqrt[3]{\dfrac{4KT_1}{0.85\phi_R(1-0.5\phi_R)^2 z_1^2 \sqrt{1+u^2}}\dfrac{Y_{Fa}Y_{Sa}}{[\sigma_F]}} \quad \text{mm} \qquad (6\text{-}17)$

其中，m_e 为大端模数，mm；Y_{Fa}、Y_{Sa} 分别见图 6-9、图 6-10，由当量齿数 $z_v = z/\cos\delta$ 查得。计算 m_e 值时，应比较 $Y_{Fa1}Y_{Sa1}/[\sigma_{F1}]$、$Y_{Fa2}Y_{Sa2}/[\sigma_{F2}]$，取大值代入。

第七节　齿轮的结构设计

直径较小的钢制齿轮，当齿根圆直径与轴径接近时，可以将齿轮和轴做成一体，称为齿轮轴，见图 6-16。如果齿轮的直径比轴的直径大得多，则应把齿轮和轴分开制造。

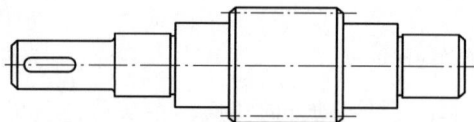

图 6-16　齿轮轴

齿顶圆直径 $d_a \leqslant 500$mm 的齿轮可以是锻造或铸造的，通常采用如图 6-17（a）所示的腹板式结构。直径较小的齿轮也可做成实心的，见图 6-17（b）。

齿顶圆直径 $d_a \geqslant 400$mm 的齿轮常用铸铁或铸钢制成，并常采用如图 6-18 所示的轮辐式结构。图 6-19（a）所示为腹板式锻造锥齿轮，图 6-19（b）所示为带加强肋的腹板式铸造锥齿轮。

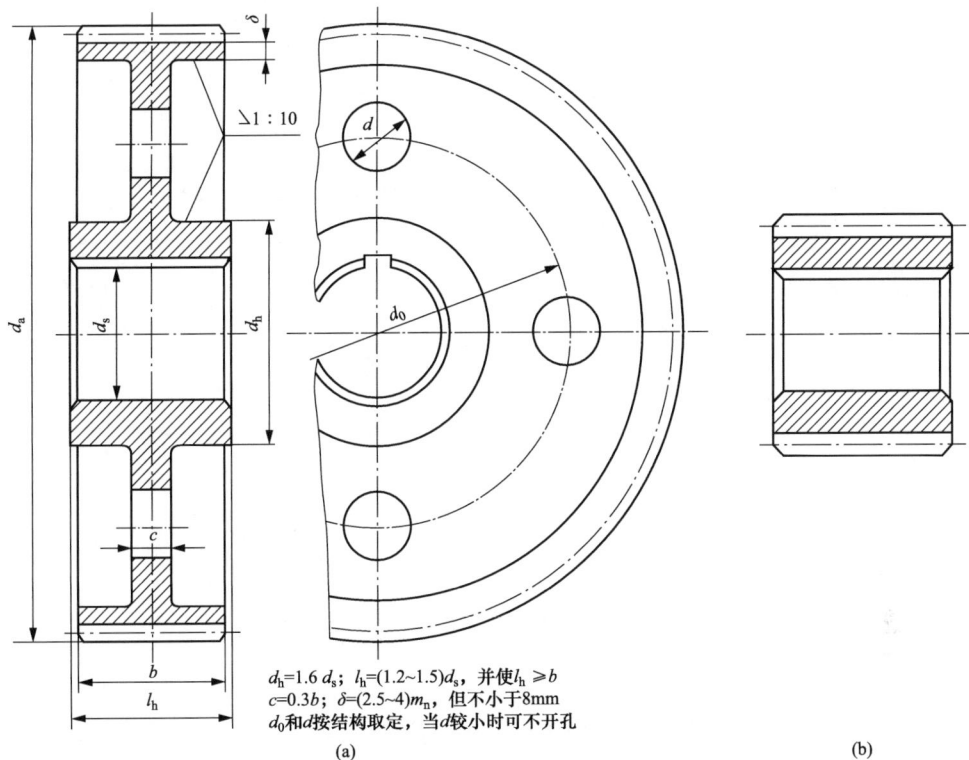

$d_h=1.6\,d_s$；$l_h=(1.2\sim1.5)d_s$，并使$l_h \geqslant b$
$c=0.3b$；$\delta=(2.5\sim4)m_n$，但不小于8mm
d_0和d按结构取定，当d较小时可不开孔

(a)　　　　　　　　　　　　　　　　　　　　　(b)

图 6-17　腹板式齿轮和实心式齿轮

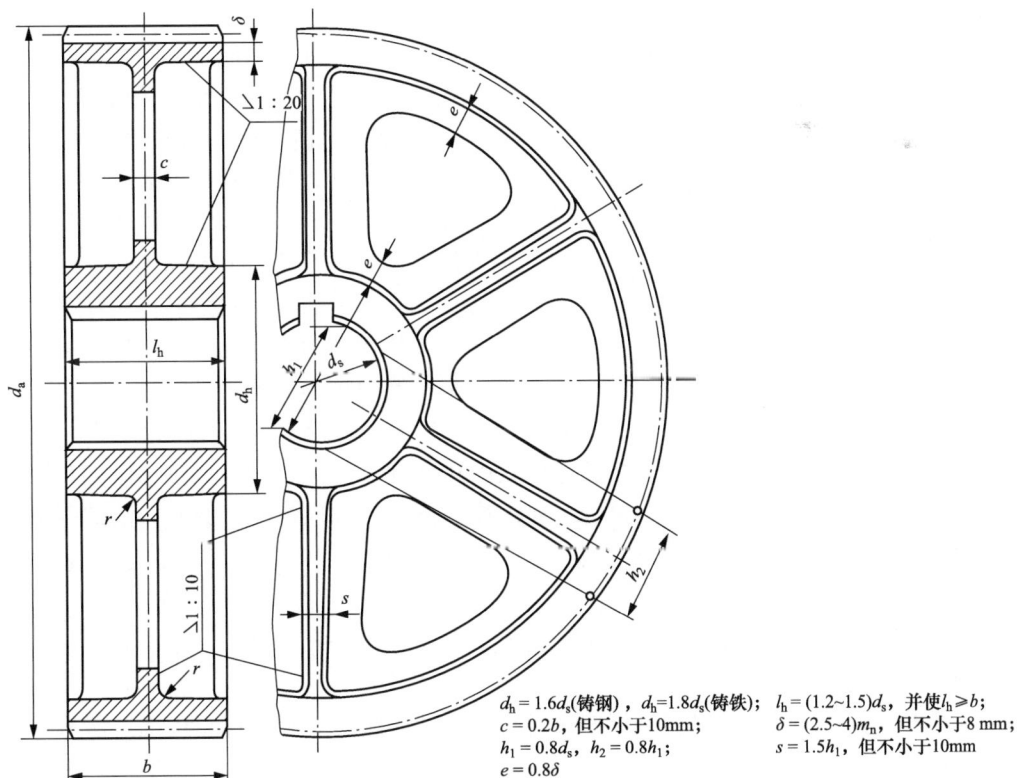

$d_h = 1.6d_s$(铸钢)，$d_h=1.8d_s$(铸铁)；　　$l_h = (1.2\sim1.5)d_s$，并使$l_h \geqslant b$；
$c = 0.2b$，但不小于10mm；　　　　　　　　$\delta = (2.5\sim4)m_n$，但不小于8 mm；
$h_1 = 0.8d_s$，$h_2 = 0.8h_1$；　　　　　　　　$s = 1.5h_1$，但不小于10mm
$e = 0.8\delta$

图 6-18　轮辐式齿轮

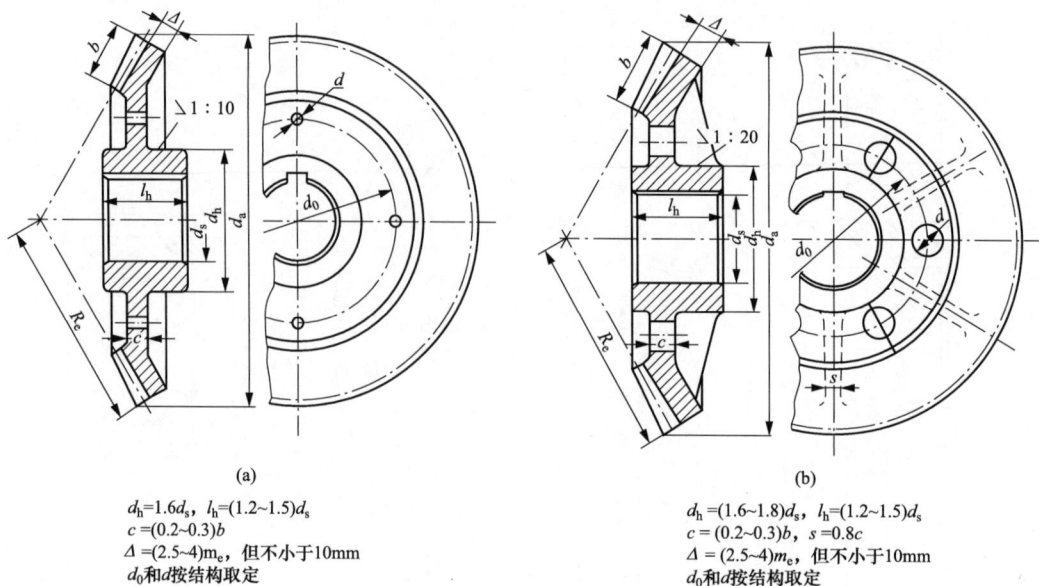

(a)

$d_h=1.6d_s$, $l_h=(1.2\sim1.5)d_s$
$c=(0.2\sim0.3)b$
$\Delta=(2.5\sim4)m_e$, 但不小于10mm
d_0和d按结构取定

(b)

$d_h=(1.6\sim1.8)d_s$, $l_h=(1.2\sim1.5)d_s$
$c=(0.2\sim0.3)b$, $s=0.8c$
$\Delta=(2.5\sim4)m_e$, 但不小于10mm
d_0和d按结构取定

图 6-19 锥齿轮的结构

第八节 齿轮传动的润滑和效率

一、齿轮传动的润滑

开式齿轮传动通常采用人工定期加油润滑，可采用润滑油或润滑脂。一般闭式齿轮传动的润滑方式根据齿轮的圆周速度 v 的大小而定。当 $v\leqslant12\text{m/s}$ 时多采用油池润滑（见图 6-20），大齿轮浸入油池一定的深度，齿轮运转时就把润滑油带到啮合区，同时也甩到箱壁上，借以散热。当 v 较大时，浸入深度约为一个齿高；当 v 较小，例如 $v=0.5\sim0.8\text{m/s}$ 时，浸入深度可达到齿轮半径的 1/6。

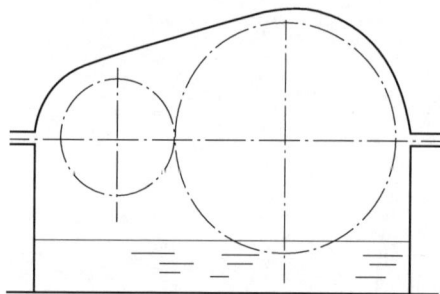

图 6-20 油池润滑

在多级齿轮传动中，当几个大齿轮直径不相等时，可以采用惰轮蘸油润滑，见图 6-21。

当 $v>12\text{m/s}$ 时，不宜采用油池润滑，这是因为：①圆周速度过高，齿轮上的油大多被甩出去而达不到啮合区；②搅油过于激烈，使油的温度增加，并降低其润滑性能；③会搅起箱底沉淀的杂质，加速齿轮的磨损。故此时最好采用喷油润滑，用油泵将润滑油直接喷到啮合区，见图 6-22。

1. 润滑油牌号的选择

润滑油牌号可根据齿面接触应力大小来选择，见表 6-7。

2. 润滑油黏度的选择

（1）闭式传动。闭式传动可根据低速级齿轮分度圆线速度 v 和环境温度确定所选润滑油的黏度，见表 6-8。

（2）开式传动。开式齿轮传动的润滑油黏度可根据表 6-9 选定。

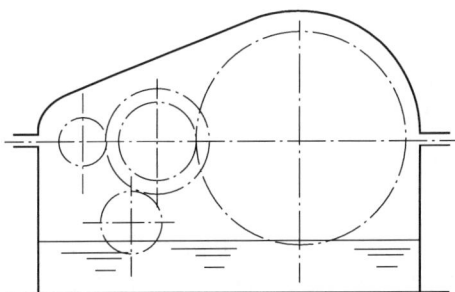

图 6-21 采用惰轮的油池润滑

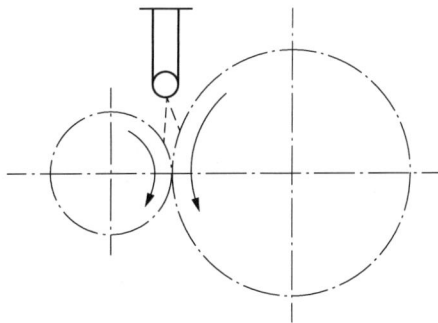

图 6-22 喷油润滑

表 6-7 齿轮传动润滑油牌号选择

齿面接触应力 σ_H（MPa）	润滑油牌号	
	闭式传动	开式传动
＜500（轻负荷）	L-CKB（抗氧防锈工业齿轮油）	L-CKH
500～1100（中负荷）	L-CKC（中负荷工业齿轮油）	L-CKJ
＞1100（重负荷）	L-CKD（重负荷工业齿轮油）	L-CKM

表 6-8 闭式齿轮传动润滑油黏度选择

平行轴及锥齿轮传动	环境温度（℃）			
低速级齿轮分度圆线速度 v（m/s）	$-40\sim-10$	$-10\sim10$	$10\sim35$	$35\sim55$
	润滑油黏度 ν_{40}（mm²/s）			
≤5	90～110	135～165	288～352	612～748
＞5～15	90～110	90～110	198～242	414～506
＞15～25	61.2～74.8	61.2～74.8	135～165	288～352
＞25～80	28.8～35.2	41.4～50.6	61.2～74.8	90～110

注 对于锥齿轮传动，表中 v 是指锥齿轮齿宽中点的分度圆线速度。

表 6-9 开式齿轮传动的润滑油黏度选择 mm²/s

给油方法		推荐黏度（100℃）		
		环境温度（℃）		
		$-15\sim17$	$5\sim38$	$22\sim48$
油浴		150～220*	16～22	22～26
涂刷	热	193～257	193～257	386～536
	冷	22～26	32～41	193～257
手刷		150～220*	22～26	32～41

注 带 * 号为 40℃黏度。

二、齿轮传动的效率

齿轮传动的功率损耗主要包括：①啮合中的摩擦损耗；②搅动润滑油的油阻损耗；③轴承中的摩擦损耗。计入上述损耗时，齿轮传动（采用滚动轴承）的平均效率见表 6-10。

表 6-10 齿轮传动的平均效率

传动装置	6级或7级精度的闭式传动	8级精度的闭式传动	开式传动
圆柱齿轮	0.98	0.97	0.95
锥齿轮	0.97	0.96	0.93

习 题

6-1 有一直齿圆柱齿轮传动，原设计传递功率为 P，主动轴转速为 n_1。若其他条件不变，轮齿的工作应力也不变，当主动轴转速提高一倍，即 $n_1' = 2n_1$ 时，求该齿轮传动能传递的功率 P'。

6-2 有一直齿圆柱齿轮传动，允许传递功率 P，若通过热处理方法提高材料的力学性能，使大、小齿轮的许用接触应力 $[\sigma_{H2}]$、$[\sigma_{H1}]$ 各提高 30%，试问此传动在不改变工作条件及其他设计参数的情况下，抗疲劳点蚀允许传递的转矩和允许传递的功率可提高百分之几？

6-3 单级闭式直齿圆柱齿轮传动中，小齿轮的材料为 45 钢调质处理，大齿轮的材料为 ZG310-570 正火，$P = 4kW$，$n_1 = 720r/min$，$m = 4mm$，$z_1 = 25$，$z_2 = 73$，$b_1 = 84mm$，$b_2 = 78mm$，单向转动，载荷有中等冲击，用电动机驱动，试验算此单级齿轮传动的强度。

6-4 已知开式直齿圆柱齿轮传动 $i_{12} = 3.5$，$P = 3kW$，$n_1 = 50r/min$，用电动机驱动，单向转动，载荷均匀，$z_1 = 21$，小齿轮为 45 钢调质，大齿轮为 45 钢正火，试确定合理的 d、m 值。

6-5 已知闭式直齿圆柱齿轮传动的传动比 $i_{12} = 4.6$，$n_1 = 730r/min$，$P = 30kW$，长期双向转动，载荷有中等冲击，要求结构紧凑。$z_1 = 27$，大、小齿轮都用 40Cr 表面淬火，试确定合理的 d、m 值。

6-6 斜齿圆柱齿轮的齿数 z 与其当量齿数 z_v 有什么关系？在下列几种情况下应分别采用哪一种齿数：(1) 计算斜齿圆柱齿轮传动的角速比；(2) 用成形法切制斜齿轮时选盘形铣刀；(3) 计算斜齿轮的分度圆直径；(4) 弯曲强度计算时查取齿形系数。

6-7 设斜齿圆柱齿轮传动的转动方向及螺旋线方向如图 6-23 所示，试分别画出轮 1 为主动时和轮 2 为主动时轴向力 F_{a1} 和 F_{a2} 的方向。

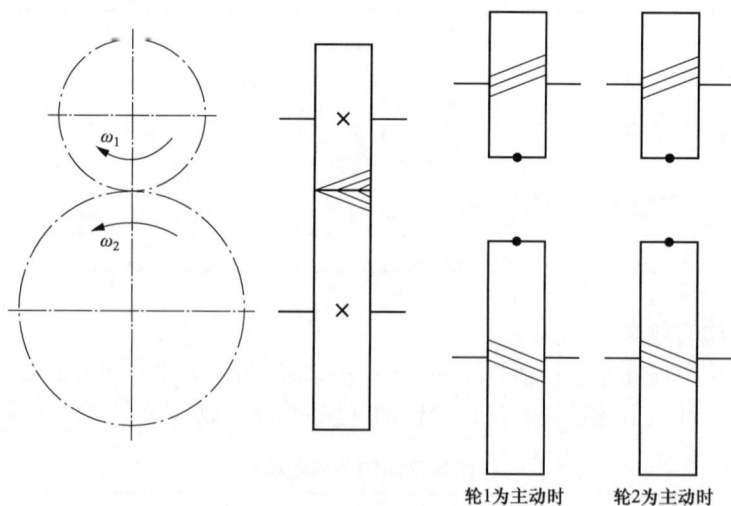

轮1为主动时　　　轮2为主动时

图 6-23 题 6-7 图

6-8 如图 6-23 所示，当轮 2 为主动时，试画出作用在轮 2 上的圆周力 F_{t2}、轴向力 F_{a2}

和径向力 F_{r2} 的作用线和方向。

6-9 设两级斜齿圆柱齿轮减速器的已知条件如图 6-24 所示，试问：（1）低速级斜齿轮的螺旋线方向应如何选才能使轮的轴向力方向相反？（2）低速级螺旋角 β 应取多大数值才能使中间轴上两个轴向力互相抵消？

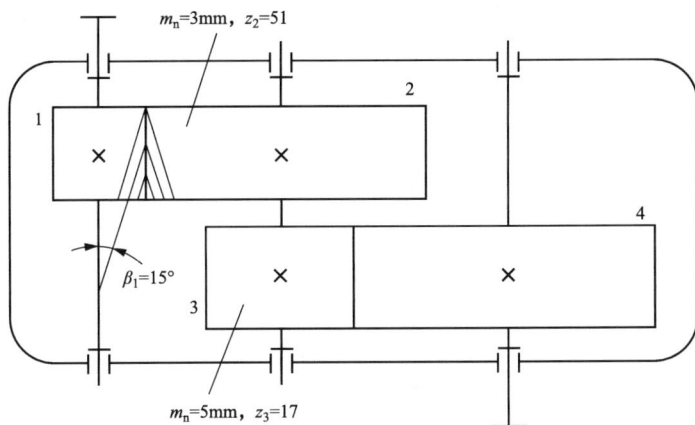

图 6-24 题 6-9 图

6-10 已知单级斜齿圆柱齿轮传动的 $P=22kW$，$n_1=1470r/min$，双向转动，电动机驱动，载荷平稳，$z_1=21$，$z_2=107$，$m_n=3mm$，$\beta=16°15'$，$b_1=85mm$，$b_2=80mm$，小齿轮材料为 40MnB 调质，大齿轮材料为 35SiMn 调质，试校核此闭式传动的强度。

6-11 已知单级闭式斜齿轮传动 $P=10kW$，$n_1=1210r/min$，$i_{12}=4.3$，电动机驱动，双向转动，中等冲击载荷，设小齿轮用 40MnB 调质，大齿轮用 45 钢调质，$z_1=21$，试计算此单级斜齿轮传动。

6-12 在图 6-24 所示两级斜齿圆柱齿轮减速器中，已知 $z_1=17$，$z_4=42$，高速级齿轮传动效率 $\eta_1=0.98$，低速级齿轮传动效率 $\eta_2=0.97$，输入功率 $P=7.5kW$，输入轴转速 $n_1=1450r/min$，若不计轴承损失，试计算输出轴和中间轴的转矩。

6-13 已知闭式直齿锥齿轮传动的 $\delta_1+\delta_2=90°$，$i_{12}=2.7$，$z_1=16$，$P=7.5kW$，$n_1=840r/min$，用电动机驱动，单向转动，载荷有中等冲击。要求结构紧凑，故大、小齿轮的材料均选为 40Cr 表面淬火，试计算此传动。

6-14 某开式直齿锥齿轮传动载荷均匀，用电动机驱动，单向转动，$P=1.9kW$，$n_1=10r/min$，$z_1=26$，$z_2=83$，$m=8mm$，$b=90mm$，小齿轮材料为 45 钢调质，大齿轮材料为 ZG310-570 正火，试验算其强度。

6-15 已知直齿锥齿轮-斜齿圆柱齿轮减速器的布置和转向如图 6-25 所示，锥齿轮 $m=5mm$，齿宽 $b=50mm$，$z_1=25$，$z_2=60$；斜齿轮 $m_n=6mm$，$z_3=21$，$z_4=84$。欲使轴 II 上的轴向力在轴承上的作用完全抵消，求斜齿轮 3 的螺旋角 β_3 的大小和旋向。（提示：锥齿轮的力作用在齿宽中点）

6-16 如图 6-25 所示，试画出作用在斜齿轮 3 和锥齿轮 2 上的圆周力 F_t、轴向力 F_a 和径向力 F_r 的作用线和方向。

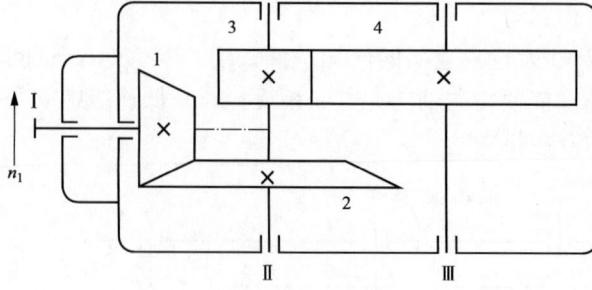

图 6-25　题 6-15 图

第七章　蜗　杆　传　动

第一节　蜗杆传动的特点和类型

蜗杆传动由蜗杆和蜗轮组成（见图 7-1），它用于传递交错轴之间的回转运动和动力，通常两轴交错角为 90°。传动中一般蜗杆是主动件，蜗轮是从动件。蜗杆传动广泛应用于各种机器和仪器中。

蜗杆传动的主要优点有能得到很大的传动比、结构紧凑、传动平稳、噪声较小等。在分度机构中其传动比 i 可达 1000；在动力传动中，通常 $i = 8 \sim 80$。蜗杆传动的主要缺点如下：传动效率较低；为了减摩耐磨，蜗轮齿圈常需用青铜制造，成本较高。

按形状的不同，蜗杆可分为圆柱蜗杆［见图 7-2（a）］和环面蜗杆［见图 7-2（b）］。圆柱蜗杆按其螺旋面的形状又分为阿基米德蜗杆（ZA 蜗杆）、渐开线蜗杆（ZI 蜗杆）等。

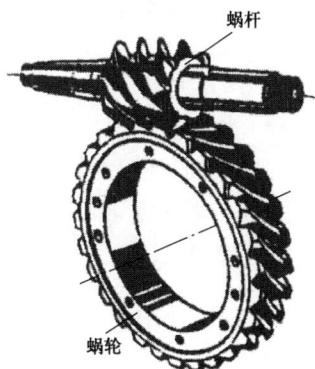

图 7-1　蜗杆与蜗轮

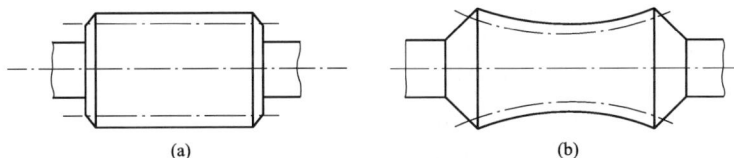

图 7-2　圆柱蜗杆与环面蜗杆

车削阿基米德蜗杆与加工梯形螺纹类似。车刀切削刃夹角 $2\alpha = 40°$，加工时切削刃的平面通过蜗杆轴线，如图 7-3 所示。因此切出的齿形，在包含轴线的截面内为侧边呈直线的齿条，而在垂直于蜗杆轴线的截面内为阿基米德螺旋线。

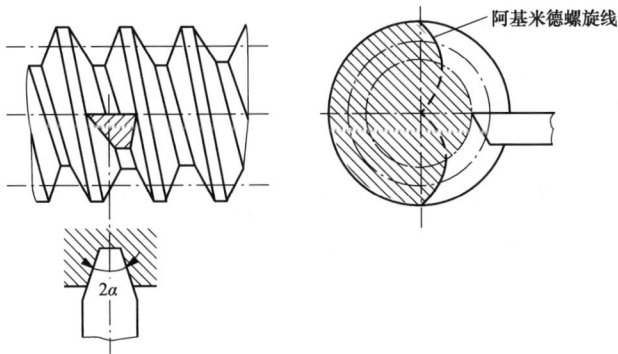

图 7-3　阿基米德圆柱蜗杆

渐开线蜗杆的齿形，在垂直于蜗杆轴线的截面内为渐开线，在包含蜗杆轴线的截面内为凸廓曲线。这种蜗杆可以像圆柱齿轮那样用滚刀铣削，适用于成批生产。

和螺纹一样，蜗杆有左、右旋之分，常用的是右旋蜗杆。斜齿轮传动两个相互啮合的齿轮必须旋向相反，但蜗杆传动的蜗杆和蜗轮的旋向相同。

对于一般用于动力传动的蜗杆传动，常按照 7 级精度（适用于蜗杆圆周速度 $v_1 < 7.5\text{m/s}$）、8 级精度（$v_1 < 3\text{m/s}$）和 9 级精度（$v_1 < 1.5\text{m/s}$）制造。

第二节　圆柱蜗杆传动的主要参数和几何尺寸

一、圆柱蜗杆传动的主要参数

1. 模数 m 和压力角 α

如图 7-4 所示，通过蜗杆轴线并垂直于蜗轮轴线的平面，称为中间平面。由于蜗轮是用与蜗杆形状相仿的滚刀（为了保证轮齿啮合时的径向间隙，滚刀外径稍大于蜗杆齿顶圆直径），按展成原理切制轮齿，所以在中间平面内蜗轮与蜗杆的啮合就相当于渐开线齿轮与齿条的啮合。蜗杆传动的设计计算都以中间平面的参数和几何关系为准。蜗轮与蜗杆正确啮合条件是蜗杆轴向模数 m_{a1} 和轴向压力角 α_{a1} 应分别等于蜗轮端面模数 m_{t2} 和端面压力角 α_{t2}，即

$$m_{a1} = m_{t2} = m$$

$$\alpha_{a1} = \alpha_{t2}$$

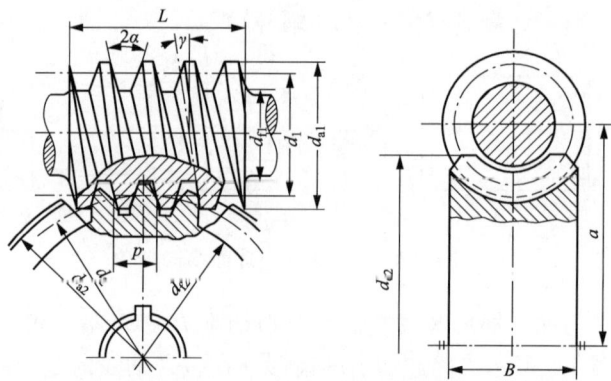

图 7-4　圆柱蜗杆传动的主要参数

模数 m 的标准值见表 7-1，压力角的标准值为 20°。相应于切削刀具，ZA 蜗杆取轴向压力角为标准值，ZI 蜗杆取法向压力角为标准值。

如图 7-4 所示，齿厚与齿槽宽相等的圆柱称为蜗杆分度圆柱（或称为中圆柱）。蜗杆分度圆（或称为蜗杆中圆）直径以 d_1 表示，其值见表 7-1。蜗轮分度圆直径以 d_2 表示。

在两轴交错角为 90° 的蜗杆传动中，蜗杆分度圆柱上的导程角 γ 应等于蜗轮分度圆柱上的螺旋角 β，且两者的旋向必须相同，即 $\gamma = \beta$。

2. 传动比 i、蜗杆头数 z_1 和蜗轮齿数 z_2

当蜗杆每分钟转 n_1 转时，将在轴向推进 n_1 个升距 $= n_1 z_1 p$，其中 p 为周节。与此同时蜗轮将被推动在分度圆弧上转过相同的距离，故蜗轮每分钟相应转过的转数为 $n_2 = \dfrac{n_1 z_1 p}{z_2 p}$。

因此，其传动比为

$$i_{21} = \frac{n_1}{n_2} = \frac{z_2}{z_1} \tag{7-1}$$

表 7-1 圆柱蜗杆的基本尺寸和参数

m (mm)	d_1 (mm)	z_1	q	$m^2 d_1$ (mm³)	m (mm)	d_1 (mm)	z_1	q	$m^2 d_1$ (mm³)
1	18	1	18.000	18	6.3	63	1, 2, 4, 6	10.000	2500
1.25	20	1	16.000	31.25		112	1	17.778	4445
	22.4	1	17.920	35	8	80	1, 2, 4, 6	10.000	5120
1.6	20	1, 2, 4	12.500	51.2		140	1	17.500	8960
	28	1	17.500	71.68	10	90	1, 2, 4, 6	9.000	9000
2	22.4	1, 2, 4, 6	11.200	89.6		160	1	16.000	16000
	35.5	1	17.750	142	12.5	112	1, 2, 4	8.960	17500
2.5	28	1, 2, 4, 6	11.500	175		200	1	16.000	31250
	45	1	18.000	281	16	140	1, 2, 4	8.750	35840
3.15	35.5	1, 2, 4, 6	11.270	352		250	1	15.625	64000
	56	1	17.778	556	20	160	1, 2, 4	8.000	64000
4	40	1, 2, 4, 6	10.000	640		315	1	15.750	126000
	71	1	17.750	1136	25	200	1, 2, 4	8.000	125000
5	50	1, 2, 4, 6	10.000	1250		400	1	16.000	250000
	90	1	18.000	2250					

注 1. 本表摘自 GB/T 10085—2018，所列数值为国家标准规定的优先使用值。
  2. 表中同一模数有两个 d_1 值，当选取其中较大的 d_1 值时，蜗杆导程角 γ 小于 $3°30'$，有较好的自锁性。

通常蜗杆头数 $z_1 = 1, 2, 4$。若要得到大传动比，可取 $z_1 = 1$，但传动效率较低。传递功率较大时，为提高效率可采用多头蜗杆，取 $z_1 = 2, 4$。

蜗轮齿数 $z_2 = i_{12} z_1$。z_1、z_2 的推荐值见表 7-2。为了避免蜗轮轮齿发生根切，z_1 不应小于 26，但也不宜大于 80。若 z_1 过大，会使结构尺寸过大，蜗杆长度也随之增加，致使蜗杆刚度和啮合精度下降。

表 7-2 蜗杆头数 z_1 与蜗轮齿数 z_2 的推荐值

传动比 i_{12}	7~13	14~27	28~40	>40
蜗杆头数 z_1	4	2	2, 1	1
蜗杆齿数 z_2	28~52	28~54	28~80	>40

3. 蜗杆直径系数 q 和导程角 γ

切制蜗轮的滚刀，其直径及齿形参数，例如模数 m、螺旋线数 z_1、导程角 γ 等必须与相应的蜗杆相同。如果蜗杆分度圆直径 d_1 不作必要的限制，刀具品种和数量势必太多。为了减少刀具数量并便于标准化，制定了蜗杆分度圆直径的标准系列。GB/T 10085—2018 中，每一个模数只与一个或几个蜗杆分度圆直径的标准值相对应，见表 7-1。

如图 7-5 所示，蜗杆螺旋面和分度圆柱的交线是螺旋线。设 γ 为蜗杆分度圆柱上的螺旋线导程角，p_x 为轴向齿距，由图 7-5 得

$$\tan\gamma = \frac{z_1 p_x}{\pi d_1} = \frac{z_1 m}{d_1} = \frac{z_1}{q} \tag{7-2}$$

其中，$q=\dfrac{d_1}{m}$为蜗杆分度圆直径与模数的比值，称为蜗杆直径系数。

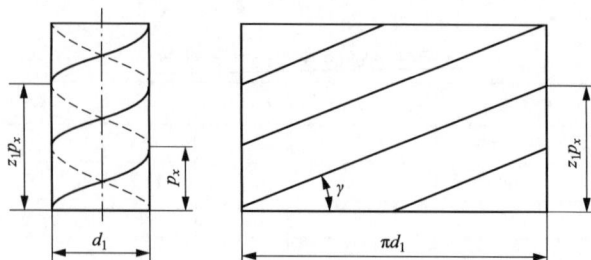

图 7-5 蜗杆导程

由式（7-2）可知，d_1 越小（或 q 越小），导程角 γ 越大，传动效率也越高，但蜗杆的刚度和强度越低。通常，转速高的蜗杆可取较小的 d_1 值，蜗轮齿数较大时可取较大的 d_1 值。

4. 齿面间滑动速度 v_s

蜗杆传动即使在节点 C 处啮合，齿廓之间也有较大的相对滑动，滑动速度 v_s 沿蜗杆螺旋线方向。设蜗杆圆周速度为 v_1、蜗轮圆周速度为 v_2，由图 7-6 可得

$$v_s=\sqrt{v_1^2+v_2^2}=\frac{v_1}{\cos\gamma}\quad \text{m/s} \qquad (7\text{-}3)$$

滑动速度的大小，对齿面的润滑情况、齿面失效形式、发热、传动效率等都有很大影响。

5. 中心距 a

当蜗杆节圆与分度圆重合时称为标准传动，其中心距计算式为

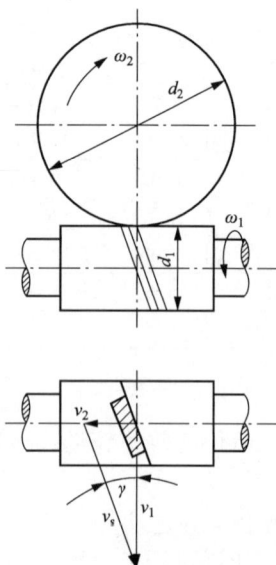

图 7-6 滑动速度

$$a=0.5(d_1+d_2)=0.5m(q+z_2) \qquad (7\text{-}4)$$

二、圆柱蜗杆传动的几何尺寸计算

设计蜗杆传动时，一般是先根据传动的功用和传动比的要求，选择蜗杆头数 z_1 和蜗轮齿数 z_2，然后再按强度计算确定中心距 a 和模数 m，上述参数确定后，即可根据表 7-3 计算出蜗杆、蜗轮的几何尺寸（两轴交错角为 $90°$，标准传动）。

表 7-3   圆柱蜗杆传动的几何尺寸计算

名称	计算公式	
	蜗杆	蜗轮
蜗杆分度圆直径，蜗轮分度圆直径	$d_1=mq$	$d_2=mz_2$
齿顶高	$h_a=m$	$h_a=m$
齿根高	$h_f=1.2m$	$h_f=1.2m$
蜗杆齿顶圆直径，蜗轮喉圆直径	$d_{a1}=m(q+2)$	$d_{a2}=m(z_2+2)$
齿根圆直径	$d_{f1}=m(q-2.4)$	$d_{f2}=m(z_2-2.4)$
蜗杆轴向齿距，蜗轮端面齿距	$p_{a1}=p_{t2}=p_x=\pi m$	

名称	计算公式	
	蜗杆	蜗轮
径向间隙	$c = 0.20m$	
中心距	$a = 0.5(d_1 + d_2) = 0.5m(q + z_2)$	

注 蜗杆传动中心距标准系列为40、50、63、80、100、125、160、(180)、200、(225)、250、(280)、315 (355)、400、(450)、500。

【例 7-1】 在带传动和蜗杆传动组成的传动系统中，初步计算后取蜗杆模数 $m = 4\text{mm}$，头数 $z_1 = 2$，分度圆直径 $d_1 = 40\text{mm}$，蜗轮齿数 $z_2 = 39$，试计算蜗杆直径系数 q、导程角 γ 及蜗杆传动的中心距 a。

解 （1）蜗杆直径系数

$$q = \frac{d_1}{m} = \frac{40}{4} = 10$$

（2）导程角。由式（7-2）得

$$\tan\gamma = \frac{z_1}{q} = \frac{2}{10} = 0.2$$
$$\gamma = 11.3099°，即 \gamma = 11°18'36''$$

（3）传动的中心距

$$a = 0.5m(q + z_2) = 0.5 \times 4 \times (10 + 39) = 98(\text{mm})$$

讨论：

（1）也可将蜗轮齿数改为 $z_2 = 40$，即中心距圆整为

$$a = 0.5 \times 4 \times (10 + 40) = 100(\text{mm})$$

由此引起的蜗杆传动传动比的变化，可在传动系统内部做适当调整。

（2）如果是单件生产又允许采用非标准中心距，就取 $a = 98\text{mm}$。

（3）在不改变蜗杆传动传动比的情况下，若将中心距圆整为 $a = 100\text{mm}$，那么滚切蜗轮时应将滚刀相对于蜗轮中心向外移动 2mm，使滚刀（相当于蜗杆）与被切蜗轮轮坯的中心距由 98mm 加到 100mm，即采用变位传动。有关变位传动的计算可参见机械设计手册。

第三节　蜗杆传动的失效形式、材料和结构

一、蜗杆传动的失效形式及材料选择

蜗杆传动的主要失效形式有胶合、点蚀、磨损等。由于蜗杆传动在齿面间有较大的相对滑动，产生热量，使润滑油温度升高而变稀，润滑条件变差，增大了胶合的可能性。在闭式传动中，如果不能及时散热，往往因胶合而影响蜗杆传动的承载能力。在开式传动或润滑、密封不良的闭式传动中，蜗轮轮齿的磨损显得尤其突出。

由于蜗杆传动的特点，蜗杆副的材料不仅要求有足够的强度，而更重要的是要有良好的减摩耐磨性能和抗胶合的能力。因此常采用青铜作蜗轮的齿圈，与淬硬磨削的钢制蜗杆相配。

蜗杆一般采用碳钢或合金钢制造，要求齿面光洁并具有较高硬度。对于高速重载的蜗杆常用 20Cr、20CrMnTi（渗碳淬火到 56～62HRC）或 40Cr、42SiMn、45 钢（表面淬火到

45～55HRC）等，并应磨削。一般蜗杆可采用 40、45 等碳钢调质处理（硬度为 220～250HBW）。在低速或人力传动中，蜗杆可不经热处理，甚至可采用铸铁。

在重要的高速蜗杆传动中，蜗轮常用 10-1 锡青铜（ZCuSn10P1）制造，它的抗胶合和耐磨性能好，允许的滑动速度可达 25m/s，易于切削加工，但价格昂贵。在滑动速度 $v_s <$ 12m/s 的蜗杆传动中，可采用含锡量低的 5-5-5 锡青铜（ZCuSn5Pb5Zn5）。10-3 铝青铜（ZCuAl10Fe3）具有足够的强度，铸造性能好、耐冲击、价廉，但切削性能差，抗胶合性能不如锡青铜，一般用于 $v_s \leqslant 6$m/s 的传动。在速度较低，例如 $v_s < 2$m/s 的传动中，可用球墨铸铁或灰铸铁。蜗轮也可用尼龙或增强尼龙材料制成。

二、蜗杆和蜗轮的结构

蜗杆绝大多数和轴制成一体，称为蜗杆轴，如图 7-7 所示。

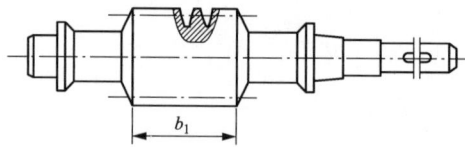

图 7-7　蜗杆轴

图 7-7 中

$$z_1 = 1, 2 \text{ 时，} b_1 \geqslant (11 + 0.06 z_2) m$$

$$z_1 = 4 \text{ 时，} b_1 \geqslant (12.5 + 0.09 z_2) m$$

蜗轮可以制成整体的，如图 7-8（a）所示。但为了节约贵重的有色金属，对大尺寸的蜗轮通常采用组合式结构，即齿圈用有色金属制造，而轮芯用钢或铸铁制成，如图 7-8（b）所示。采用组合结构时，齿圈和轮芯间可用过盈连接，为工作可靠起见，又沿接合面圆周装上 4～8 个螺钉。为了便于钻孔，应将螺孔中心线向材料较硬的一边偏移 2～3mm。这种结构用

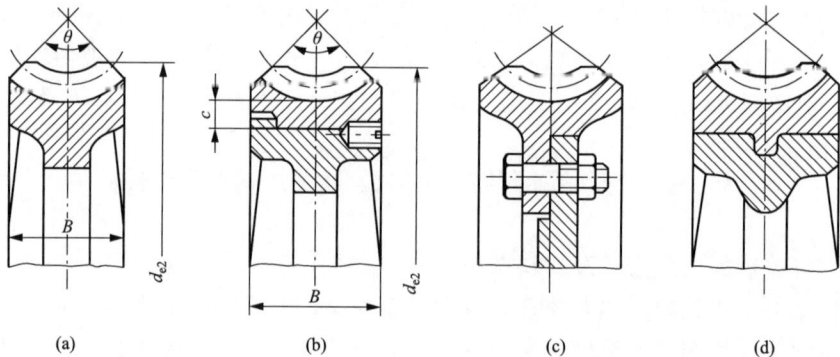

蜗杆头数z_1	1	2	4
蜗轮齿顶圆直径（外径）$d_{a2} \leqslant$	$d_{a2} + 2m$	$d_{a2} + 1.5m$	$d_{a2} + 2m$
轮缘宽度$B \leqslant$	$0.75 d_{a1}$		$0.67 d_{a1}$
蜗轮齿宽角$\theta =$	$90° \sim 130°$		
轮圈厚度$c \approx$	$1.65m + 1.5mm$		

图 7-8　蜗轮的结构

于尺寸不大而工作温度变化又较小的场合。轮圈与轮芯也可用铰制孔用螺栓来连接，如图 7-8 （c）所示，由于装拆方便，常用于尺寸较大或磨损后需要更换齿圈的场合。对于成批制造的蜗轮，常在铸铁轮芯上浇注出青铜齿圈，如图 7-8 （d）所示。

第四节　圆柱蜗杆传动的强度计算

一、蜗杆传动的受力分析

分析蜗杆传动作用力时，可先根据蜗杆的螺旋线旋向和蜗杆旋转方向，确定蜗轮的旋转方向。例如，图 7-9 所示为右旋蜗杆，用右手拇指的指向代表蜗杆轴向力方向，使拇指伸直与轴线平行，其余四指沿回转方向握拳，则拇指指向左，即蜗杆轴向力 F_{a1} 向左。蜗轮所受反向力指向右，故蜗轮沿逆时针方向回转。

蜗杆传动的受力分析和斜齿轮相似，齿面上的法向力 F_n 可分解为三个相互垂直的分力：圆周力 F_t、轴向力 F_a 和径向力 F_r。图 7-9 所示各分力的方向如图 7-10 所示。当蜗杆轴和蜗轮轴交错呈 90°时，如不计摩擦力的影响，蜗杆圆周力 F_{t1} 等于蜗轮轴向力 F_{a2}，但方向相反；蜗杆轴向力 F_{a1}，等于蜗轮圆周力 F_{t2}，但方向相反；蜗杆径向力 F_{r1} 等于蜗轮径向力 F_{r1}，指向各自的轴心，即

蜗杆圆周力
$$F_{t1} = F_{a2} = \frac{2T_1}{d_1} \tag{7-5}$$

蜗杆轴向力
$$F_{a1} = F_{t2} = \frac{2T_2}{d_2} \tag{7-6}$$

蜗杆径向力
$$F_{r1} = F_{r2} = F_{a2} \tan\alpha \tag{7-7}$$

式中：T_1、T_2 分别为作用在蜗杆和蜗轮上的转矩，$T_2 = T_1 i_{12} \eta$；η 为蜗杆传动的效率。

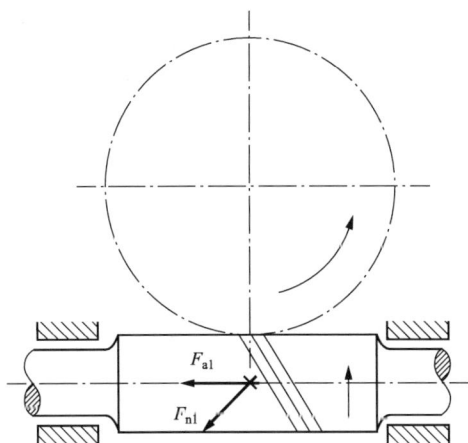

图 7-9　确定蜗轮的旋转方向　　　　　　图 7-10　蜗杆与蜗轮的作用力

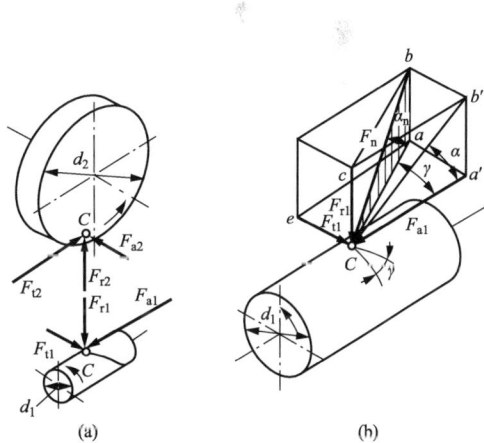

圆柱蜗杆传动的破坏形式主要是蜗轮轮齿表面产生胶合、点蚀和磨损，目前在设计时用限制接触应力的办法来解决，而轮齿的弯断现象只有当 $z_2 > 80$ 时才发生（此时须校核弯曲强度）。对于开式传动，因磨损速度大于点蚀速度，故只需按弯曲强度进行设计计算，此外，还需校核蜗杆的刚度。对于闭式传动，还需进行热平衡计算。

二、蜗轮齿面疲劳接触强度计算

1. 计算公式

蜗轮齿面疲劳接触强度仍以赫兹公式为基础，其强度校核公式为

$$\sigma_H = Z_E Z_\rho \sqrt{\frac{K_A T_2}{a^3}} \leqslant [\sigma_H] \quad \text{MPa} \tag{7-8}$$

设计公式为

$$a \geqslant \sqrt[3]{K_A T_2 \left(\frac{Z_E Z_\rho}{[\sigma_H]}\right)^2} \quad \text{mm} \tag{7-9}$$

式中：a 为中心距，mm；K_A 为使用系数，$K_A = 1.1 \sim 1.4$，有冲击载荷、环境温度高（$t > 35℃$）、速度较高时，K_A 取大值；Z_E 为材料的综合弹性系数，钢与铸锡青铜配对时取 $Z_E = 150$，钢与铝青铜或灰铸铁配对时取 $Z_E = 160$；Z_ρ 为接触系数，用以考虑接触线长度和综合曲率半径对接触疲劳强度的影响，由蜗杆分度圆直径与中心距之比（d_1/a）查图 7-11 确定，一般 $d_1/a = 0.3 \sim 0.5$，取小值时导角大，因而效率高，但蜗杆刚性较差。

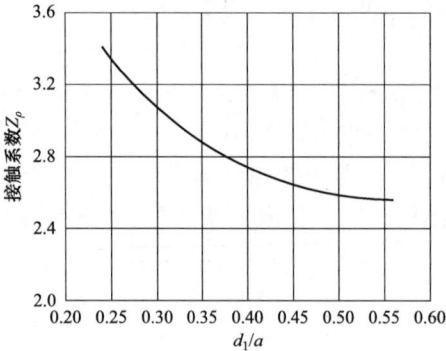

图 7-11　接触系数

2. 许用接触应力 $[\sigma_H]$

对于锡青铜，可由表 7-4 查取；对于铝青铜及灰铸铁，其主要失效形式是胶合而不是接触强度，而胶合与相对速度有关，其值应查表 7-5，上述接触强度计算可限制胶合的产生。

表 7-4　　　　　　　　　锡青铜蜗轮的许用接触应力 $[\sigma_H]$ 　　　　　　　MPa

蜗轮材料	铸造方法	适用的滑动速度 v_s (m/s)	蜗杆齿面硬度	
			$\leqslant 350HBS$	$> 45HRC$
10—1 锡青铜	砂型	$\leqslant 12$	180	200
	金属型	$\leqslant 25$	200	220
5—5—5 锡青铜	砂型	$\leqslant 10$	110	125
	金属型	$\leqslant 12$	135	150

表 7-5　　　　　　　　铝青铜及铸铁蜗轮的许用接触应力 $[\sigma_H]$ 　　　　　　　MPa

蜗轮材料	蜗杆材料	滑动速度 v_s (m/s)						
		0.5	1	2	3	4	6	8
10—3 铝青铜	淬火钢[①]	250	230	210	180	160	120	90
HT150、HT200	渗碳钢	130	115	90	—	—	—	—
HT150	调质钢	110	90	70	—	—	—	—

① 蜗杆未经淬火时，需将表中 $[\sigma_H]$ 值降低 20%。

由式（7-9）算出中心距 a 后，可计算出蜗杆分度圆直径 d_1 和模数 m：

$$d_1 \approx 0.68 a^{0.875}$$

$$m = \frac{2a - d_1}{z_2} \tag{7-10}$$

再由表 7-1 选定标准模数 m 及 q、d_1 的数值。

三、蜗轮齿根弯曲疲劳强度计算

蜗轮的齿形比较复杂，且齿根是曲面，要精确计算蜗轮齿根弯曲应力很困难。一般参照斜齿圆柱齿轮作近似计算，其校核公式为

$$\sigma_F = \frac{1.53 K_A T_2}{d_1 d_2 m \cos\gamma} Y_{Fa2} \leqslant [\sigma_F] \quad \text{MPa} \tag{7-11}$$

其设计公式为

$$m^2 d_1 \geqslant \frac{1.53 K_A T_2}{z_2 \cos\gamma [\sigma_F]} Y_{Fa2} \tag{7-12}$$

式中：γ 为蜗杆导程角，$\gamma = \arctan\dfrac{z_1}{q}$；$[\sigma_F]$ 为蜗轮许用弯曲应力，MPa，查表 7-6 确定；Y_{Fa2} 为蜗轮齿形系数，由当量齿数 $z_v = \dfrac{z_1}{\cos^3\gamma}$，查图 6-8 确定。

由求得的 $m^2 d_1$，值查表 7-1 可确定主要尺寸。

表 7-6   蜗轮的许用弯曲应力 $[\sigma_F]$ MPa

蜗轮材料	ZCuSn10P1		ZCuSn5Pb5Zn5		ZCuAl10Fe3		HT150	HT200
铸造方法	砂型铸造	金属型铸造	砂型铸造	金属型铸造	砂型铸造	金属型铸造	砂型铸造	
单侧工作	50	70	32	40	80	90	40	47
双侧工作	30	40	24	28	63	80	25	30

四、蜗杆的刚度计算

蜗杆较细长，支承跨距较大，若受力后产生的挠度过大，则会影响正常啮合传动。蜗杆产生的挠度应小于许用挠度 $[Y]$。

由切向力 F_{t1} 和径向力 F_{r1} 产生的挠度分别为

$$Y_{t1} = \frac{F_{t1} l^3}{48EI}, \quad Y_{r1} = \frac{F_{r1} l^3}{48EI}$$

合成总挠度为

$$Y = \sqrt{Y_{t1}^2 + Y_{t2}^2} \leqslant [Y]$$

式中：E 为蜗杆材料的弹性模量，MPa，钢蜗杆 $E = 2.06 \times 10^5$ MPa；I 为蜗杆危险截面惯性矩，$I = \dfrac{\pi d_1^4}{64}$；$l$ 为蜗杆支点跨距，mm，初步计算时可取 $l = 0.9 d_2$；$[Y]$ 为许用挠度，mm。

【例 7-2】 试设计一由电动机驱动的单级圆柱蜗杆减速器中的蜗杆传动。电动机功率 $P_1 = 5.5$kW，转速 $n_1 = 960$r/min，传动比 $i_{12} = 21$，载荷平稳，单向回转。

解 （1）选择材料并确定其许用应力。

蜗杆用 45 钢，表面淬火，硬度为 45～55HRC；蜗轮用锡青铜 ZCuSn10P1，砂模铸造。

许用接触应力，查表 7-4 得 $[\sigma_H] = 200$MPa；许用弯曲应力，查表 7-6 得 $[\sigma_F] = 50$MPa。

（2）选择蜗杆头数 z_2，并估计传动效率 η。

由 $i_{12} = 21$ 查表 7-2，取 $z_1 = 2$，则 $z_2 = i_{12} z_1 = 21 \times 2 = 42$。

由 $z_1 = 2$ 查表 7-8，估计 $\eta = 0.8$。

（3）确定蜗轮转矩 T_2。

$$T_2 = 9.55 \times 10^6 \frac{P\eta}{n_2} = 9.55 \times 10^6 \frac{P\eta i_{12}}{n_1}$$

$$= 9.55 \times 10^6 \times \frac{5.5 \times 0.8 \times 21}{960} = 919188(\text{N} \cdot \text{mm})$$

（4）确定使用系数 K_A、综合弹性系数 Z_E。

取 $K_A = 1.2$，$Z_E = 150$（钢配锡青铜）。

（5）确定接触系数 Z_ρ。

假定 $d_1/a = 0.4$，由图 7-11 得 $Z_\rho = 2.8$。

（6）计算中心距 a。

$$a \geqslant \sqrt[3]{K_A T_2 \left(\frac{Z_E Z_\rho}{[\sigma_H]}\right)^2} = \sqrt[3]{1.2 \times 919188 \times \left(\frac{150 \times 2.8}{200}\right)^2} = 169.44(\text{mm})$$

（7）确定模数 m、蜗轮齿数 z_2、蜗杆直径系数 q、蜗杆导程角 γ、中心距 a 等参数，由式（7-10）得

$$d_1 \approx 0.68a^{0.875} = 0.68 \times 169.44^{0.875} = 60.66(\text{mm})$$

$$m = \frac{2a - d_1}{z_2} = \frac{2 \times 169.44 - 60.66}{42} = 6.62(\text{mm})$$

由表 7-1，取 $m = 8\text{mm}$，$q = 10$，$d_1 = 80\text{mm}$，$d_2 = 8 \times 42 = 336$（mm），由式（7-4）得

$$a = 0.5m(q + z_2) = 0.5 \times 8 \times (10 + 42) = 208(\text{mm}) > 169.44\text{mm}$$

接触强度足够。

由式（7-2）得导程角为

$$\gamma = \arctan\frac{2}{10} = 11.3099°$$

（8）校核弯曲强度。

1）蜗轮齿形系数。

由当量齿数

$$z_v = \frac{z_2}{\cos^3\gamma} = \frac{42}{(\cos 11.3099°)^3} \approx 45$$

查图 6-9 得 $Y_{Fa2} = 2.4$。

2）蜗轮齿根弯曲应力。

$$\sigma_F = \frac{1.53K_A T_2}{d_1 d_2 m \cos\gamma} Y_{Fa2} = \frac{1.53 \times 1.2 \times 919188}{80 \times 336 \times 8 \times \cos 11.30399°} \times 2.4$$

$$\approx 19.2(\text{MPa}) \leqslant [\sigma_F] = 50\text{MPa}$$

弯曲强度足够。

（9）蜗杆刚度计算（略）。

第五节　圆柱蜗杆传动的效率、润滑和热平衡计算

一、蜗杆传动的效率

与齿轮传动类似，闭式蜗杆传动的效率包括三部分：轮齿啮合的效率 η_1，轴承效率 η_2，以

及考虑搅动润滑油阻力的效率 η_3。其中，$\eta_2\eta_3=0.95\sim0.97$，$\eta_1$ 可根据螺旋传动的公式求得。

效率蜗杆主动时，蜗杆传动的总效率为

$$\eta=(0.95\sim0.97)\frac{\tan\gamma}{\tan(\gamma+\rho')} \tag{7-13}$$

式中：γ 为蜗杆导程角；ρ' 为当量摩擦角，$\rho'=\arctan f'$。

当量摩擦系数 f' 主要与蜗杆副材料表面状况及滑动速度等有关，见表 7-7。

表 7-7   **当量摩擦系数 f' 和当量摩擦角 ρ'**

蜗轮材料	锡青铜				无锡青铜	
蜗杆齿面硬度	>45HRC		其他情况		>45HRC	
滑动速度 v_s（m/s）	f'	ρ'	f'	ρ'	f'	ρ'
0.01	0.11	6.28°	0.12	6.84°	0.18	10.2°
0.10	0.08	4.57°	0.09	5.14°	0.13	7.4°
0.50	0.055	3.15°	0.065	3.72°	0.09	5.14°
1.00	0.045	2.58°	0.055	3.15°	0.07	4°
2.00	0.035	2°	0.045	2.58°	0.055	3.15°
3.00	0.028	1.6°	0.035	2°	0.045	2.58°
4.00	0.024	1.37°	0.031	1.78°	0.04	2.29°
5.00	0.022	1.26°	0.029	1.66°	0.035	2°
8.00	0.018	1.03°	0.026	1.49°	0.03	1.72°
10.0	0.016	0.92°	0.024	1.37°		
15.0	0.014	0.8°	0.020	1.15°		
24.0	0.013	0.74°				

注 1. 硬度大于 45HRC 的蜗杆，其 f'、ρ' 值是指经过磨削和跑合并有充分润滑的情况。

    2. 蜗轮材料为灰铸铁时，可按无锡青铜查取 f'、ρ'。

由式（7-13）可知，增大导程角 γ 可提高效率，故常采用多头蜗杆。但导程角过大，会引起蜗杆加工困难，而且导程角 $\gamma>28°$ 时，效率提高很少。

$\gamma\leqslant\rho'$ 时，蜗杆传动具有自锁性，但效率很低（$\eta<50\%$）。必须注意，在振动条件下 ρ' 值的波动可能很大，因此不宜单靠蜗杆传动的自锁作用来实现制动，在重要场合应另加制动装置。

估计蜗杆传动的总效率时，可按表 7-8 选取。

表 7-8   **蜗杆传动总效率的概值**

z_1	η	
	闭式传动	开式传动
1	0.7～0.75	
2	0.75～0.82	0.6～0.7
4	0.87～0.92	

二、蜗杆传动的润滑

蜗杆传动的润滑是个值得注意的问题。如果润滑不良，传动效率将显著降低，并且会使轮齿早期发生胶合或磨损。一般蜗杆传动用润滑油的牌号为 L-CKE，重载及有冲击时用 L-CKE/

P。润滑油黏度可按表 7-9 选取。

表 7-9　　　　　　　　　　蜗杆传动润滑油的黏度和润滑方式

滑动速度 v_s（m/s）	≤1.5	>1.5～3.5	>3.5～10	>10
黏度 ν_{40}（mm²/s）	>612	414～506	288～352	198～242
润滑方式	v_s≤5m/s 油浴润滑		v_s>5～10m/s 油浴润滑或喷油润滑	v_s>10m/s 喷油润滑

蜗杆传动用油浴润滑时，常采用蜗杆下置式，由蜗杆带油润滑。但当蜗杆线速度 v_1>4m/s，为减小搅油损失常将蜗杆置于蜗轮之上，形成上置式传动，由蜗轮带油润滑。

三、蜗杆传动的热平衡计算

由于蜗杆传动效率低、发热量大，若不及时散热，会引起箱体内油温升高、润滑失效，导致轮齿磨损加剧，甚至出现胶合。因此，对连续工作的闭式蜗杆传动要进行热平衡计算。

在闭式传动中，热量通过箱壳散逸，要求箱体内的油温 t（℃）和周围空气温度 t_0（℃）之差不超过允许值，即

$$\Delta t = \frac{1000 P_1 (1-\eta)}{\alpha_t A} \leqslant [\Delta t] \tag{7-14}$$

式中：Δt 为温度差，$\Delta t = t - t_0$；P_1 为蜗杆传递功率，kW；η 为传动效率；α_t 为表面传热系数，根据箱体周围通风条件，一般取 $\alpha_t = 10 \sim 17$W/（m²·℃）；A 为散热面积，m²，指箱体外壁与空气接触而内壁被油飞溅到的箱壳面积，对于箱体上的散热片，其散热面积按 50% 计算；$[\Delta t]$ 为温差允许值，一般为 $60 \sim 70$℃，并应使油温 t（$t = t_0 + \Delta t$）低于 90℃。

如果超过温差允许值，可采用下述冷却措施：

（1）增加散热面积，合理设计箱体结构，铸出或焊上散热片。

（2）提高表面传热系数，在蜗杆轴上装置风扇 [见图 7-12（a）]，在箱体油池内装设蛇形冷却水管 [见图 7-12（b）]，或用循环油冷却 [见图 7-12（c）]。

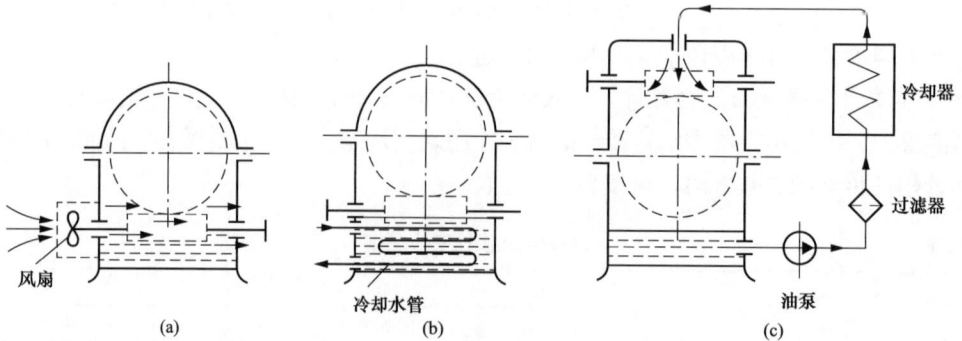

图 7-12　蜗杆传动的散热方法

【例 7-3】　试计算 [例 7-2] 蜗杆传动的效率。若已知散热面积 $A = 1.2$m²，试计算润滑油的温升。

解　（1）相对滑动速度

$$v_s = \frac{\pi d_1 n_1}{60 \times 1000\cos\gamma} = \frac{\pi \times 63 \times 960}{60 \times 1000 \times \cos 11.3099°} = 3.23(\text{m/s})$$

（2）当量摩擦角。由表 7-7 查得 $\rho' = 1.547°$。

（3）总传动效率

$$\eta = 0.96\frac{\tan\gamma}{\tan(\gamma + \rho')} = \frac{\tan 11.3099°}{\tan(11.3099° + 1.547°)} = 84\%$$

（4）散热计算。取 $\alpha_t = 15\text{W}/(\text{m}^2 \cdot ℃)$，则

$$\Delta t = \frac{1000 P_1(1 - \eta)}{\alpha_t A} = \frac{100 \times 5.5 \times (1 - 0.84)}{15 \times 1.2} = 48.89(℃) \leqslant [\Delta t] = 60 \sim 70℃$$

合格。

习 题

7-1 计算［例 7-1］蜗杆和蜗轮的几何尺寸。

7-2 如图 7-13 所示，蜗杆主动，$T_1 = 20\text{N} \cdot \text{m}$，$m = 4\text{mm}$，$z_1 = 2$，$d_1 = 50\text{mm}$，蜗轮齿数 $z_2 = 50$，传动的啮合效率 $\eta = 0.75$。试确定：（1）蜗轮的转向；（2）蜗杆与蜗轮上作用力的大小和方向。

7-3 图 7-14 所示为蜗杆传动和锥齿轮传动的组合，已知输出轴上的锥齿轮 z_4 的转向 n。（1）欲使中间轴上的轴向力能部分抵消，试确定蜗杆传动的螺旋线方向和蜗杆的转向；（2）在图中标出各轮轴向力的方向。

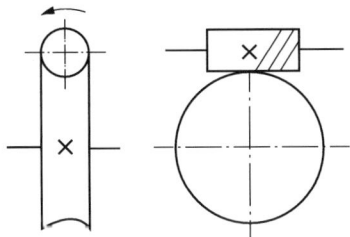

图 7-13 题 7-2 图

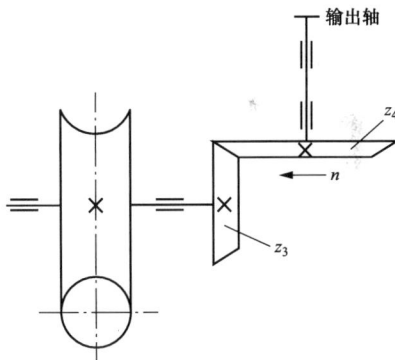

图 7-14 题 7-3 图

7-4 设计一由电动机驱动的单级圆柱蜗杆减速器。电动机功率为 7kW，转速为 1440r/min，蜗轮轴转速为 80r/min，载荷平稳，单向传动。蜗轮材料选 ZCuSn10P1 锡青铜，砂型铸造；蜗杆选用 40Cr，表面淬火。

7-5 一圆柱蜗杆减速器，蜗杆轴功率 $P_1 = 100\text{kW}$，传动总效率 $\eta = 0.8$，三班制工作。试按所在地区工业用电价格（每千瓦小时若干元）计算五年中用于功率损耗的费用。

7-6 手动绞车采用圆柱蜗杆传动，如图 7-15 所示，已知 $m = 8\text{mm}$，$z_1 = 1$，$d_1 = 80\text{mm}$，$z_2 = 40$，卷筒直径 $D = 200\text{mm}$。问：（1）欲使重物 W 上升 1m，蜗杆应转多少转？（2）蜗杆与蜗轮间的当量摩擦系数 $f' = 0.18$，该机构能否自锁？（3）若重物 $W = 5\text{kN}$，手摇时施加的力 $F = 100\text{N}$，手柄转臂的长度 l 应是多少？

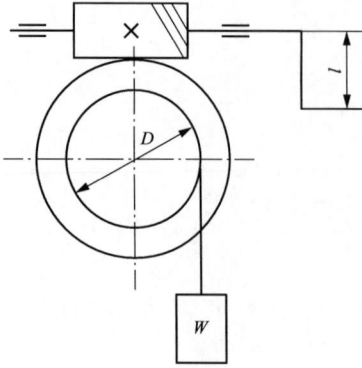

图 7-15 题 7-6 图

7-7 计算 [例 7-2] 的蜗杆和蜗轮的几何尺寸。设蜗轮轴的直径 $d_1 = 70\text{mm}$，试绘制蜗轮的工作图。

7-8 一单级蜗杆减速器输入功率 $P_1 = 3\text{kW}$，$z_1 = 2$，箱体散热面积约为 1m^2，通风条件较好，室温为 $20℃$，试验算油温是否满足使用要求。

7-9 一开式蜗杆传动，传递功率 $P = 5\text{kW}$，蜗杆转速 $n_1 = 1460\text{r/min}$，传动比 $i_{12} = 21$，载荷平稳，单向传动，试选择蜗杆、蜗轮材料并确定其主要尺寸参数。[提示：可根据表 7-1 初定 q 值，以便由式（7-2）求出导程角 γ]

第八章　轮　　系

在现代机械中，为了满足工作的需要，只用一对齿轮传动往往是不够的。例如，桥架类起重机小车运行机构要求将电动机的高转速通过减速器变为小车的低转速；机床要求将电动机的一种转速通过变速器变成主轴的多种转速；汽车需要通过差速器将发动机传来的运动，利用地面摩擦自动分解为左、右两后轮的运动。上述机械中的减速器、变速器和差速器，都是采用一系列互相啮合的齿轮将主动轴的运动传到从动轴，这种由一系列齿轮组成的传动系统称为齿轮系，简称轮系。

根据轮系工作时，各齿轮的几何轴线在空间的相对运动状态，将轮系分为三大类，即定轴轮系、周转轮系和混合轮系。

第一节　定轴轮系及其传动比计算

轮系工作时，所有齿轮的几何轴线的位置相对于机架都是固定的轮系，称为定轴轮系。组成定轴轮系的各齿轮若其轴线相互平行，则为平面定轴轮系，见图 8-1；否则，为空间定轴轮系，见图 8-2。

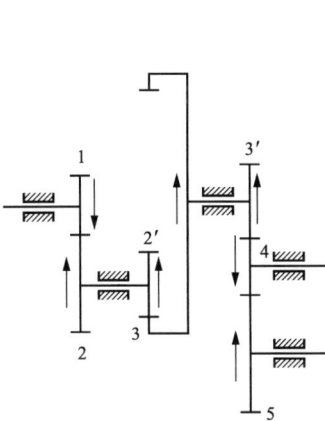

图 8-1　平面定轴轮系　　　　　　　　　图 8-2　空间定轴轮系

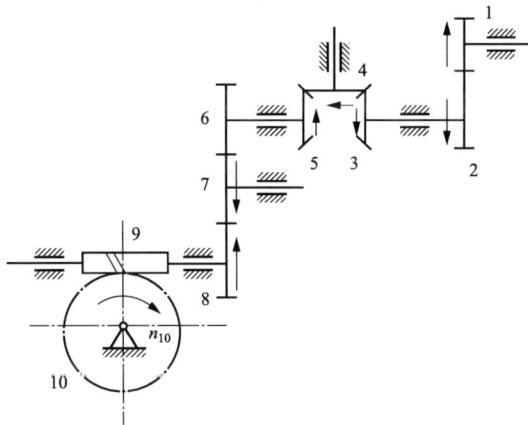

轮系的传动比是指轮系中输入轴与输出轴的角速度或转速之比。在计算轮系传动比时，既要确定传动比的大小，也要确定输入轴与输出轴的转向关系。转向关系可通过对齿轮标注箭头来表示，或者用正、负号来表示。

箭头的标注规则（见图 8-1 和图 8-2）：一对平行轴外啮合齿轮，因其转向相反，故用方向相反的箭头表示；一对平行轴内啮合齿轮，因其转向相同，故用方向相同的箭头表示；一对锥齿轮传动时，表示转向的箭头同时指向啮合点或同时背离啮合点；蜗杆传动时，则根据左、右手定则的方法来判断蜗轮或蜗杆的转向。

对平面定轴轮系，也可用"＋""－"号的方法表示两者间的转向关系。"＋"号表示转向相同，"－"号表示转向相反。

　　现以图 8-1 所示定轴轮系为例，讨论定轴轮系传动比计算的方法。设齿轮 1 为主动轮（输入轴），齿轮 5 为最后的从动轮（输出轴），则轮系的传动比为 i_{15}。已知各轮的齿数分别为 z_1、z_2、$z_{2'}$、z_3、$z_{3'}$、z_4、z_5，各轮的转速分别为 n_1、n_2、$n_{2'}$、…、n_5，则轮系中相互啮合的各齿轮的传动比为

$$i_{12} = n_1/n_2 = -z_2/z_1 \quad （外啮合），\quad i_{2'3} = n_{2'}/n_3 = +z_3/z_{2'} \quad （内啮合）$$

$$i_{3'4} = n_{3'}/n_4 = -z_4/z_{3'} \quad （外啮合），\quad i_{45} = n_4/n_5 = -z_5/z_4 \quad （外啮合）$$

将以上各式连乘，并考虑到 $n_2 = n_{2'}$，$n_3 = n_{3'}$，得

$$i_{12} i_{2'3} i_{3'4} i_{45} = \frac{n_1 n_{2'} n_{3'} n_4}{n_2 n_3 n_4 n_5} = \frac{n_1}{n_5} = (-1)^3 \frac{z_2 z_3 z_4 z_5}{z_1 z_{2'} z_{3'} z_4} = (-1)^3 \frac{z_2 z_3 z_5}{z_1 z_{2'} z_{3'}}$$

即

$$i_{15} = \frac{n_1}{n_5} = (-1)^3 \frac{z_2 z_3 z_5}{z_1 z_{2'} z_{3'}}$$

　　可见，定轴轮系的传动比等于该轮系中各对齿轮（或各部分）传动比的连乘积。其大小等于各对齿轮中所有从动轮齿数的连乘积与所有主动轮齿数的连乘积之比，而传动比的正、负取决于外啮合次数 m。

　　由此，得计算通式为

$$i_{主,从} = \frac{n_主}{n_从} = (-1)^m \frac{各从动轮齿数的连乘积}{各主动轮齿数的连乘积} \qquad (8\text{-}1)$$

应用式（8-1）需要说明的有以下几点：

　　（1）用（$-1)^m$ 来判定转向只限于平面定轴轮系。

　　（2）对含有锥齿轮、蜗杆传动等的空间定轴轮系，由于轴线不平行，则不能用（$-1)^m$ 来确定，只能通过画箭头的方法在图上表示，如图 8-2 所示。

　　（3）空间轮系中，若首、末两轮的几何轴线平行，仍可用"＋""－"号来表示两轮之间的转向关系：两者转向相同时，在传动比计算结果前冠以"＋"号；两者转向相反时，在传动比计算结果前冠以"－"号。但要注意，这里所说的"＋""－"号是在图上用箭头的方法确定的，而不能用（$-1)^m$ 来确定。

　　（4）只改变传动比正、负号，而不影响传动比大小的齿轮称为惰轮（也称过桥齿轮），如图 8-1 中的轮 4。它在轮系中既是主动轮，又是从动轮。

　　【例 8-1】　如图 8-3 所示的轮系中，已知各轮齿数 $z_1 = 18$，$z_2 = 36$，$z_{2'} = 20$，$z_3 = 80$，

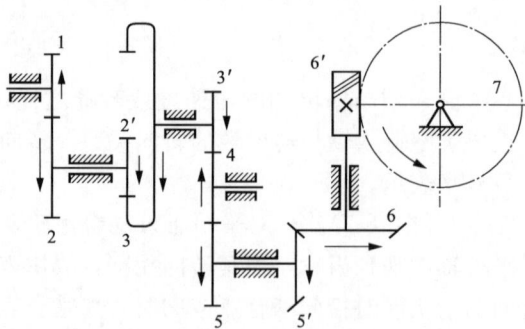

图 8-3　定轴轮系

$z_{3'}=20$，$z_4=18$，$z_5=30$，$z_{5'}=15$，$z_6=30$，$z_{6'}=2$（右旋），$z_7=60$，$n_1=1440\text{r/min}$，其转向如图所示。求传动比 i_{17}、i_{15}、i_{25} 及蜗轮的转速和转向。

解 按图 8-3 所示规则，从轮 2 开始，顺次标出各对啮合齿轮的转动方向。由图 8-3 可见，1、7 两轮的轴线不平行，1、5 两轮转向相反，2、5 两轮转向相同，故由式（8-1）得

$$i_{17}=\frac{n_1}{n_7}=\frac{z_2z_3z_4z_5z_6z_7}{z_1z_{2'}z_{3'}z_4z_{5'}z_6}=+\frac{36\times80\times18\times30\times30\times60}{18\times20\times20\times18\times15\times2}=+720(\uparrow,\curvearrowright)$$

$$i_{15}=-\frac{z_2z_3z_4z_5}{z_1z_{2'}z_{3'}z_4}=-\frac{36\times80\times18\times30}{18\times20\times20\times18}=-12$$

$$i_{25}=+\frac{z_3z_4z_5}{z_{2'}z_{3'}z_4}=+\frac{80\times18\times30}{20\times20\times18}=+6$$

$$n_7=\frac{n_1}{i_{17}}=\frac{1440}{720}=2(\text{r/min})$$

1、7 两轮轴线不平行，由画箭头判断 n_7 为逆时针方向。

在如图 8-3 所示的轮系中，齿轮 4 同时和两个齿轮啮合，它既是前一级的从动轮，又是后一级的主动轮。显然，齿数 z_4 在式（8-1）的分子和分母上各出现一次，故不影响传动比的大小。

第二节 周转轮系及其传动比计算

一、周转轮系及其组成

所谓周转轮系是指轮系中一个或几个齿轮的轴线位置相对机架不是固定的而是绕其他齿轮的轴线转动的。图 8-4 所示为基本周转轮系，轴线不动的齿轮称为中心轮（或太阳轮），例如图中齿轮 1 和 3；轴线转动的齿轮称为行星轮（兼有自转和公转），例如图中的齿轮 2；作为行星轮轴线的构件称为行星架或系杆（也叫转臂），例如图中的转柄 H。

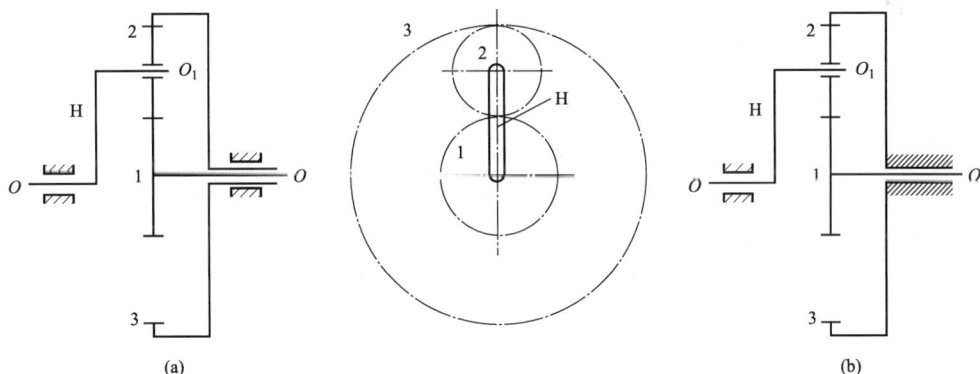

图 8-4 周转轮系的类别

一个基本的周转轮系只有一个系杆，具有一个或若干个行星轮以及与行星轮啮合的太阳轮，其太阳轮数目一般不超过两个，并且系杆和中心轮的几何轴线必须重合，否则便不能转动。

根据周转轮系的自由度数目，可以将其划分为两个类型。

（1）若两个中心轮都能转动，即具有两个自由度，如图 8-4（a）所示，称为差动轮系。

（2）若只有一个中心轮能转动，即具有一个自由度，如图 8-4（b）所示，则称为行星轮系。

二、周转轮系的传动比计算

周转轮系中行星轮的运动是由公转和自转组成的复合运动，而不是简单的定轴转动，所以周转轮系的传动比不能直接用定轴轮系的公式来计算。

根据运动的相对性，若对图 8-4（a）所示周转轮系整体加上一个与转臂转速 n_H 大小相等转向相反的公共转速 $-n_H$，则各构件间的相对运动并不改变。但转臂就变为静止不动，这样，周转轮系便转化为定轴轮系 [见图 8-4（b）]，称为原周转轮系的转化轮系。在转化轮系中，各构件的转速为相对于转臂的转速，记作 n_1^H、n_2^H 和 n_H^H。在原周转轮系中，各构件的转速为相对于机架的转速，即 n_1、n_2 和 n_H。则它们之间的关系为

$$n_1^H = n_1 - n_H, \quad n_2^H = n_2 - n_H, \quad n_H^H = n_H - n_H = 0$$

既然将转化轮系视为一定轴轮系，就可以用定轴轮系传动比的计算方法来计算其传动比。如图 8-4（a）所示周转轮系，齿轮 1 与齿轮 2 在转化轮系中的传动比为

$$i_{1.2}^H = \frac{n_1^H}{n_2^H} = \frac{n_1 - n_H}{n_2 - n_H} = -\frac{z_2}{z_1}$$

其中，齿数比前的"—"号表示在转化轮系中轮 1 与轮 2 的转向相反。由此，可以推得周转轮系中任意两轴线平行的齿轮 G、K 在转化轮系中的传动比计算的一般公式为

$$i_{G, K}^H = \frac{n_G^H}{n_K^H} = \frac{n_G - n_H}{n_K - n_H} = \pm \frac{\text{由 G 至 K 各从动轮齿数连乘积}}{\text{由 G 至 K 各主动轮齿数连乘积}} \tag{8-2}$$

应用式（8-2）时须注意以下两点：

（1）式（8-2）只适用于 G、K、H 三个构件的轴线互相平行的情况。这是因为只有两轴平行时，两轴转速才能代数相加。

（2）正、负号问题。式（8-2）中齿数比前的"＋""—"号表示在转化轮系中轮 G 与轮 K 的转向关系，即 n_G^H、n_K^H 为同向或异向。当转化轮系为平面轮系时，可用 $(-1)^m$ 法确定，也可用画虚线箭头（并不表示其在周转轮系中的真实转向）方法确定；当转化轮系为空间轮系时，则只能用画虚线箭头的方法确定。此外，n_G、n_K、n_H 本身具有"＋""—"号。当将已知转速代入式中时，若其中任意一个用正号，则与之转向相同的也用正号，与之转向相反的用负号。求解得到的转速应根据其正、负号与已知转速相比较来确定转向。

【例 8-2】 在图 8-5 所示轮系中，已知 $z_1 = 20$，$z_2 = 50$，$z_3 = 100$，$n_1 = 120 \text{r/min}$，$n_3 = 20 \text{r/min}$。试求下列两种情况下的 n_H：（1）n_1 与 n_3 转向相同时；（2）n_1 与 n_3 转向相反时。

解 该轮系属于平面差动轮系

$$i_{13}^H = \frac{n_1^H}{n_3^H} = \frac{n_1 - n_H}{n_3 - n_H} = -\frac{z_3}{z_1} = -\frac{100}{20} = -5$$

（1）n_1 与 n_3 转向相同时，有 $\dfrac{120 - n_H}{20 - n_H} = -\dfrac{z_3}{z_1} = -\dfrac{100}{20} = -5$，$n_H = 36.67 \text{r/min}$，说明 n_H 与 n_1、n_3 转向相同。

（2）n_1 与 n_3 转向相反时，设 $n_1 = +120 \text{r/min}$，$n_3 = -20 \text{r/min}$，有 $\dfrac{120 - n_H}{-20 - n_H} = -\dfrac{z_3}{z_1} =$

$-\dfrac{100}{20}=-5$，可得 $n_H=3.33\text{r/min}$，说明 n_H 与 n_1 转向相同，与 n_3 转向相反。

【例 8-3】 如图 8-6 所示轮系中，轮 1 为主动件，已知各轮的齿数为 $z_1=100$，$z_2=101$，$z_{2'}=100$，$z_3=99$。（1）试求传动比 i_{H1}；（2）若将 z_3 增加一个齿，求传动比 i_{H1}。

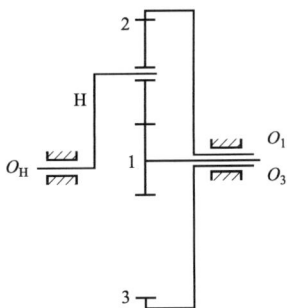

图 8-5 周转轮系 1　　　　图 8-6 周转轮系 2

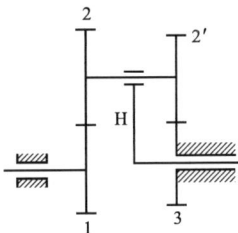

解 （1）该轮系属于平面行星轮系，$n_3=0$，有

$$i_{13}^H=\frac{n_1^H}{n_3^H}=\frac{n_1-n_H}{n_3-n_H}=\frac{n_1-n_H}{0-n_H}=(-1)^2\frac{z_2z_3}{z_1z_{2'}}=\frac{101\times99}{100\times100}$$

由上式，$i_{H1}=\dfrac{n_H}{n_1}=10000$（说明 n_1 与 n_H 转向相同）。

（2）z_3 增加一个齿，即 $z_3=100$，则

$$i_{13}^H=\frac{n_1-n_H}{0-n_H}=(-1)^2\frac{z_2z_3}{z_1z_{2'}}=\frac{101\times100}{100\times100}$$

由上式，$i_{H1}=\dfrac{n_H}{n_1}=-100$（说明 n_1 与 n_H 转向相反）。

由以上计算结果可知，同一结构形式的周转轮系，若轮系中某一齿轮的齿数略有变化，会使传动比发生很大的变化，且转向也会发生变化。即周转轮系中从动轮的转向不仅与原动件的转向有关，而且与各轮的齿数有关，这与定轴轮系是大不一样的。

第三节　混合轮系及其传动比计算

混合轮系由定轴轮系和周转轮系，或由几个基本的周转轮系组成。有周转轮系部分，就不能将整个轮系作为定轴轮系处理；有定轴轮系部分，就不能将整个轮系转化为一个定轴轮系。因为转化后，原来的一个周转轮系虽可转化为一个定轴轮系，但同时也将原来的定轴轮系转化为周转轮系。当混合轮系是由几个周转轮系组成时，因几个转臂的转速各不相等而无法转化为一个定轴轮系，必须转化为几个定轴轮系。因此，计算混合轮系传动比首先要搞清轮系的组成，找出构成混合轮系的各个单一周转轮系和定轴轮系，分别列出其传动比计算式，再联立求解。

分清轮系的关键在于找出各个基本周转轮系。先找出行星轮，即找出那些轴线不固定而绕另一齿轮轴线转动的齿轮；支持行星轮运动的构件就是转臂，注意转臂不一定是简单的杆状；与行星轮相啮合的定轴线齿轮是中心轮。

这些行星轮、转臂和中心轮便组成一个基本的周转轮系。找出各周转轮系后，剩余的便是定轴轮系。因为定轴轮系的所有齿轮轴线都是固定的，所以有时也包括周转轮系里的中心轮在内。

【例 8-4】 如图 8-7 所示的电动卷扬机传动装置，已知各轮齿数，求 i_{15}。

解 在该轮系中，双联齿轮 2-2′的几何轴线是绕着齿轮 1、3 固定轴线回转的，所以是行星轮；支持它运动的构件（卷筒 H）就是转臂；和行星轮相啮合的齿轮 1、3 是两个中心轮。这样齿轮 2-2′、转臂 H 和齿轮 1、3 组成一个单一的周转轮系，剩下的齿轮 5、4、3′则是一个定轴轮系。

齿轮 1、2、2′、3 和 H 组成的单一周转轮系的转化轮系传动比为

$$i_{13}^{H}=\frac{n_1-n_H}{n_3-n_H}=-\frac{z_3 z_2}{z_{2'}z_1}$$

齿轮 5、4 和 3′组成的定轴轮系传动比为

$$i_{3'5}=\frac{n_{3'}}{n_5}=-\frac{z_5}{z_{3'}}$$

以上划分的两个轮系间的联系是：齿轮 3 和 3′为同一构件，转臂 H 和齿轮 5 为同一构件。故 $n_3=n_{3'}$，$n_5=n_H$，可得

$$i_{15}=\frac{n_1}{n_5}=1+\frac{z_3 z_2}{z_{2'}z_1}+\frac{z_5 z_3 z_2}{z_3 z_{2'}z_1}$$

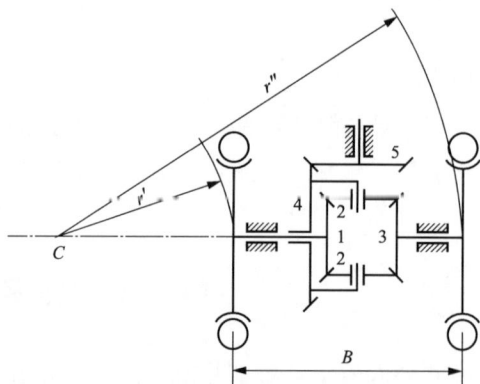

【例 8-5】 如图 8-8 所示的汽车后桥差速器，已知其尺寸和齿轮 5 的转速 n_5，求当汽车走直线和沿半径 r 的弯道转弯时后轴左右两车轮的转速。

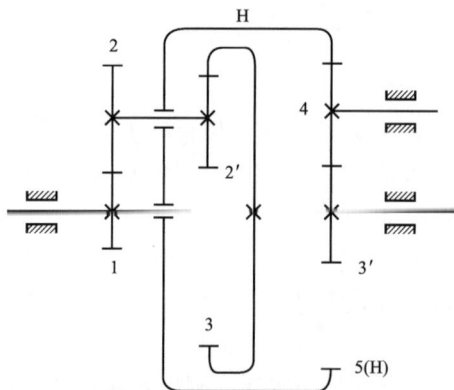

图 8-7 电动卷扬机传动装置   图 8-8 汽车后桥差速器

解 由图分析可知，齿轮 5、4 为定轴轮系，齿轮 1、2、3 和转臂 H 组成单一周转轮系，且齿轮 4 和转臂 H 为同一构件。

由 $i_{54}=\frac{n_5}{n_4}=\frac{z_4}{z_5}$，得 $n_4=\frac{z_5}{z_4}n_5=n_H$

又由 $z_1=z_2=z_3$，故 $i_{13}^{H}=\frac{n_1-n_H}{n_3-n_H}=-\frac{z_3}{z_1}=-1$

可得 $n_4=\frac{n_1+n_3}{2}$ (a)

当汽车直线行驶时，左右两轮所行驶的距离相等，且其直径也相同，所以其转速应相同，即 $n_1 = n_3 = n_4 = \dfrac{z_3}{z_4} n_5$。这时齿轮 1 和 3 之间没有相对运动，它们如同一个整体，共同随齿轮 4 一起转动。

当汽车转弯时，例如绕 P 点向左转，其右轮所行驶的外圈距离大于左轮所行驶的内圈距离，由于两车轮的直径相等而它们和地面间又是纯滚动（不打滑），则右轮转速 n_3 应大于左轮转速 n_1，其关系式应为

$$\frac{n_1}{n_3} = \frac{r-l}{r+l} \tag{b}$$

联立解 (a)、(b) 两式，即得转弯时后轴左右两车轮的转速分别为

$$n_1 = \frac{r-l}{r} n_4 = \frac{r-l}{r} \frac{z_5}{z_4} n_5,$$

$$n_3 = \frac{r+l}{r} n_1 = \frac{r+l}{r} \frac{z_5}{z_1} n_5.$$

🔍 习 题

8-1 在图 8-9 所示的定轴轮系中，已知 $z_1 = 18$，$z_2 = 54$，$z_3 = 28$，$z_4 = 30$，$z_5 = 42$，$z_6 = 48$，$n_1 = 1800 \text{r/min}$，试计算齿轮 5 转速 n_5。

8-2 在图 8-10 所示的轮系中，已知 $z_1 = 18$，$z_2 = 20$，$z_{2'} = 25$，$z_3 = 25$，$z_{3'} = 2$（右），当 a 轴旋转 100 圈时，b 轴转 4.5 圈，求 z_4。

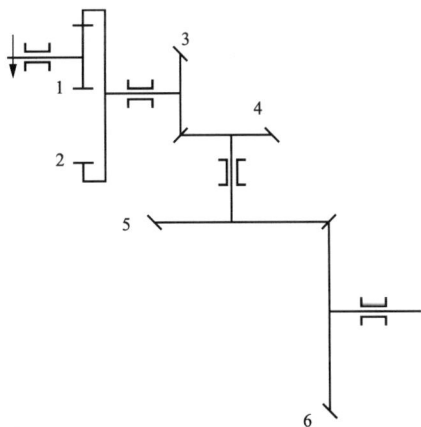

图 8-9 题 8-1 图

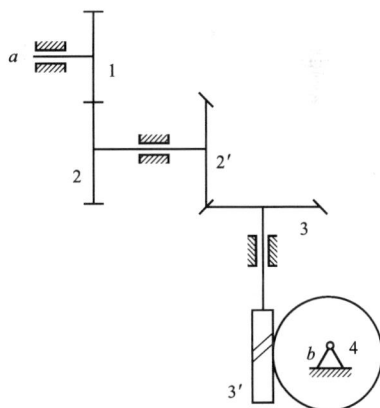

图 8-10 题 8-2 图

8-3 在图 8-11 所示的差动轮系中，已知各齿轮齿数为 $z_1 = 18$，$z_2 = 25$，$z_3 = 72$，当轮 1 和轮 3 的转速分别为 $n_1 = 80 \text{r/min}$，$n_3 = 200 \text{r/min}$，转向如图示。试求系杆的转速 n_H。

8-4 在图 8-12 所示的行星轮系中，已知各齿轮齿数为 $z_1 = 20$，$z_2 = 27$，$z_3 = 70$，当轮 1 的转速为 $n_1 = 200 \text{r/min}$。试求系杆的转速 n_H。

8-5 在图 8-13 所示的卷扬机减速器中，已知各轮的齿数为 $z_1 = 24$，$z_2 = 48$，$z_{2'} = 30$，$z_3 = 60$，$z_{3'} = 20$，$z_4 = 40$，$z_{4'} = 100$，求传动比 i_{1H}。

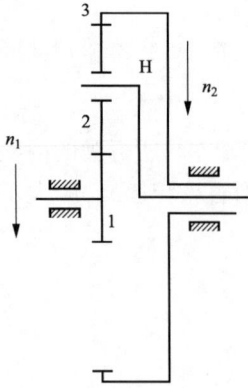

图 8-11 题 8-3 图

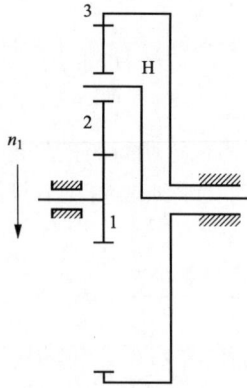

图 8-12 题 8-4 图

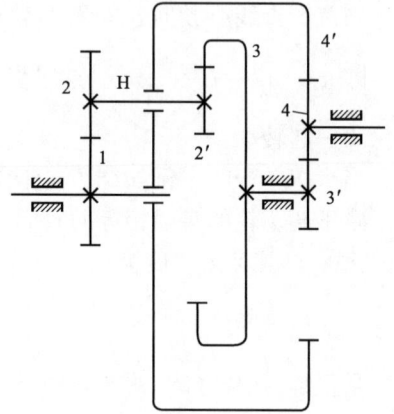

图 8-13 题 8-5 图

第九章　间　歇　运　动　机　构

在许多机器和仪表中，经常要求某些机构的主动件连续工作时，从动件产生周期性的间歇运动，即实现有一定规律的时停、时歇的间歇运动状态。这种能够将主动件的连续运动转换成从动件有规律的运动和停歇的机构称为间歇运动机构。

间歇运动机构广泛应用于自动机床的进给、送料和刀架转位机构，以及食品、印刷、纺织等各类自动生产线上的步进机构、计数装置和许多复杂的轻工机械中。

本章主要介绍几种常用间歇运动机构的工作原理及用途。

第一节　棘　轮　机　构

一、棘轮机构的组成、结构和工作原理

图 9-1 所示为机械传动系统中的棘轮机构，常用的有外啮合和内啮合两种形式。

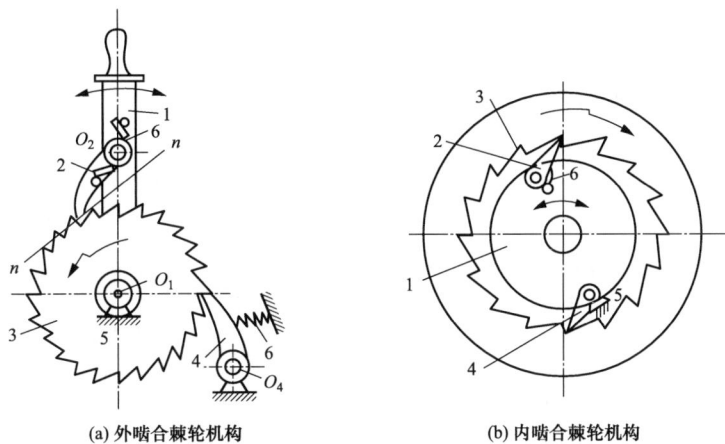

(a) 外啮合棘轮机构　　　　　　(b) 内啮合棘轮机构

图 9-1　棘轮机构

1—主动摆杆；2—主动棘爪；3—棘轮；4—止回棘爪；5—机架；6—弹簧

外啮合棘轮机构主要由主动摆杆 1、主动棘爪 2、棘轮 3、止回棘爪 4、机架 5 等组成，如图 9-1 (a) 所示。主动摆杆 1 空套在机架 5 上，当主动摆杆 1 逆时针摆动时，摆杆上通过回转副铰接的主动棘爪 2 便借助弹簧或自重的作用插入棘轮 3 的齿槽内，推动棘轮同向转过一定角度，此时止回棘爪 4 依靠弹簧 6 与棘轮保持接触并在棘轮的齿背上滑过；当主动摆杆顺时针摆动时，止回棘爪阻止棘轮顺时针方向转动，此时主动棘爪在棘轮的齿背上滑回原位，而棘轮静止不动。这样就将主动摆杆不断的往复摆动转换为从动棘轮的单向间歇转动。

主动摆杆的往复摆动可由连杆机构、凸轮机构、液压传动或电磁装置等来实现。当棘轮的直径无穷大时，棘轮变为棘条，棘轮的单向间歇转动变为棘条的单向间歇移动，如图 9-2 所示。

如果改变主动摆杆的结构形状（见图 9-3），安装两个主动棘爪 2 和 2′，主动摆杆改为绕

O_1 轴摆动，便得到双动式棘轮机构（又称双棘爪机构）。在主动摆杆向两个方向往复摆动时，分别带动两个棘爪沿同一方向两次推动棘轮转动。棘爪的形状可制成直的（见图 9-1）或带钩头的（见图 9-3）。当棘轮轮齿制成方形时，成为可变换转动方向的棘轮机构，图 9-4 所示为可变向棘轮机构。如图 9-4（a）所示的机构，当棘爪 2 在实线位置时，棘轮 3 按逆时针方向做间歇运动；当棘爪 2 在虚线位置时，棘轮 3 按顺时针方向做间歇运动。图 9-4（b）所示为另一种可变向棘轮机构，只需拔出销子，提起棘爪 2 绕自身轴线转 180°放下，即可改变棘轮 3 的间歇转动方向。双向式棘轮机构的齿形一般采用对称齿形。

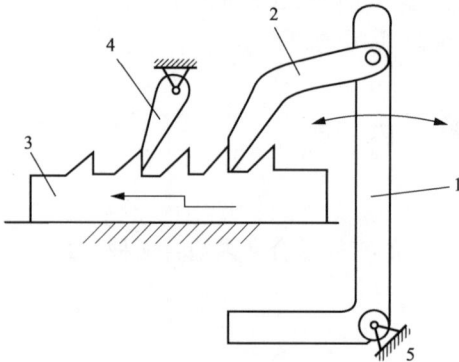

图 9-2 单动式棘轮机构

1—主动摆杆；2—主动棘爪；3—棘条；4—止回棘爪；5—机架

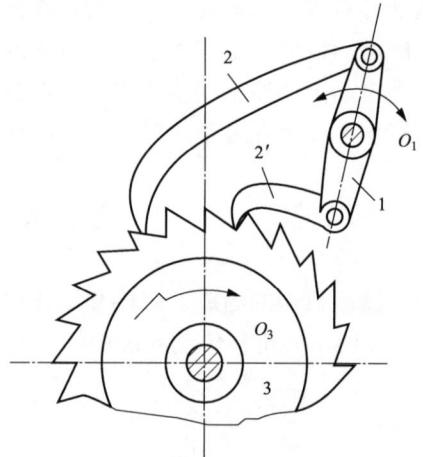

图 9-3 双动式棘轮机构

1—主动摆杆；2、2′—主动棘爪；3—棘轮

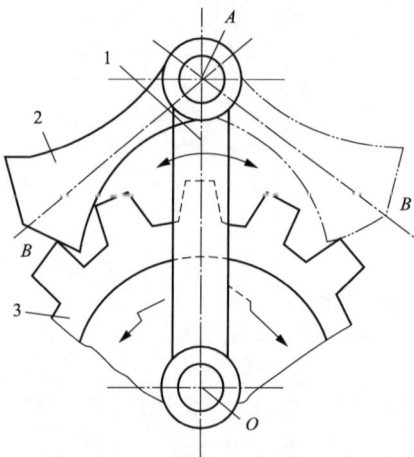

(a) 对称梯形齿形

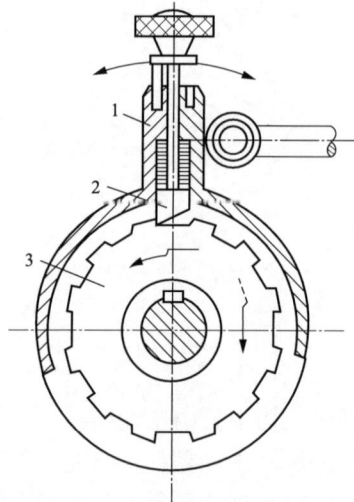

(b) 矩形齿形

图 9-4 可变向棘轮机构

1—主动摆杆；2—棘爪；3—棘轮

除以上介绍的齿式棘轮机构外，还有一种无棘齿的摩擦式棘轮机构，如图 9-5 所示。它以偏心扇形楔块代替齿式棘轮机构中的棘爪，通过棘爪与无齿摩擦轮之间的摩擦力来传递运动，该机构的特点是传动平稳、无噪声。

二、棘轮机构的特点及用途

棘轮机构广泛应用于各类需要实现间歇运动的机构中，但不能传递大的动力。齿式棘轮机构结构简单，制造方便，运动可靠，但棘爪在齿背上滑行引起噪声、冲击和磨损，不宜用于高速的场合。摩擦式棘轮机构传动平稳，无噪声，但其接触表面间容易发生滑动，传动精度不高，适用于低速轻载的场合。

棘轮机构在工程中能满足送进、制动、超越等要求。如图9-6（a）所示为牛头刨床，为了实现工作台的双向间歇送进，由齿轮机构、曲柄摇杆机构和可变向棘轮机构组成了工作台横向进给机构，如图9-6（b）所示。

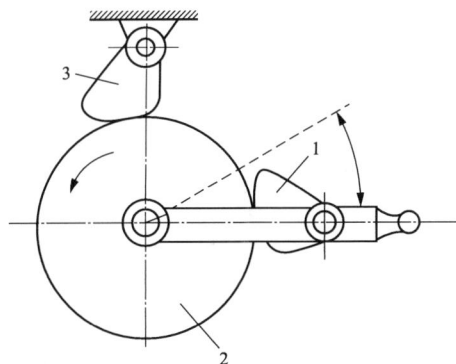

图9-5 摩擦式棘轮机构

1—主动棘爪；2—棘轮；3—止动棘爪

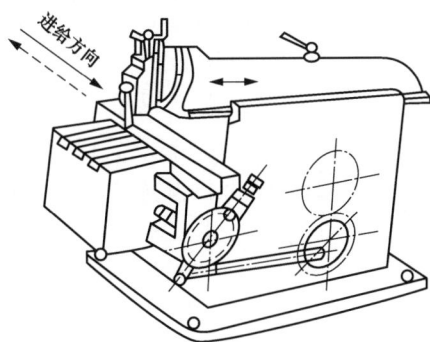

(a) 牛头刨床示意图

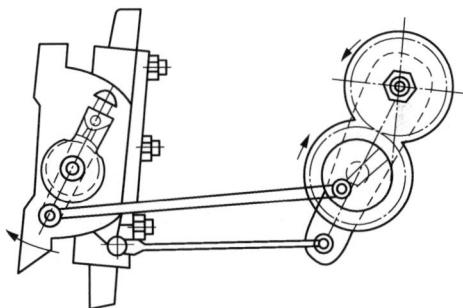

(b) 牛头刨床工作台横向进给机构

图9-6 牛头刨床

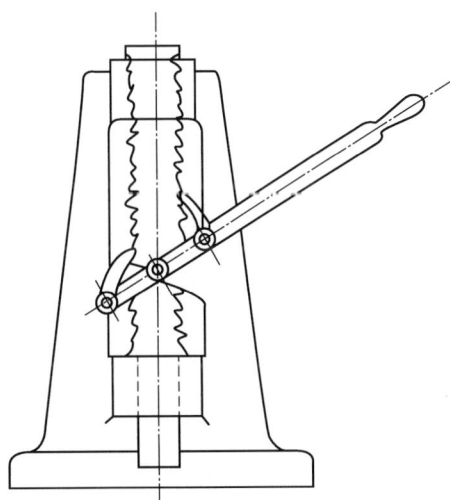

图9-7所示为千斤顶棘条机构。

图9-8所示为卷扬机制动机构。卷筒1、链轮2和棘轮3作为一体，杆4和5调整好角度后紧固为一体，杆5端部与链条导板6铰接。当链条7突然断裂时，链条导板6失去支撑而下摆，使杆4端齿与棘轮3啮合，阻止卷筒逆转，起制动作用。

图9-9所示为手枪盘分度机构，滑块1沿导轨d的上、下移动通过棘爪4和棘轮5的间歇运动传递到手枪盘3上。当滑块1沿导轨d向上运动时，棘爪4使棘轮5转过一个齿距，并使与棘轮固结的手枪盘3绕4轴转过一个角度，此时挡销a上升使棘爪2在弹簧的作用下进入手枪盘3的槽中使盘静止并防止反向转动。当滑块1向下运动时，棘爪4从棘轮5的齿背上滑过，在弹簧力的作用下进入下一个齿槽中，同时挡销a使棘爪2克服弹簧力绕B轴逆时针转动，手枪盘3解脱止动状

图9-7 千斤顶棘条机构

态。

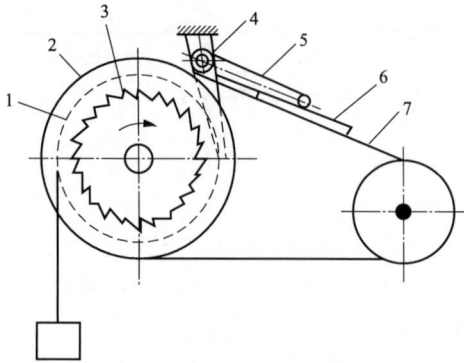

图 9-8 卷扬机制动机构

1—卷筒；2—链轮；3—棘轮；4、5—杆；

6—链条导板；7—链条

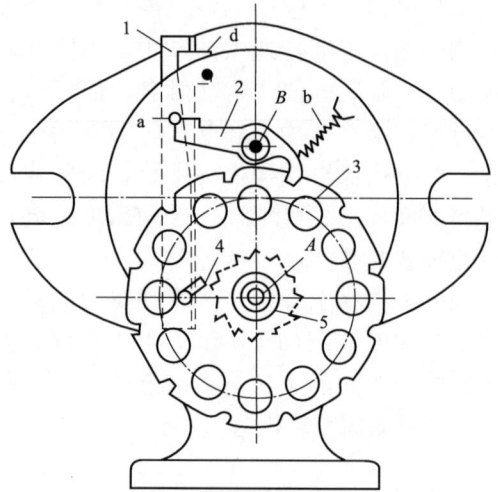

图 9-9 手枪盘分度机构

1—滑块；2、4—棘爪；3—手枪盘；5—棘轮

棘轮机构除常用于实现间歇运动外，还能实现超越运动。图 9-10 所示为自行车后轮轴上的超越式棘轮机构。当脚蹬踏板时，经链轮 1 和链条 2 带动内圈带棘齿链轮 3 顺时针转动，再通过棘爪 4 的作用，使后轮轴 5 顺时针转动，从而驱使自行车前进。自行车前进时，如果令踏板不动，因惯性作用后轮轴 5 便会超越链轮 3 而转动，棘爪 4 在棘轮齿背上滑过，从而实现不蹬踏板的自由滑行。

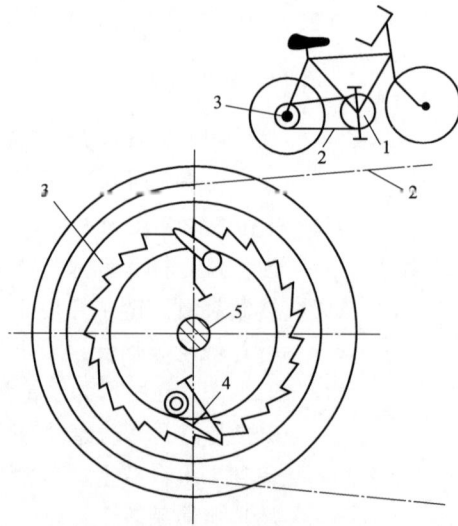

图 9-10 超越式棘轮机构

1—链轮；2—链条；3—带棘齿链轮；4—棘爪；5—后轮轴

图 9-11 所示为钻床中的自动进给机构。它以摩擦式棘轮机构作为传动中的超越离合器，实现自动进给和快慢速进给。由主动蜗杆 1 带动蜗轮 2，通过外环 5 使从动轮 7 和轴 3 与之同向同速转动，实现自动进给；当快速转动手柄 4 时，直接通过轮 7 使轴 3 做超越运动，实

现快速进给。

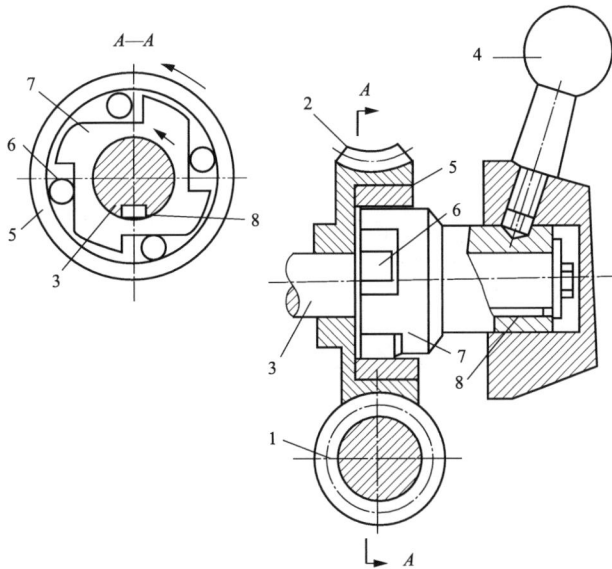

图 9-11　钻床中的自动进给机构

1—主动蜗杆；2—蜗轮；3—轴；4—手柄；5—外环；6—滚柱；7—从动轮；8—键

第二节　槽　轮　机　构

一、槽轮机构的组成结构及工作原理

槽轮机构又称为马耳他机构，如图 9-12 所示。

槽轮机构由带有圆柱销的主动销轮 1、具有径向直槽的从动槽轮 2 及机架组成。主动销轮 1 做匀速连续转动时，驱使从动槽轮 2 做时转时停的间歇运动。当圆柱销 A 尚未进入槽轮 2 的径向槽时，槽轮 2 的内凹锁住弧 β 被销轮 1 的外凸圆弧 α 卡住，使得槽轮静止不动。当圆柱销 A 开始进入径向槽时，α 弧和 β 弧脱开，槽轮在销 A 的驱动下逆时针转动；当圆柱销 A 开始脱离径向槽时，槽轮的另一内凹锁住弧又被销轮 1 的外凸圆弧卡住，致使槽轮又静止不动，直到圆柱销 A 进入槽轮 2 的另一径向槽时，重新开始重复上述运动循环，从而实现从动槽轮的单向间歇转动。

槽轮机构主要分为传递平行轴运动的平面槽轮机构和传递相交轴运动的空间槽轮机构两大类。平面槽轮机构又分为外啮合槽轮机构和内啮合槽轮机构，如图 9-12 和图 9-13 所示。外啮合槽轮机构的主、从动轮转向相反，内啮合槽轮机构的主、从动轮转向相同。

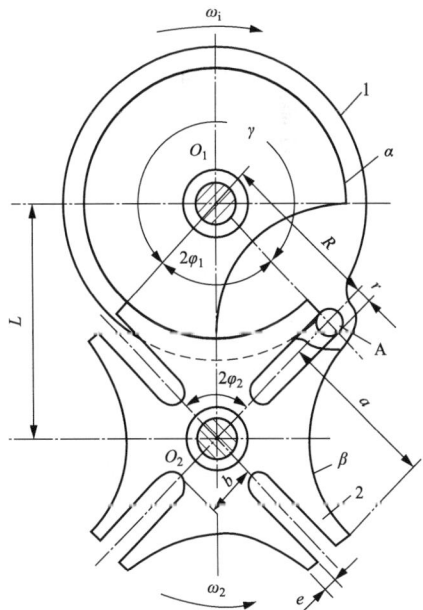

图 9-12　外啮合槽轮机构

1—销轮；2—槽轮

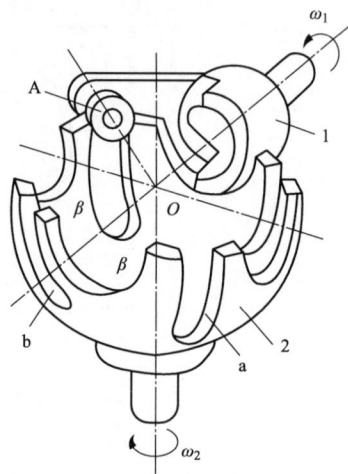

　　图 9-14 所示为空间槽轮机构，从动槽轮 2 为半球状结构，槽和锁止弧均分布在球面上，主动构件（销轮 1）的轴线和销 A 的轴线均与槽轮 2 的回转轴线汇交于槽轮球心 O，故又称为球面槽轮机构。当主动构件（销轮 1）连续回转时，槽轮 2 做间歇转动。

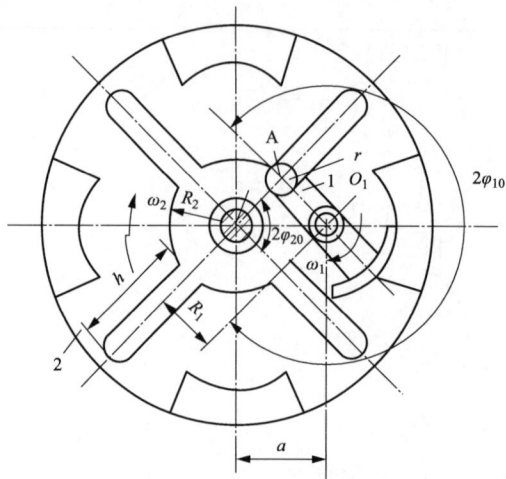

图 9-13　内啮合槽轮机构

1—销轮；2—槽轮

图 9-14　空间槽轮机构

1—销轮；2—槽轮

二、槽轮机构的特点及用途

　　槽轮机构的特点是结构简单，外形尺寸小，工作可靠，制造容易，机械效率高，并能较平稳、准确地进行间歇转位。但在运动过程中的加速度变化较大，冲击较严重，不适用于高速。

　　槽轮机构一般用于转速不高、转角不需要调节的自动机械、轻工机械和仪器仪表中。

　　例如，在电影放映机（见图 9-15）及自动照相机中常用的送片机构，转塔自动车床用作转塔刀架的转位机构等（见图 9-16）。此外也常与其他机构组合，在自动生产线中作为工件传送或转位机构。

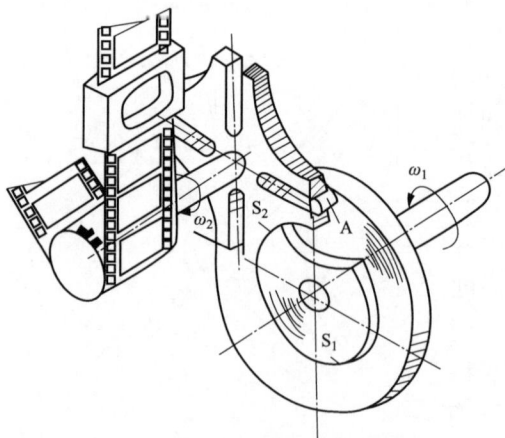

图 9-15　电影放映机送片机构

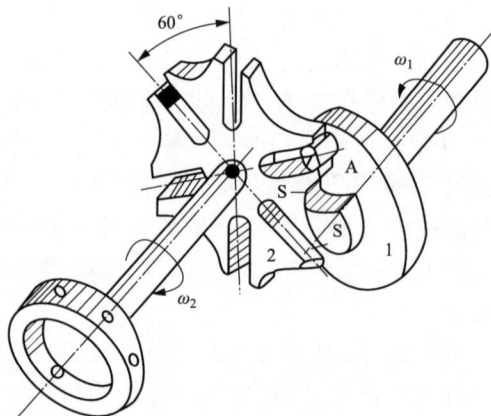

图 9-16　刀架转位机构

第三节　不完全齿轮机构

不完全齿轮机构是由渐开线齿轮机构演变而来的一种间歇机构，这种机构的主动轮是只有一个齿或几个齿的不完全齿轮，而从动轮由正常齿和带锁住弧的厚齿彼此相间地组成。

不完全齿轮机构有外啮合［见图 9-17（a）］、内啮合［见图 9-17（b）］及不完全齿轮齿条机构（见图 9-18）。

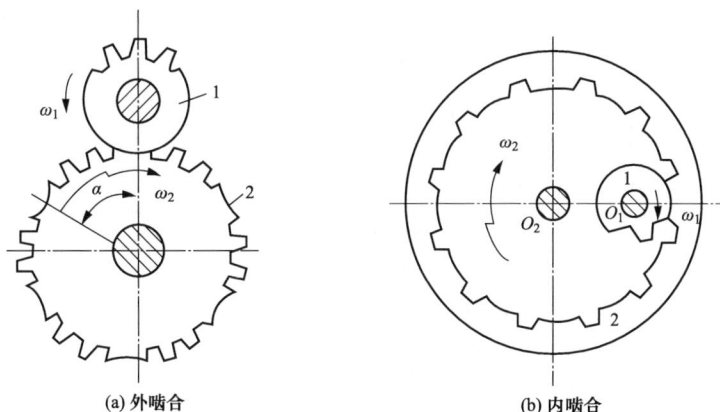

图 9-17　不完全齿轮机构
1—主动轮；2—从动轮

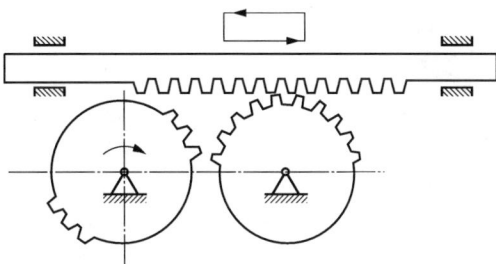

图 9-18　不完全齿轮齿条机构

在不完全齿轮机构中，主动轮 1 连续转动，主、从动轮进入啮合时，主动轮 1 推动从动轮 2 转动，退出啮合时，通过两轮轮缘上各有的凹、凸锁止弧起定位作用，使从动轮 2 可靠停歇，从而获得从动轮时转时停的间歇转动。

图 9-17（a）所示为不完全齿轮机构的工作情况。主动轮 1 上有 3 个轮齿与从动轮上间隔分布的齿槽相啮合，整个轮上有 6 段锁止弧，这样当主动轮转过一周时，从动件所转的角度为 $\alpha = \dfrac{2\pi}{6}$，也就是从动轮间歇地转过六分之一圈。

不完全齿轮机构结构简单，设计灵活，从动轮的运动角范围大，很容易实现一个周期中的多次动、停时间不等的间歇运动。缺点是加工复杂，在进入和退出啮合时会因速度突变产生刚性冲击。不完全齿轮机构不宜用于高速传动，而且主、从动轮不能互换。

不完全齿轮机构常应用于计数器、电影放映机和某些具有特殊运动要求的专用机械中。

在多工位的自动机中，也常用它作为工作台的间歇转位和间歇进给机构。

第四节 凸轮间歇运动机构

凸轮间歇运动机构一般有两种形式，即圆柱凸轮间歇运动机构和蜗杆凸轮间歇运动机构。

一、圆柱凸轮间歇运动机构

圆柱凸轮间歇运动机构由凸轮 1、转盘 2 和机架组成，如图 9-19 所示。凸轮为具有曲线槽的圆柱体，转盘 2 端面上有若干个滚子 3。当凸轮转动时，凸轮曲线槽推动滚子转过一定角度。设凸轮为匀速转动，通过改变曲线槽设计，就可以得到预定运动规律的间歇运动。

二、蜗杆凸轮间歇运动机构

凸轮 1 形似蜗杆，滚子 2 分布在转盘 3 的圆柱面上，形似蜗轮。设凸轮做匀速转动，通过设计不同的凸轮曲线突脊，就可以得到预定运动规律的间歇运动，如图 9-20 所示。

凸轮间歇运动机构运转可靠，传动平稳，转盘可以实现任何运动规律，以适用于高速运转的要求。凸轮间歇运动机构常用于需要间歇转位的分度装置中和要求步进动作的机械中。

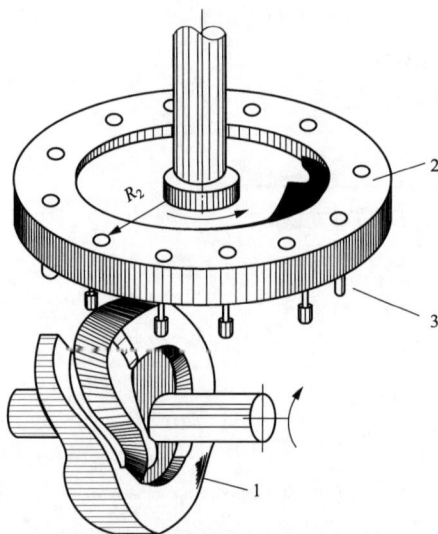

图 9-19　圆柱凸轮间歇运动机构
1—凸轮；2—转盘；3—滚子

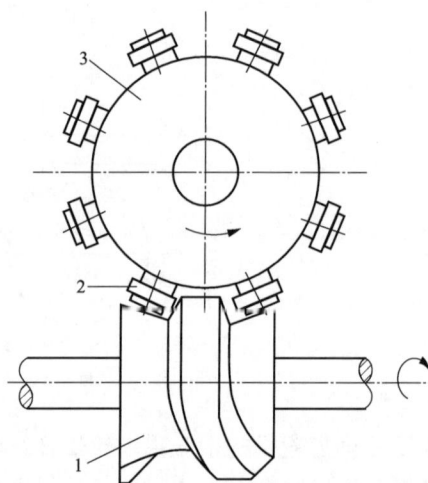

图 9-20　蜗杆凸轮间歇运动机构
1—凸轮；2—滚子；3—转盘

习　题

9-1　间歇运动机构有哪几种结构形式？它们各有何运动特点？

9-2　间歇运动机构的主要用途有哪些？举例说明。

9-3　常用的棘轮机构有哪几种类型？齿式棘轮机构可分为哪几种类型？

9-4　棘轮机构的工作过程是怎样的？可实现怎样的运动转换？

9-5 槽轮机构可分为哪几种类型？

9-6 槽轮机构的工作原理是怎样的？可实现怎样的运动转换？

9-7 棘轮机构的转角是否可调节？槽轮机构的转角是否可调节？

第十章 带 传 动

带传动是用张紧的环形的皮带，套在两根传动轴的皮带轮上，依靠皮带和皮带轮张紧时产生的摩擦力，将一轴的动力传给另一轴。皮带传动可用于两轴（工作机与动力机）之间的大距离传动。在这种场合下，与应用广泛的齿轮传动相比，它们具有结构简单、成本低廉、两轴距离大等优点。因此，带传动是机械中常用的传动。

本章主要介绍 V 带传动的类型、特点、工作原理及其传动设计。

第一节 带传动的类型和应用

根据传动工作原理的不同，带传动可分为摩擦型带传动和啮合型带传动。摩擦型带传动通常由主动轮 1、从动轮 3 和张紧在两轮上的环形带 2 所组成，如图 10-1(a) 所示。安装时，带被张紧在带轮上，这时带所受的拉力称为初拉力，它使带与带轮的接触面间产生正压力。当原动机驱动主动轮回转时，依靠带与带轮接触面间的摩擦力拖动从动轮一起回转，从而传递一定的运动和动力。

啮合型带传动一般也称为同步带传动，它由主动同步带轮、从动同步带轮和套在两轮上的环形同步带组成，如图 10-1(b) 所示。其优点是能缓冲减振，传动平稳，传动比准确而且大，结构紧凑，对轴的工作压力小，工作可靠。其主要缺点是结构复杂，相对成本高，对制造装备要求高。

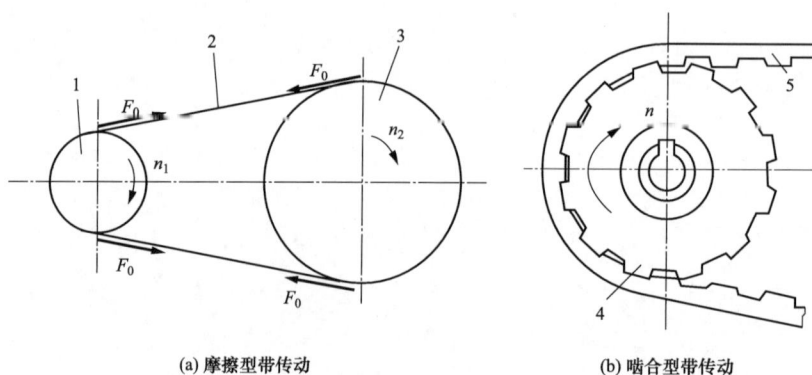

(a) 摩擦型带传动   (b) 啮合型带传动

图 10-1 带传动

1—主动轮；2—环形带；3—从动轮；4—主动同步带轮；5—同步带

摩擦型传动带，按横截面形状可分为平带、V 带和特殊截面带（如多楔带、圆带等）三大类。平带的横截面为扁平矩形，其工作面是与轮面相接触的内表面，见图 10-2(a)。平带传动结构最简单，带轮也容易制造，在传动中心距较大的情况下应用较多。V 带的横截面为等腰梯形，工作时带的环内形表面与轮槽相接触，V 带与轮槽槽底不接触，见图 10-2(b)。由于轮槽的楔形效应，在同样张紧力下，V 带传动比平带传动能产生更大的摩擦力，故具有较大的牵引能力。V带传动还具有允许较大的传动比、结构紧凑、已标准化等优点，因而目前 V 带传动应用最广。多楔带以其扁平部分为基体，下面有几条等距纵向槽，其工作面是带楔的侧面，见图 10-2(c)。这种带兼有平带的弯曲应力小和 V 带的摩擦力大等优点，常用于传递功率较大而结构要求紧凑的场合。其传动比可达 10，带速可达 40m/s。

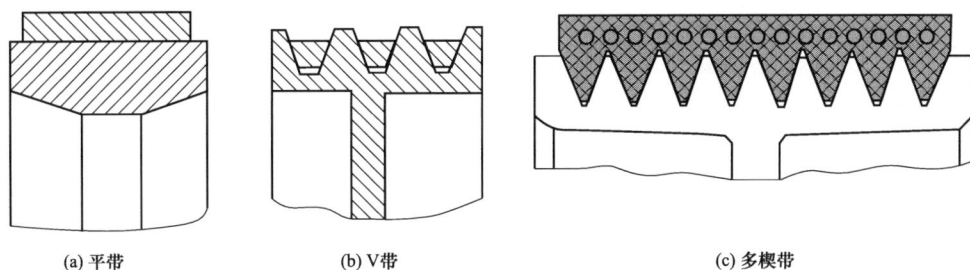

(a) 平带　　　　　　　　(b) V带　　　　　　　　(c) 多楔带

图 10-2　带传动的类型

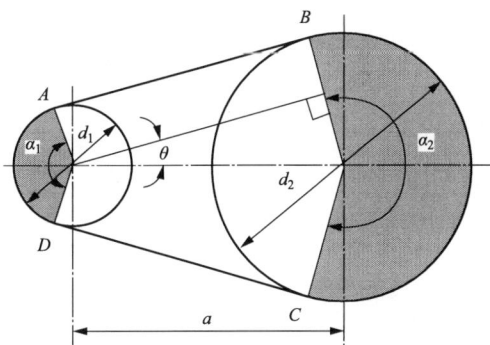

带传动主要应用于两轴平行而且回转方向相同的场合，这种传动称为开口传动。如图 10-3 所示，带传动的主要几何参数有中心距 a、带长 L、大小带轮直径 d_1、d_2 和包角 α。当带处于规定的张紧力时，两带轮轴线间的距离称为中心距 a。带被张紧时，带与带轮接触弧所对应的中心角称为包角 α，相同条件下，包角越大，带的摩擦力和能传递的功率也越大，它是带传动的一个重要参数。

图 10-3　开口传动的几何关系

带轮的包角 $\alpha = \pi \pm 2\theta$，因为 θ 角较小，

$\theta \approx \sin\theta = \dfrac{d_2 - d_1}{2a}$，则

$$\begin{cases} \alpha = \pi \pm \dfrac{d_2 - d_1}{a} \text{rad} \\ a = 180^\circ \pm \dfrac{d_2 - d_1}{a} \times 57.3^\circ \end{cases} \tag{10-1}$$

其中，"＋"适用于计算大带轮包角 α_2，"－"适用于小带轮包角 α_1。

带长

$$L = \overset{\frown}{BC} + \overset{\frown}{AD} + 2AB$$

$$= \frac{d_1 + d_2}{2}\pi + \theta(d_2 - d_1) + 2a\cos\theta \tag{10-2}$$

$$\approx \frac{d_1 + d_2}{2}\pi + \frac{(d_2 - d_1)^2}{4a} + 2a$$

对于 V 带传动，带长 L 应为基准长度 L_d。

带传动的优点：适用于中心距较大的传动；带具有良好的弹性，可缓冲、吸振，传动平稳，噪声小；过载时带与带轮间会出现打滑，可防止其他零件损坏，具有过载保护作用；结

构简单、成本低廉。

　　带传动的缺点：传动的外廓尺寸较大；需要张紧装置，对轴的压力大；由于带的弹性滑动，不能保证传动比固定不变；带的寿命短；传动效率较低。

　　通常，带传动用于中小功率电动机与工作机械之间的动力传递。常用的普通 V 带传动带速 $v=5\sim30\mathrm{m/s}$，传动功率 $P\leqslant100\mathrm{kW}$，传动比 $i\leqslant10$，传动效率 $\eta=0.90\sim0.97$。带传动不适用于大功率传动。

第二节　带传动的工作情况分析

一、带的受力分析

　　如前所述，带必须以一定的初拉力张紧在两带轮上。静止时，带两边的拉力都等于初拉力 F_0，如图 10-4(a) 所示；带传动时，主动轮转动，由于带与轮面间摩擦力的作用，带两边的拉力不再相等，如图 10-4(b) 所示。绕入主动轮的一边，拉力由 F_0 增到 F_1，称为紧边，F_1 为紧边拉力；而另一边带的拉力由 F_0 减为 F_2，称为松边，F_2 为松边拉力。设环形带的总长度不变，则紧边拉力的增加量 F_1-F_0 应等于松边拉力的减少量 F_0-F_2，可得

$$F_0=\frac{1}{2}(F_1+F_2) \tag{10-3}$$

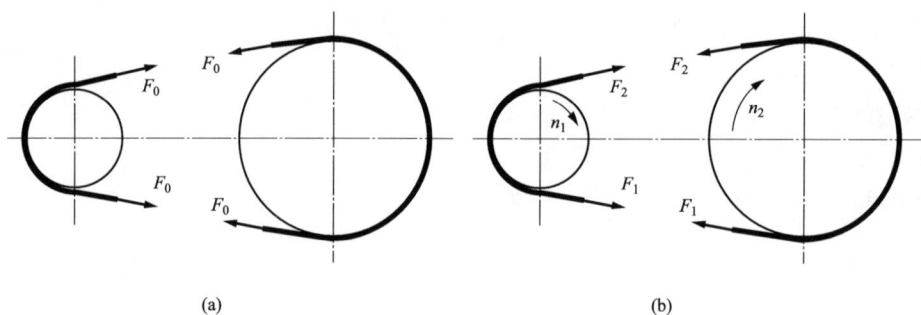

图 10-4　带传动的受力情况

　　两边拉力之差称为带传动的有效拉力，也就是带所传递的圆周力 F，即

$$F=F_1-F_2 \tag{10-4}$$

圆周力 F（单位为 N）、带速 v（单位为 m/s）和传递功率 P（单位为 kW）之间的关系为

$$P=\frac{Fv}{1000} \tag{10-5}$$

　　当带所传递的圆周力超过带与轮面间的极限摩擦力总和时，带与带轮将发生显著的相对滑动，这种现象称为打滑。打滑使带的磨损加剧，传动效率降低，传动失效。

　　现以平带传动为例，分析带在即将打滑时紧边拉力 F_1 与松边拉力 F_2 的关系。如图 10-5所示，由平带上截取一微弧段 $\mathrm{d}l$，对应的包角为 $\mathrm{d}\alpha$。设微弧段两端的拉力分别为 F 和 $F+\mathrm{d}F$，带轮给微弧段的正压力为 $\mathrm{d}F_\mathrm{N}$，带与轮面间的极限摩擦力为 $f\mathrm{d}F_\mathrm{N}$。

　　若不考虑带的离心力，由法向和切向各力的平衡得

$$dF_N = F \sin\frac{d\alpha}{2} + (F + dF)\sin\frac{d\alpha}{2}$$

$$f dF_N = (F + dF)\cos\frac{d\alpha}{2} - F\cos\frac{d\alpha}{2}$$

因 $d\alpha$ 很小，可取 $\sin\dfrac{d\alpha}{2} \approx \dfrac{d\alpha}{2}$，$\cos\dfrac{d\alpha}{2} \approx 1$，并

略去二阶微量 $dF\dfrac{d\alpha}{2}$，可将以上两式化简得

$$dF_N = F d\alpha$$

$$f dF_N = dF$$

由上式可知 $\dfrac{dF}{F} = f d\alpha$

图 10-5　带的受力分析

两边积分 $\displaystyle\int_{F_2}^{F_1}\dfrac{dF}{F} = \int_0^\alpha f d\alpha$ ，即得　　　$\ln\dfrac{F_1}{F_2} = f\alpha$

故紧边和松边的拉力比为　　　　　　　$\dfrac{F_1}{F_2} = e^{f\alpha}$ （10-6）

式中：e 为自然对数的底，e$\approx$2.718；f 为带与轮面间的摩擦系数；α 为带轮的包角，rad。

式（10-6）为挠性体摩擦的欧拉公式。

联解式（10-4）和式（10-6），得

$$F_1 = F\,\frac{e^{f\alpha}}{e^{f\alpha} - 1} \tag{10-7}$$

$$F_2 = F\,\frac{1}{e^{f\alpha} - 1} \tag{10-8}$$

$$F = F_1 - F_2 = F_1\left(1 - \frac{1}{e^{f\alpha}}\right) \tag{10-9}$$

由式（10-9）可知，增大包角 α 和增大摩擦系数 f，都可提高带传动所能传递的圆周力。因小带包角 α_1 小于大带包角 α_2，故计算带传动所能传动的圆周力时，式（10-7）~式（10-9）应取 α_1。

V 带传动与平带传动的初拉力及摩擦系数相等时（即带压向带轮的压力同为 F_Q），它们的法向力 F_N 不相同，如图 10-6 所示。平带的极限摩擦力为 $F_N f = F_Q f$，而 V 带的摩擦力为

$$F_N f = \frac{F_Q}{\sin\dfrac{\varphi}{2}} f = F_Q f_v \tag{10-10}$$

式中：φ 为 V 带轮的轮槽角；f_v 为当量摩擦系数，$f_v = f / \sin\dfrac{\varphi}{2}$。

显然，$f_v > f$，故在相同条件下，V 带能传递较大的功率。或者说，在传递相同功率下，V 带传动的结构更加紧凑。引用当量摩擦系数的概念，以 f_v 代替 f，即可将式（10-7）应用于 V 带传动。

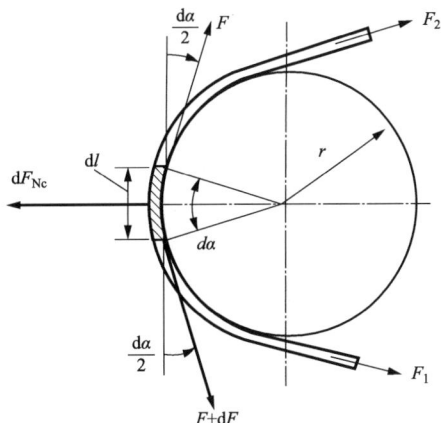

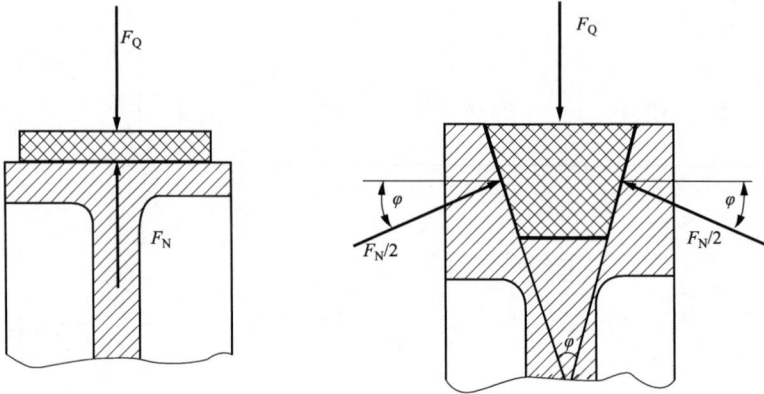

图 10-6　带与带轮间的法向力

二、带的应力分析

带传动时，带中的应力由拉应力、弯曲应力和离心拉应力三部分组成。

1. 拉应力

紧边拉应力
$$\sigma_1 = \frac{F_1}{A} \tag{10-11}$$

松边拉应力
$$\sigma_2 = \frac{F_2}{A} \tag{10-12}$$

式中：A 为带的横截面面积，m^2。

2. 弯曲应力

带绕过带轮时，因弯曲而产生的应力称为弯曲应力，弯曲应力如图 10-7 所示，由材料力学公式求得带的弯曲应力为

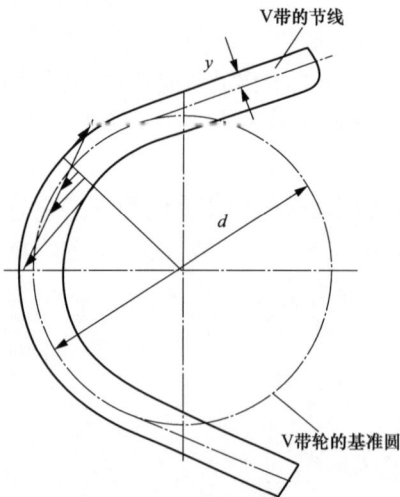

图 10-7　带的弯曲应力

$$\sigma_b = \frac{2yE}{d} \tag{10-13}$$

式中：y 为传动带的中性层到最外层的垂直距离，mm；E 为带的弹性模量，MPa；d 为 V 带轮的基准直径，mm。

显然，两轮直径不相等时，带在小带轮上的弯曲应力 σ_{b1} 大于带在大带轮上的弯曲应力 σ_{b2}。为了避免弯曲应力过大，带轮基准直径 d 就不能过小。

3. 离心拉应力

当带随着带轮做圆周运动时，带自身的质量将引起离心力，并因此在带中产生离心拉力，离心拉力作用于带的全长。由离心拉力而产生的离心拉应力为

$$\mathrm{d}F_{N_c} = (r\,\mathrm{d}\alpha)q\,\frac{v^2}{r} = qv^2\,\mathrm{d}\alpha$$

式中：q 为带每单位长的质量，kg/m；v 为带速，m/s。

设离心力在该微弧段两边引起的拉力 F_c，由微弧段上各力的平衡得

$$2F_c \sin \frac{\mathrm{d}\alpha}{2} = qv^2 \mathrm{d}\alpha$$

取 $\sin \frac{\mathrm{d}\alpha}{2} \approx \frac{\mathrm{d}\alpha}{2}$，则 $F_c = qv^2$，离心力只发生在带做圆周运动的部分，但引起的拉力作用于带的全长。拉应力为

$$\sigma_c = \frac{F_c}{A} = \frac{qv^2}{A} \qquad (10\text{-}14)$$

图 10-8 所示为带的应力分布，其中小带轮为主动轮，带上各截面应力的大小用自该点引出的径向线长度来表示。带是处于变应力状态下工作的，即带每绕两带轮循环一周时，作用在带上某点的应力是变化的。带中可能产生的瞬时最大应力发生在带的紧边开始绕上的小带轮上，其值为

$$\sigma_{\max} = \sigma_1 + \sigma_{b1} + \sigma_c$$

由于交变应力的作用，当应力循环次数达到一定值后，带将产生疲劳破坏，例如脱层、断裂。

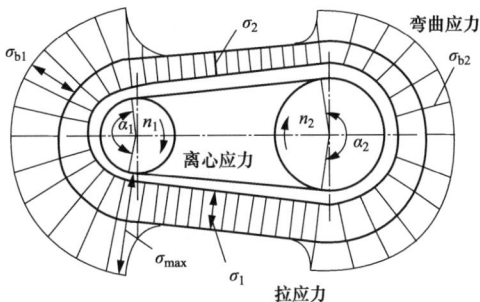

图 10-8　带的应力分布

【例 10-1】　一平带传动，传递功率 $P = 15\mathrm{kW}$，带速 $v = 15\mathrm{m/s}$，带在小带轮上的包角 $\alpha = 170°(2.97\mathrm{rad})$，带的厚度 $\delta = 4.8\mathrm{mm}$，宽度 $b = 100\mathrm{mm}$，带的密度 $\rho = 1 \times 10^{-3} \mathrm{kg/cm^3}$，带和轮面的摩擦系数 $f = 0.3$。试求：（1）传递的圆周力；（2）紧边、松边的拉力；（3）离心力在带中引起的拉力；（4）所需的初拉力；（5）作用在轴上的压力。

解　（1）传递的圆周力

$$F = \frac{1000P}{v} = \frac{1000 \times 15}{15} = 1000(\mathrm{N})$$

（2）紧边、松边的拉力

$$F_1 = F \frac{\mathrm{e}^{f\alpha}}{\mathrm{e}^{f\alpha} - 1} = 1000 \times \frac{\mathrm{e}^{0.3 \times 2.97}}{\mathrm{e}^{0.3 \times 2.97} - 1} = 1694(\mathrm{N})$$

$$F_2 = F \frac{1}{\mathrm{e}^{f\alpha} - 1} = 1000 \times \frac{1}{\mathrm{e}^{0.3 \times 2.97} - 1} = 694(\mathrm{N})$$

（3）离心力引起的拉力。平带单位长度质量为

$$q = 100b\delta\rho = 100 \times 10 \times 0.48 \times 1 \times 10^{-3} = 0.48(\mathrm{kg/m})$$

则离心力所引起的拉力

$$F_c = qv^2 = 0.48 \times 15^2 = 108(\mathrm{N})$$

（4）所需的初拉力。由式（10-3），有

$$F_0 = \frac{1}{2}(F_1 + F_2)$$

带的离心力使带和轮面间的压力减小、传动能力降低，为了补偿这种影响，所需的初拉力应为

$$F_0 = \frac{1}{2}(F_1 + F_2) + F_e = \frac{1}{2} \times (1694 + 694) + 108 = 1302(\mathrm{N})$$

此结果表明，传递圆周力 1000N 时，为了防止打滑所需的初拉力不得小于 1302N。

（5）作用在轴上的压力。如图 10-9 所示，静止时轴上的压力为

$$F_Q = 2F_0 \sin\frac{\alpha_1}{2} = 2 \times 1302 \times \sin\frac{170°}{2} = 2595(\text{N})$$

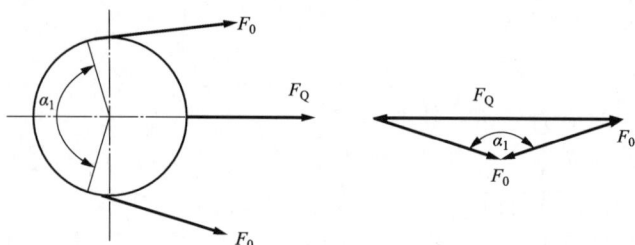

图 10-9　作用在轴上的力

第三节　带传动的弹性滑动、传动比和打滑现象

带传动工作时，带的紧边和松边拉力不相等，使带的两边伸长量也不相等，从而导致带与带轮接触面之间的微量相对滑动。在主动带轮上，带由 A 点运动到 B 点的过程中，带所受拉力由 F_1 逐渐减小到 F_2，带的弹性伸长量相应地逐渐减少。因此，带相对于主动轮向后退缩，使得带的速度低于主动轮的圆周速度。在从动轮上，带由 C 点运动到 D 点的过程中，带所受拉力由 F_2 逐渐增加到 F_1，带的弹性伸长量相应地逐渐增大，因此带相对于从动带轮微微地向前被拉长，使带的速度大于从动轮的圆周速度。轮缘上的箭头表示主、从动轮相对于带的滑动方向，如图 10-10 所示。这种由于带的弹性变形而引起的带与带轮间的微量滑动，称为带的弹性滑动。带传动在工作时，带受到拉力后会产生弹性变形。

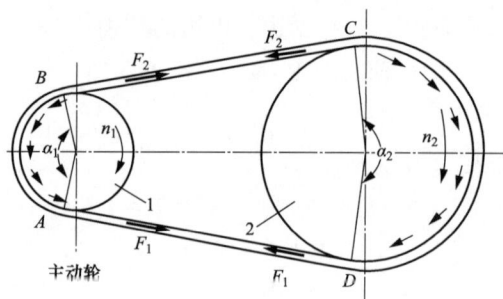

图 10-10　带传动的弹性滑动

弹性滑动的大小，可以用滑动率表示

$$\varepsilon = \frac{v_1 - v_2}{v_1} = \frac{\pi d_1 n_1 - \pi d_2 n_2}{\pi d_1 n_1}$$

式中：v_1 为主动轮的圆周速度，m/s；v_2 为从动轮的圆周速度，m/s。

$$\begin{cases} v_1 = \dfrac{\pi n_1 d_1}{60 \times 1000} \\ v_2 = \dfrac{\pi n_2 d_2}{60 \times 1000} \end{cases} \tag{10-15}$$

其中，d_1、d_2 的单位为 mm；n_1、n_2 的单位为 r/min。

得传动比

$$i = \frac{n_1}{n_2} = \frac{d_2}{d_1(1-\varepsilon)}$$

从动轮转速

$$n_2 = \frac{n_1 d_1 (1-\varepsilon)}{d_2}$$

弹性滑动产生的两个原因：①带是弹性体；②带传动时，紧边和松边存在压力差。

摩擦性带传动是借助于带与带轮之间的摩擦力来传递运动和动力。由于传动过程中带的弹性变形不可避免地存在着弹性滑动现象。

带的弹性滑动将引起如下结果：

（1）从动轮的圆周速度低于主动轮，传动比不准确。

（2）降低了传动效率。

（3）引起带的磨损，使带的使用寿命缩短。

（4）使带的温度升高。

（5）传递同样大的圆周力时，轮廓尺寸和轴上的压力都比啮合传动大。

一般，V带的传动滑动率 $\varepsilon = 0.01 \sim 0.02$，在一般工业传动中可忽略不计。

打滑就是当外载荷所需的有效拉力大于带主动轮缘间的极限摩擦力时，带与带轮之间发生显著的相对滑动。因带在小带轮上的包角较小，故打滑多发生在小带轮上。打滑导致皮带加剧磨损，使从动轮转速降低甚至工作失效，因此，在带传动中应该尽量避免打滑的出现。但是皮带打滑在一些场合也有一定的作用，例如过载保护，即当高速端出现异常（例如异常增速），可以使低速端停止工作，保护相应的传动件及设备。

弹性滑动和打滑是两个截然不同的概念。打滑是指由过载引起的带在带轮上的全面滑动，应当避免。弹性滑动不能避免。

第四节　V带传动的计算

一、V带的标准

V带有普通V带、窄V带、宽V带等类型，其中普通V带应用最广泛，本节主要讨论普通V带。普通V带由顶胶、抗拉体、底胶和包布四部分组成，如图10-11所示。包布由胶帆布制成，起保护作用；顶胶和底胶由弹性好的胶料制成，弯曲时带分别承受拉伸和压缩；抗拉体分为帘芯结构〔见图10-11(a)〕和绳芯结构〔见图10-11(b)〕，承受基本拉伸载荷。帘芯结构制造方便，绳芯结构柔性好，抗弯强度高。为了提高承载能力，经常使用化学纤维绳芯结构的V带。

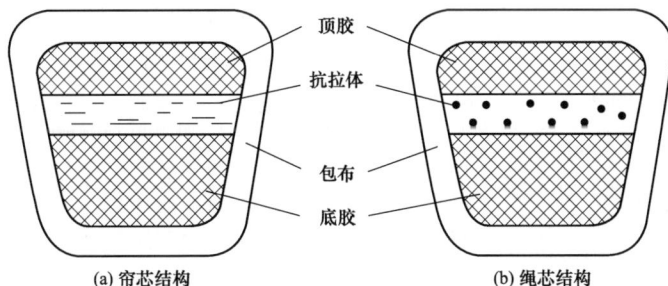

图 10-11　普通V带结构

普通V带已经标准化，根据横截面面积大小的不同，普通V带分为Y、Z、A、B、C、

D、E 七种型号，其截面尺寸见表 10-1。

表 10-1　　　　　　　　普通 V 带的截面尺寸（GB/T 13575.1—2022）

型号	Y	Z	A	B	C	D	E	
顶宽 b(mm)	6	10	13	17	22	32	38	
节宽 b_p(m)	5.3	8.5	11	14	19	27	32	
高度 h(mm)	4.0	6.0	8.0	11	14	19	23	
楔角 φ	40°							
每米带长质量 q(kg/m)	0.023	0.06	0.105	0.17	0.30	0.63	0.97	

二、主要失效形式及设计准则

带传动的主要失效形式有：①带在带轮上打滑，不能传递运动和动力；②带由于疲劳产生脱层、撕裂和拉断；③带的工作面磨损。

故带传动的设计准则是在保证带传动不打滑的前提下，使带具有一定的疲劳强度和寿命。

根据设计准则，欲使带不打滑，则带的有效拉力 F_e 必须满足

$$F_e = 1000\frac{P}{v} \leqslant F_1\left(1 - \frac{1}{e^{f\alpha}}\right) \tag{10-16}$$

欲使带具有一定的疲劳强度，则必须满足下列的强度条件

$$\sigma_{max} = \sigma_1 + \sigma_c + \sigma_{bl} \leqslant [\sigma] \tag{10-17}$$

或

$$\sigma_1 = \frac{F_1}{A} \leqslant [\sigma] - \sigma_c - \sigma_{bl} \tag{10-18}$$

由式（10-16）～式（10-18）可得到单根普通 V 带既不打滑又具有一定疲劳强度的传动功率 P_0，称为带的基本额定功率，有

$$P_0 = \frac{Fv_q}{1000} = \langle[\sigma] - \sigma_c - \sigma_{bl}\rangle\left(1 - \frac{1}{e^{f\alpha}}\right)\frac{Av}{1000} \tag{10-19}$$

单根普通 V 带的基本额定功率 P_0 是通过试验得到的。试验条件：包角 $\alpha_1 = \alpha_2 = 180°$（$i = 1$），特定带长 L_d，应力循环次数为 $10^8 \sim 10^9$，载荷平稳等。P_0 的值见表 10-2。

表 10-2　　　　　　　单根普通 V 带的基本额定功率 P_0　　　　　　　kW

带型	小带轮基准直径 d_1（mm）	小带轮转速 n_1（r/min）						
		400	730	800	980	1200	1450	2800
Z 型	50	0.06	0.09	0.10	0.12	0.14	0.16	0.26
	63	0.08	0.13	0.15	0.18	0.22	0.25	0.41
	71	0.09	0.17	0.20	0.23	0.27	0.31	0.50
	80	0.14	0.20	0.22	0.26	0.30	0.36	0.56
A 型	75	0.26	0.42	0.45	0.52	0.60	0.68	1.00
	90	0.39	0.63	0.68	0.79	0.93	1.07	1.64
	100	0.47	0.77	0.83	0.97	1.14	1.32	2.05
	112	0.56	0.93	1.00	1.18	1.39	1.62	2.51
	125	0.67	1.11	1.19	1.40	1.66	1.93	2.98

带型	小带轮基准直径 d_1（mm）	小带轮转速 n_1（r/min）						
		400	730	800	980	1200	1450	2800
B型	125	0.84	1.34	1.44	1.67	1.93	2.20	2.96
	140	1.05	1.69	1.82	2.13	2.47	2.83	3.85
	160	1.32	2.16	2.32	2.72	3.17	3.64	4.89
	180	1.59	2.61	2.81	3.30	3.85	4.41	5.76
	200	1.85	3.05	3.30	3.86	4.50	5.15	6.43
C型	200	2.41	3.80	4.07	4.66	5.29	5.86	5.01
	224	2.99	4.78	5.12	5.89	6.71	7.47	6.08
	250	3.62	5.82	6.23	7.18	8.21	9.06	6.56
	280	4.32	6.99	7.52	8.65	9.81	10.74	6.13
	315	5.14	8.34	8.92	10.23	11.53	12.48	4.16
	400	7.06	11.52	12.10	13.67	15.04	15.51	—

三、单根 V 带的额定功率及其传动几何尺寸计算

1. 单根 V 带的额定功率计算

在实际的工作条件下，由上述基本额定功率 P_0 加上额定功率增量 ΔP_0 再乘以相应的修正系数得到单根普通 V 带的额定功率 $[P]$。其计算式为

$$[P] = (P_0 + \Delta P_0)K_a K_L \tag{10-20}$$

式中：ΔP_0 为考虑传动比影响时单根普通 V 带的额定功率增量，见表 10-3；K_a 为包角修正系数，见表 10-4；K_L 为带长修正系数，见表 10-5。

表 10-3   **单根普通 V 带的额定功率增量 ΔP_0**

带型	小带轮转速 n_1(r/min)	传动比 i									
		1.00~1.01	1.02~1.04	1.05~1.08	1.09~1.12	1.13~1.18	1.19~1.24	1.25~1.34	1.35~1.51	1.52~1.99	≥2.0
Z型	400	0.00	0.00	0.00	0.00	0.00	0.00	0.00	0.00	0.01	0.01
	730	0.00	0.00	0.00	0.00	0.00	0.00	0.01	0.01	0.01	0.02
	800	0.00	0.00	0.00	0.00	0.01	0.01	0.01	0.01	0.02	0.02
	980	0.00	0.00	0.00	0.01	0.01	0.01	0.01	0.02	0.02	0.02
	1200	0.00	0.00	0.01	0.01	0.01	0.01	0.02	0.02	0.02	0.03
	1450	0.00	0.00	0.01	0.01	0.01	0.02	0.02	0.02	0.02	0.03
	2800	0.00	0.01	0.02	0.02	0.03	0.03	0.03	0.04	0.04	0.04
A型	400	0.00	0.01	0.01	0.02	002	0.03	0.03	0.04	0.04	0.05
	730	0.00	0.01	0.02	0.03	0.04	0.05	0.06	0.07	0.08	0.09
	800	0.00	0.01	0.02	0.03	0.04	0.05	0.06	0.08	0.09	0.10
	980	0.00	0.01	0.03	0.04	0.05	0.06	0.07	0.08	0.10	0.11
	1200	0.00	0.02	0.03	0.05	0.07	0.08	0.10	0.11	0.13	0.15
	1450	0.00	0.02	0.04	0.06	0.08	0.09	0.11	0.13	0.15	0.17
	2800	0.00	0.04	0.08	0.11	0.15	0.19	0.23	0.26	0.30	0.34
B型	400	0.00	0.01	0.03	0.04	0.06	0.07	0.08	0.10	0.11	0.13
	730	0.00	0.02	0.05	0.07	0.10	0.12	0.15	0.17	0.20	0.22
	800	0.00	0.03	0.06	0.08	0.11	0.14	0.17	0.20	0.23	0.25
	980	0.00	0.03	0.07	0.10	0.13	0.17	0.20	0.23	0.26	0.30
	1200	0.00	0.04	0.08	0.13	0.17	0.21	0.25	0.30	0.34	0.38
	1450	0.00	0.05	0.10	0.15	0.20	0.25	0.31	0.36	0.40	0.46
	2800	0.00	0.10	0.20	0.29	0.39	0.49	0.59	0.69	0.79	0.89

续表

带型	小带轮转速 n_1(r/min)	传动比 i								
		1.00~1.01	1.02~1.04	1.05~1.08	1.09~1.12	1.13~1.18	1.19~1.24	1.25~1.34	1.35~1.51	1.52~1.99	≥2.0
C型	400	0.00	0.04	0.08	0.12	0.16	0.20	0.23	0.27	0.31	0.35
	730	0.00	0.07	0.14	0.21	0.27	0.34	0.41	0.48	0.55	0.62
	800	0.00	0.08	0.16	0.23	0.31	0.39	0.47	0.55	0.63	0.71
	980	0.00	0.09	0.19	0.27	0.37	0.47	0.56	0.65	0.74	0.83
	1200	0.00	0.12	0.24	0.35	0.47	0.59	0.70	0.82	0.94	1.06
	1450	0.00	0.14	0.28	0.42	0.58	0.71	0.85	0.99	1.14	1.27
	2800	0.00	0.27	0.55	0.82	1.10	1.37	1.64	1.92	2.19	2.47

表 10-4　　　　　　　　　　　　　包角修正系数 K_α

小带轮包角	180°	175°	170°	165°	160°	155°	150°	145°
K_α	1	0.99	0.98	0.96	0.95	0.93	0.92	0.91
小带轮包角	140°	135°	130°	125°	120°	110°	100°	90°
K_α	0.89	0.88	0.86	0.84	0.82	0.78	0.74	0.69

表 10-5　　　　　　　　　　　　　带长修正系数 K_L

基准长度 L_d(mm)	K_L					基准长度 L_d(mm)	K_L				
	Y	Z	A	B	C		Y	Z	A	B	C
200	081					2000	1.03	0.98	0.88		
224	0.82					2240	1.06	1.00	0.91		
250	0.84					2500	1.09	1.03	0.93		
280	0.87					2800	1.11	1.05	0.95	0.83	
315	0.89					3150	1.13	1.07	0.97	0.86	
355	0.92					3550	1.17	1.10	0.98	0.89	
400	0.96	0.87				4000	1.19	1.13	1.02	0.91	
450	1.00	0.89				4500		1.15	1.04	0.93	0.90
500	1.02	0.91				5000		1.18	1.07	0.96	0.92
560		0.94				5600			1.09	0.98	0.95
630		0.96	0.81			6300			1.12	1.00	0.97
710		0.99	0.82			7100			1.15	1.03	1.00
800		1.00	0.85			8000			1.18	1.06	1.02
900		1.03	0.87	0.81		9000			1.21	1.08	1.05
1000		1.06	0.89	0.84		10000			1.23	1.11	1.07
1120		1.08	0.91	0.86		11200				1.14	1.10
1250		1.11	0.93	0.88		12500				1.17	1.12
1400		1.14	0.96	0.90		14000				1.20	1.15
1600		1.16	0.99	0.93	0.84	16000				1.22	1.18
1800		1.18	1.01	0.95	0.85						

2. 带传动的几何尺寸计算

带传动的几何尺寸如图 10-12 所示。当带弯曲时，带中原长度保持不变的一条周线称为节线，而全部节线所组成的面称为节面，节面的宽度称为节宽，用 b_p 表示；V 带的节面在轮槽内的相应位置的宽度称为轮槽的基准宽度（b_d），$b_d = b_p$，用来表示轮槽的特征值；带轮的基准直径 d_d；带处于规定张紧状态时，两带轮轴线之间的距离为中心距 a；带轮的基准直径上的周线长度称为基准长度 L_d。普通 V 带的基准长度 L_d 见表 10-6。

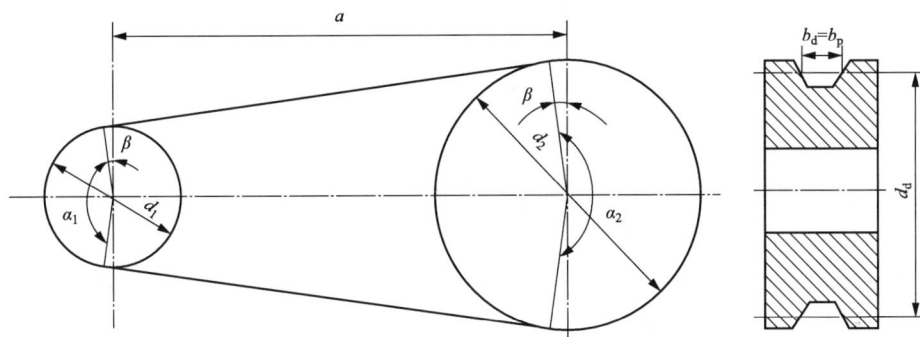

图 10-12　带传动的几何尺寸

表 10-6　　普通 V 带的基准长度 L_d（摘自 GB/T 11544—2012）　　mm

型号						型号					
Z	A	B	C	D	E	Z	A	B	C	D	E
406	630	930	1565	2740	4660	1540	1750	2500	4600	9140	16800
475	700	1000	1760	3100	5040		1940	2700	5380	10700	
530	790	1100	1950	3330	5420		2050	2870	6100	12200	
625	890	1210	2195	3730	6100		2200	3200	6815	13700	
700	990	1370	2420	4080	6850		2300	3600	7600	15200	
780	1100	1560	2715	4620	7650		2480	4060	9100		
920	1250	1760	2880	5400	9150		2700	4430	10700		
1080	1430	1950	3080	6100	12230			4820			
1330	1550	2180	3520	6840	13750			5370			
1420	1640	2300	4060	7620	15280			6070			

由图 10-12 可知

$$L_d = 2a\cos\beta + (\pi - \beta)\frac{d_1}{2} + (\pi + \beta)\frac{d_2}{2} \tag{10-21}$$

其中，$\beta = \sin\beta = \dfrac{d_2 - d_1}{2a}$，$\cos\beta = 1 - 2\sin^2\left(\dfrac{\beta}{2}\right) \approx 1 - \dfrac{\beta^2}{2}$，代入式（10-21），化简得

$$L_d \approx 2a + \frac{\pi}{2}(d_1 + d_2) + \frac{(d_2 - d_1)^2}{4a} \tag{10-22}$$

由式（10-22）可得

$$4a^2 + [\pi(d_1 + d_2) - 2L_d]a + \frac{(d_2 - d_1)^2}{2} \approx 0 \tag{10-23}$$

解得

$$a \approx \frac{1}{8} \times \{2L_d - \pi(d_1 + d_2) + \sqrt{[2L_d - \pi(d_1 + d_2)]^2 - 8(d_2 - d_1)^2}\} \tag{10-24}$$

$$\alpha_1 = 180° - 2\beta\frac{180°}{\pi} \approx 180° - 57.3° \times \frac{d_2 - d_1}{a}$$

$$\alpha_2 = 180° + 2\beta\frac{180°}{\pi} \approx 180° + 57.3° \times \frac{d_2 - d_1}{a}$$

四、V 带传动的设计

1. 原始数据及设计内容

设计 V 带传动给定的原始数据为：传递的功率 P，转速 n_1、n_2（或传动比 i），位置要求及工作情况等。

设计内容包括确定带的型号、长度、根数、传动中心距、带轮直径及结构尺寸等。

2. 设计方法及步骤

(1) 确定计算功率 P_d。计算功率 P_d 是根据传递的功率 P，并考虑到载荷性质及每天运转时间的长短等因素的影响而确定的。

$$P_d = K_A P \tag{10-25}$$

式中：K_A 为工作情况系数，见表 10-7；P 为传递的额定功率，kW。

表 10-7 工况系数 K_A

工况		K_A					
		空，轻载启动			负载启动		
		每天工作小时数（h）					
		<10	10~16	>16	<10	10~16	>16
载荷变动最小	液体搅拌机，通风机和鼓风机（≤7.5kW）、离心式液压泵和压缩机、轻载荷输送机	1.0	1.1	1.2	1.1	1.2	1.3
载荷变动小	带式输送机（不均匀载荷）、通风机（>7.5kW）、旋转式液压泵和压缩机（非离心式）、发电机、印刷机、金属切削机床、旋转筛、锯木机和木工机械	1.1	1.2	1.3	1.2	1.3	1.4
载荷变动较大	制砖机、斗式提升机、往复式液压泵和压缩机、起重机、磨粉机、冲剪机床、振动筛、橡胶机械、纺织机械、重载输送机	1.2	1.3	1.4	1.4	1.5	1.6
载荷变动很大	破碎机（旋转式、颚式等）、磨碎机（球磨、棒磨、管磨）	1.3	1.4	1.5	1.5	1.6	1.8

注　空、轻载启动—电动机（交流启动、三角启动、直流并励），四缸以上的内燃机，装有离心式离合器，液力联轴器的动力机；负载启动—电动机（联机交流启动、直流复励或串励）、四缸以下的内燃机。

对于反复启动、正反转频繁、工作条件恶劣等场合，其 K_A 应乘上 1.2；张紧轮在松边外侧或紧边内侧，K_A 加 0.1，在紧边外侧加 0.2。

(2) 选择带的型号。根据计算功率 P_d、小带轮转速 n_1，由图 10-13 选定带的型号。

（3）确定带轮的直径和带速。小带轮的基准直径 d_1 应根据带的型号，由表 10-8 选取 $d_{d1} \geqslant d_{d\min}$。若 d_{d1} 过小，则带的弯曲应力将过大而导致带的寿命降低。传动比要求精确时，大带轮基准直径依据 $d_{d2} = i d_{d1}(1-\varepsilon) = \dfrac{n_1}{n_2} d_{d1}(1-\varepsilon)$。

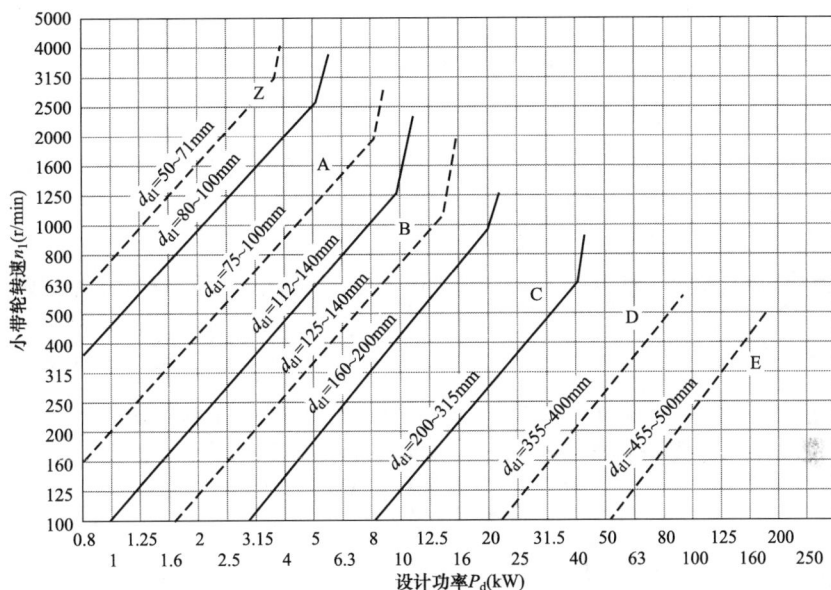

图 10-13　普通 V 带型号选择图

表 10-8　　　　　　　　　　　　**V 带带轮的最小基准直径**

带的型号	Y	Z	A	B	C	D	E
$d_{\min}$	20	50	75	125	200	355	500

注　V 带带轮的基准直径系列：20、22.4、25、28、31.5、35.5、40、45、50、56、63、71、75、80、85、90、95、100、106、112、118、125、132、140、150、160、170、180、200、212、224、236、250、265、280、300、315、335、355、375、400、425、450、475、500、530、560、600、630、670、710、750、800、900、1000。

带速根据式（10-15）计算。如果带速过大，则离心力过大，即应减小 d_1；如果带速过小（如 $v < 5\text{m/s}$），则表示所选 d_1 过小，将使所需的有效拉力 F 过大，所需带的根数 z 过多，因而带轮的宽度、轴径及轴承的尺寸都将随之增大。对于普通 V 带，速度一般应满足 $v = 5 \sim 25\text{m/s}$。

（4）确定中心距 a 和带的基准长度 L_d。如果中心距未给定，可根据传动的结构需要初定中心距 a_0，一般取

$$0.7(d_1 + d_2) \leqslant a_0 \leqslant 2(d_1 + d_2)$$

选定中心距 a_0 后，可算得带长 L 为

$$L = 2a_0 + \frac{\pi}{2}(d_1 + d_2) + \frac{(d_2 - d_1)^2}{4a_0} \tag{10-26}$$

再从带的基准长度中选取和 L 相近的 V 带的基准长度 L_d，见表 10-6。然后根据 L_d 计算带传动的实际中心距 a，有

$$a = A + \sqrt{A^2 - B} \tag{10-27}$$

其中
$$A = \frac{L_d}{4} - \frac{\pi(d_1 + d_2)}{8}, \quad B = \frac{(d_2 - d_1)^2}{8}$$

（5）验算小带轮上的包角 α_1。包角对于两个带轮的大小是不同的，小带轮包角 α_1 小于大带轮包角 α_2，故打滑出现在小带轮上，为避免影响传动能力，应验算小带轮包角 α_1，一般要求 $\alpha_1 \geqslant 120°$（至少大于 90°），即小带轮包角

$$\alpha_1 = 180° - 57.3° \times \frac{d_2 - d_1}{a} \geqslant 120° \tag{10-28}$$

（6）确定带的根数 z。

$$z \geqslant \frac{P_d}{[P]} = \frac{P_d}{(P_0 + \Delta P_0)k_a k_L} \tag{10-29}$$

式中：P_d 为设计功率，kW。

带的根数应进行圆整，通常 $z < 10$。若 z 过大，则应改选带轮基准直径或改选带型，重新计算。

（7）确定带的初拉力 F_0。合适的初拉力是保证带传动正常工作的重要条件。若初拉力过小，摩擦力小，容易发生打滑；若初拉力过大，则带的寿命降低，轴和轴承受力增大。

单根 V 带既能保证传动功率又不出现打滑时最合适的初拉力 F_0 为

$$F_0 = 500 \times \frac{(2.5 - k_a)P_d}{k_a z v} + q v^2 \tag{10-30}$$

（8）作用在轴上的力（简称压轴力）F_Q。为设计安装带轮的轴和轴承，必须先确定带传动作用在轴上的载荷 F_Q。如果不考虑带的两边拉力差，则压轴力可近似计算如下：

$$F_Q \approx 2z F_0 \sin \frac{\alpha_1}{2} \tag{10-31}$$

第五节　V 带轮的结构

一、V 带轮的材料和结构

V 带轮是带传动的重要组成部分，首先应满足强度要求，同时又要重量轻，质量分布均匀，结构工艺性好，轮槽侧面要精细加工，以减小带的磨损。

常用的带轮材料为 HT150 或 HT200。速度较高时，可采用铸钢或钢板冲压后焊接而成。小功率时可用铸铝或塑料。

V 带轮一般由带有轮槽的轮缘、轮辐和轮毂组成。

带轮的结构形式主要有以下几种：直径 d 较小时（$d \leqslant 2.5 d_s$，d_s 为轴的直径），可采用实心式，见图 10-14(a)；$d \leqslant 300\text{mm}$ 时可采用腹板式，见图 10-14(b)；当 $D_1 - d_1 \geqslant 100\text{mm}$ 时，可采用孔板式，见图 10-14(c)；$d > 300\text{mm}$ 时，可采用轮辐式，见图 10-14(d)。

因为普通 V 带两侧面的夹角均为 40°，考虑到带在带轮上弯曲时要产生横向变形，使带的楔角变小，故带轮轮槽角一般规定为 32°、34°、36°、38°。

二、V 带传动的使用和维护

正确地安装、使用和维护带传动，对延长带的使用寿命，保证带传动的正常运行十分重要。

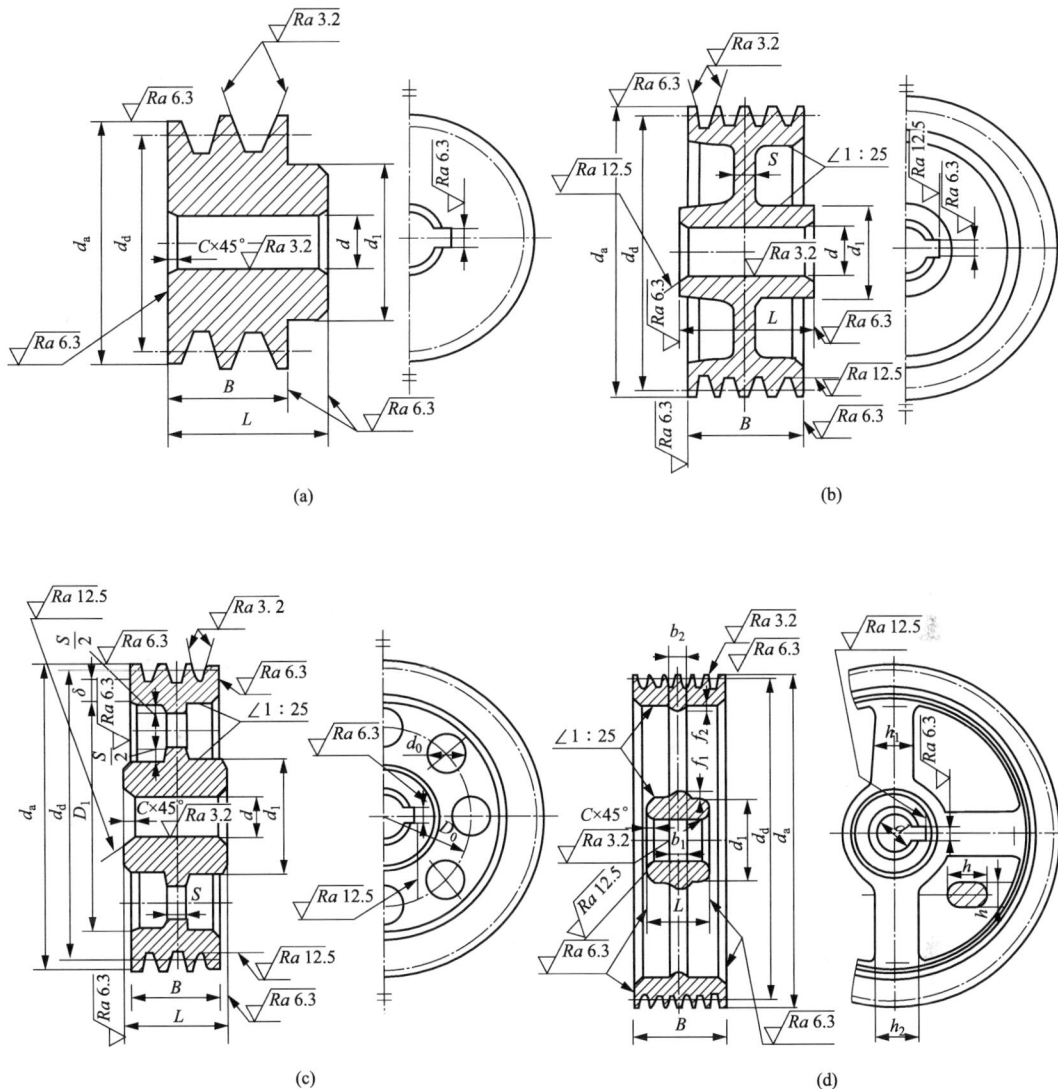

(a)

(b)

(c)

(d)

$d_1=(1.8\sim2)d$，d为轴的直径 $D_0=(D_1+d_1)/2$ $d_0=(0.2\sim0.3)(D_1-d_1)$

$L=(1.5\sim2)d$；当$B<1.5d$时，$L=B$ $h_1=290\sqrt[3]{P/(nz_a)}$

$S=\left(\dfrac{1}{7}-\dfrac{1}{4}\right)B$ $b_1=0.4h_1$ $b_2=0.8b_1$

$h_2=0.81h_1$ $f_1=0.2h_1$ $f_2=0.2h_2$

式中：P为传递的功率，kW；n为带轮的转速，r/min；z_0为轮辐数目。

图 10-14　V 带轮的结构

（1）安装时，应先缩小中心距，再将带装至带轮上，然后再予以调整。

（2）严防带与酸、碱等介质接触，以免变质，应保持带的清洁；同时带也不宜在阳光下暴晒，以免带过早老化。

（3）工作一段时间后，带会产生永久变形，所以使用过程中，当其中的少数带损坏后，不宜用新带更换这少数几根带，混合使用新旧带会加速带的损坏。

（4）各种材质的 V 带都不是完全的弹性体，在张紧力的作用下，经过一定时间的运转后，就会由于塑性变形而松弛，使张紧力降低，因此要重新调整张紧力。

图 10-15 所示为带的定期张紧装置。采用定期改变中心距的方法来调节带的张紧力，使带重新张紧。接近于水平布置的传动，可采用图 10-15(a) 所示的结构，用调节螺钉推移电动机沿滑轨移动张紧；接近于垂直布置的传动，可采用图 10-15(b) 所示的结构，将装有带轮的电动机安装在可调的摆架上。还有一些自动张紧装置，将装有带轮的电动机安装在浮动的摆架上，利用电动机的自重自动张紧，使带保持固定不变的拉力，如图 10-16 所示。另外，若中心距不能调节时，可采用具有张紧轮的传动，将张紧轮压在带上，以保持带的张紧，如图 10-17 所示。

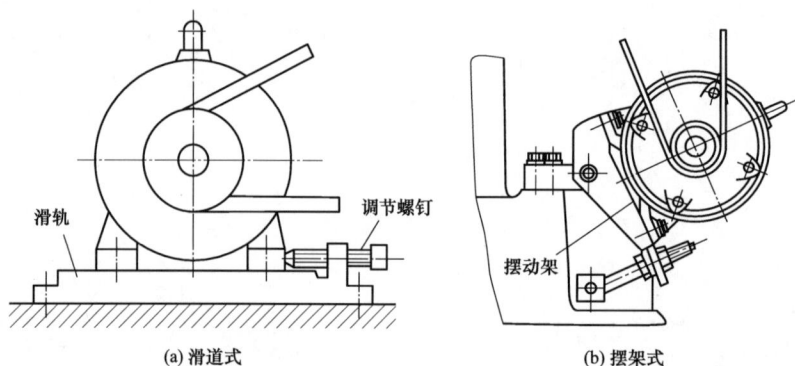

图 10-15　带的定期张紧装置

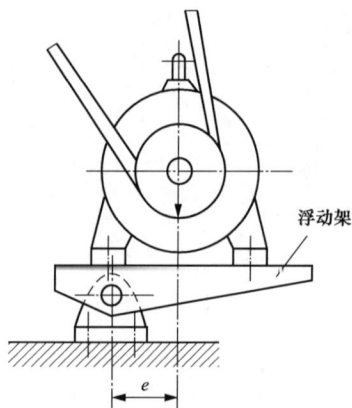

图 10-16　带的自动张紧装置

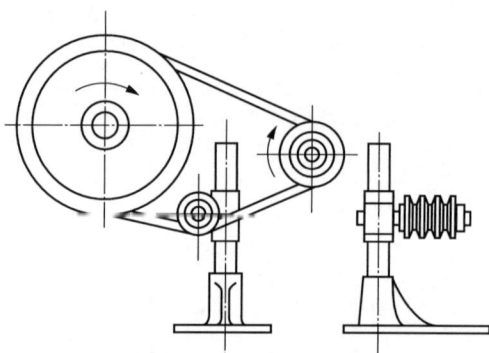

图 10-17　张紧轮张紧装置

【例 10-2】　设计一带式输送机中用的普通 V 带传动。已知 Y100L2—4 异步电动机额定功率 $P=3kW$，满载转速 $n_1=1430r/min$，从动轮转速 $n_2=410r/min$，两班制工作，要求中心距 $a \leqslant 600mm$。

解　(1) 计算设计功率 P_d。由表 10-7 查得 $K_A=1.2$，故

$$P_d=K_A P=1.2 \times 3kW=3.6kW$$

(2) 选择带型。根据 $P_d=3.6kW$，$n_1=1430r/min$，由图 10-13 初步选用 A 型。

(3) 确定带轮基准直径 d_{d1} 和 d_{d2} 和带速。由表 10-8 取 $d_{d1}=100mm$，则

$$d_{d2}=i d_{d1} \times (1-\varepsilon)=\frac{n_1}{n_2} d_{d1} \times (1-\varepsilon)=\frac{1430}{410} \times (1-0.02) \times 100=341.8(mm)$$

$$v = \frac{\pi n_1 d_1}{60 \times 1000} = \frac{\pi \times 100 \times 1430}{60 \times 1000} = 7.48 (\text{m/s})$$

带速在 $5 \sim 25 \text{m/s}$ 范围内，合适。

（4）确定中心距 a 和带的基准长度 L_d。符合 $0.7(d_1 + d_2) \leqslant a_0 \leqslant 2(d_1 + d_2)$，选定初选中心距 $a_0 = 450 \text{mm}$ 后，根据式（10-26）算得带长

$$L_{d0} = 2a_0 + \frac{\pi}{2}(d_1 + d_2) + \frac{(d_2 - d_1)^2}{4a_0}$$

$$= 2 \times 450 + \frac{3.14}{2} \times (100 + 355) + \frac{(355 - 100)^2}{4 \times 450} = 1650.5 (\text{mm})$$

由表 10-6 对 A 型带选用基准长度 $L_d = 1750 \text{mm}$，根据式（10-27）计算实际中心距

$$A = \frac{L_d}{4} - \frac{\pi(d_1 + d_2)}{8} = \frac{1750}{4} - \frac{3.14 \times (100 + 355)}{8} = 258.9 (\text{mm})$$

$$B = \frac{(d_2 - d_1)^2}{8} = \frac{(355 - 100)^2}{8} = 8128.1 (\text{mm})$$

$$a = A + \sqrt{A^2 - B} = 258.9 + \sqrt{258.9^2 - 8128.1} = 501.6 (\text{mm})$$

取 $a = 500 \text{mm}$。

（5）验算包角。小带轮包角

$$\alpha_1 = 180° - 57.3° \times \frac{d_2 - d_1}{a} = 180° - 57.3° \times \frac{355 - 100}{500} \approx 150.8° \geqslant 120°$$

包角合适。

（6）确定带的根数 z。因 $d_1 = 100 \text{mm}$，$i = \frac{d_2}{d_1(1-\varepsilon)} = \frac{355}{100 \times (1 - 0.02)} \approx 3.62$，$n_1 = 1430 \text{r/min}$ 查表 10-13 并插值得 $P_0 = 1.31 \text{kW}$；查表 10-3 并插值得 $\Delta P_0 = 0.17 \text{kW}$；因 $\alpha_1 = 150.8°$，查表 10-4 并插值得 $K_\alpha = 0.92$；因 $L_d = 1750 \text{mm}$，查表 10-5 并插值得 $K_L = 1.01$。

由式（10-29），得

$$z \geqslant \frac{P_d}{[P]} = \frac{P_d}{(P_0 + \Delta P_0)K_\alpha K_L} = \frac{3.6}{(1.31 + 0.17) \times 0.92 \times 1.01} = 2.6$$

取 $z = 3$ 根。

（7）确定初拉力 F_0。前面已计算得到 $v = 7.48 \text{m/s}$，由式（10-30）得单根 V 带的初拉力

$$F_0 = 500 \times \frac{(2.5 - K_\alpha)P_d}{K_\alpha z v} + q v^2$$

$$= 500 \times \frac{(2.5 - 0.92) \times 3.6}{0.92 \times 3 \times 7.48} + 0.11 \times 7.48^2 = 143.9 (\text{N})$$

（8）计算压轴力 F_Q。由式（10-31）得压轴力

$$F_Q \approx 2 \times 3 \times 143.9 \sin \frac{150.8°}{2} = 835.4 (\text{N})$$

（9）带传动的结构设计（略）。

习 题

10-1 试从产生原因、对带传动的影响、能否避免等几个方面说明弹性滑动与打滑的区

别，打滑先发生在大带轮上还是小带轮上。

10-2 带在传动中产生哪几种应力？最大应力出现在什么位置？

10-3 带传动中，在什么情况下需采用张紧轮？张紧轮布置在什么位置较为合理？

10-4 为了避免打滑，将 V 带轮槽面加工粗糙些以增大摩擦力，是否可行？为什么？

10-5 增大初拉力可以增加带传动的有效拉力，但带传动中一般并不采用增大初拉力的方法来提高带的传动能力，而是把初拉力控制在一定的数值上，为什么？

10-6 多根 V 带传动时，若发现一根 V 带已坏，应如何处置？

10-7 带传动的小带轮的基准直径 $d_{d1}=100$mm，大带轮的基准直径 $d_{d2}=400$mm。若主动小带轮转速 $n_1=600$r/min，V 带传动的滑动率 $\varepsilon=2\%$，求从动大带轮的转速 n_2。

10-8 已知一普通 V 带传动，$n_1=1460$r/min，主动轮 $d_{d1}=180$mm，从动轮转速 $n_2=650$r/min，传动中心距 $a\approx800$mm，工作有轻微振动，每天工作 16h，采用三根 B 型带，试求能传递的最大功率。若为使结构紧凑，改取 $d_{d1}=125$mm，$a\approx400$mm，问带所能传递的功率比原设计降低多少？

10-9 试设计一鼓风机使用的普通 V 带传动。已知电动机功率 $P=7.5$kW，$n_1=970$r/min，从动轮转速 $n_2=330$r/min，允许传动误差±5%，工作时有轻度冲击，两班制工作，试设计此带传动并绘制带轮的工作图。

10-10 已知某工厂所用小型离心通风机的 V 带传动，电动机为 Y132S—4，额定功率 $P=5.5$kW，转速 $n_1=1440$r/min，测得 V 带的顶宽 $b=13$mm，高度 $h=8$mm，小带轮的外径 $d_{a1}=146$mm，大带轮外径 $d_{a2}=321$mm，中心距 $a=600$mm。试求：(1) V 带型号；(2) 带轮的基准直径 d_{d1}、d_{d2}；(3) V 带的基准长度 L_d；(4) 带速 v；(5) 小带轮包角 α_1；(6) 单根 V 带的许用功率 $[P_1]$。

第十一章　连　　接

机械是由许多零件以一定方式连接而成的。按照拆开的情况不同，连接可以分为两大类。当拆开时不需要损坏任何零件的连接称为可拆连接，例如螺纹连接、键连接、销连接、楔连接等；当拆开时至少要损坏连接中的某一部分的连接称为不可拆连接，例如焊接、铆接、胶接等。

第一节　机械制造常用螺纹

一、螺纹的形成

如图 11-1 所示，将一倾斜角为 λ 的直线绕在圆柱体上就形成一条螺旋线。取一平面图形，例如三角形、矩形、梯形、锯齿形等，使其沿螺旋线运动（运动时保持图形平面通过圆柱体的轴线），其在空间的轨迹即为螺纹。按平面图形的形状，相应可得三角形、矩形、梯形、锯齿形螺纹等。

在圆柱表面上形成的螺纹称为外螺纹，例如螺栓的螺纹；在圆柱孔内壁上形成的螺纹，称为内螺纹，例如螺母的螺纹。

按螺纹的绕行方向，螺纹可分为右旋［见图 11-2(a)、(c)］和左旋［见图 11-2(b)］螺纹，常用的是右旋螺纹。

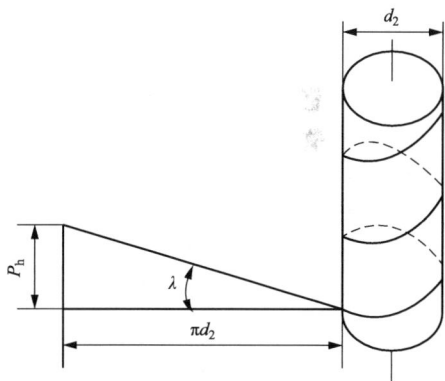

图 11-1　螺旋线的形成

按照螺旋线的数目，螺纹还分为单线螺纹［见图 11-2(a)］、双线螺纹［见图 11-2(b)］和三线螺纹［见图 11-2(c)］等。从便于制造考虑，一般不采用四线以上的螺纹。

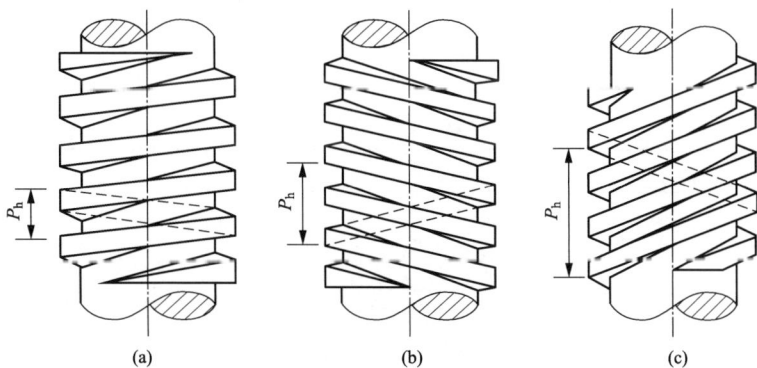

图 11-2　不同旋向和线数的螺纹

二、螺纹的参数

现以圆柱螺纹为例说明螺纹的主要参数（见图 11-3）。

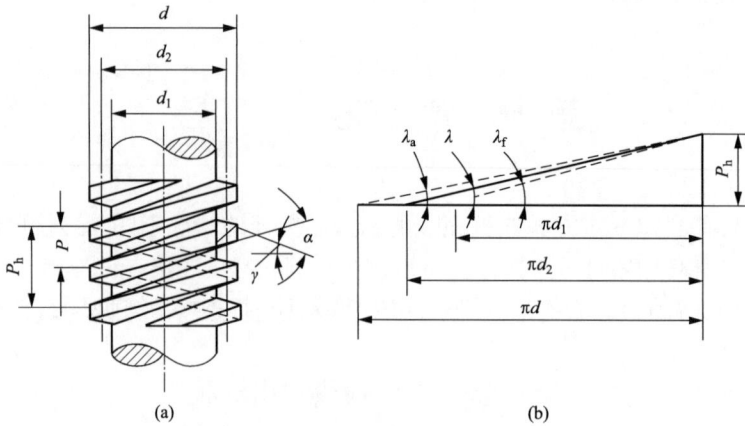

图 11-3 螺纹的主要参数

（1）大径 $d(D)$。与外螺纹牙顶（或内螺纹牙底）相切的圆柱体的直径称为大径，通常定为螺纹的公称直径。

（2）小径 $d_1(D_1)$。与外螺纹牙底（或内螺纹牙顶）相切的圆柱体的直径称为小径。

（3）中径 $d_2(D_2)$。处于大径和小径之间的一个假想圆柱面的直径称为中径。在该圆柱的母线上螺纹牙厚度与牙槽宽度相等。

（4）螺距 P。相邻两螺纹牙上对应点之间的轴向距离称为螺距。

（5）导程 P_h。螺纹上任一点沿螺旋线绕一周所移过的轴向距离称为导程，$P_h = zP$，z 为螺纹的线数。

（6）升角 λ。螺旋线的切线与垂直于螺纹轴线的平面之间的夹角称为升角。在螺纹的不同直径处，螺纹升角是不同的〔见图 11-3（b）〕。通常是用中径处的升角 λ 表示如下：

$$\tan\lambda = \frac{P}{\pi d_2} \tag{11-1}$$

（7）牙型角 α。在螺纹轴线平面内螺纹牙两侧面的夹角称为牙型角。螺纹牙侧边与螺纹轴线的垂线间的夹角称为牙型斜角 γ。

常用螺纹见表 11-1，前两种螺纹主要用于连接，后三种主要用于传动，除矩形螺纹外，都已标准化。

表 11-1   **常 用 螺 纹**

类型	牙型图	特点和应用
普通螺纹		牙型角 $\alpha = 60°$。牙根较厚，牙根强度较高。当量摩擦系数较大，主要用于连接。同一公称直径按螺距 P 的大小分粗牙和细牙。一般情况下用粗牙；薄壁零件或受动载荷的连接常用细牙

续表

类型	牙型图	特点和应用
圆柱管螺纹		牙型角 $\alpha=55°$。螺纹尺寸代号用管子公称孔径英寸数值表示。多用于压力在 1.57MPa 以下的管子连接
矩形螺纹		螺纹牙的剖面通常为正方形，牙厚为螺距的一半，尚未标准化。牙根强度较低，难于精确加工，磨损后间隙难以补偿，对中精度低。当量摩擦系数最小，效率较其他螺纹高，故用于传动
梯形螺纹		牙型角 $\alpha=30°$。效率比矩形螺纹低，但可避免矩形螺纹的缺点。广泛用于传动
锯齿形螺纹		工作面的牙型斜角 $\gamma=3°$，非工作面的牙型斜角 $\gamma=30°$，兼有矩形螺纹效率高和梯形螺纹牙根强度高的优点，但只能用于单向受力的传动

标准粗牙普通螺纹的基本尺寸见表 11-2。

表 11-2   **标准粗牙普通螺纹的基本尺寸**   mm

公称直径（大径）d	螺距 P	中径 d_2	小径 d_1
6	1	5.350	4.918
8	1.25	7.188	6.647
10	1.5	9.026	8.376
12	1.75	10.863	10.106
16	2	14.701	13.835
20	2.5	18.376	17.294

公称直径（大径）d	螺距 P	中径 d_2	小径 d_1
24	3	22.051	20.752
30	3.5	27.727	26.211
36	4	33.402	31.670

注　粗牙普通螺纹的代号用"M"及"公称直径"表示，例如大径 $d=20$mm 的粗牙普通螺纹的代号为 M20。

第二节　螺纹连接的基本类型

一、螺纹连接的基本类型

1. 螺栓连接

螺栓连接［见图 11-4(a)、(b)］是利用螺栓穿过被连接件的孔，拧上螺母，将被连接件连成一体。螺母与被连接件之间常放置垫圈。这种连接由于不需要加工螺纹孔，比较方便，广泛用于被连接件不太厚，并能从连接两边进行装配的场合，通常采用如图 11-4(a) 所示的结构。当需要借助螺栓杆承受横向载荷或固定两被连接件的相对位置时，则采用图 (b) 所示铰制孔用螺栓连接。此时，孔与螺栓多采用过渡配合。

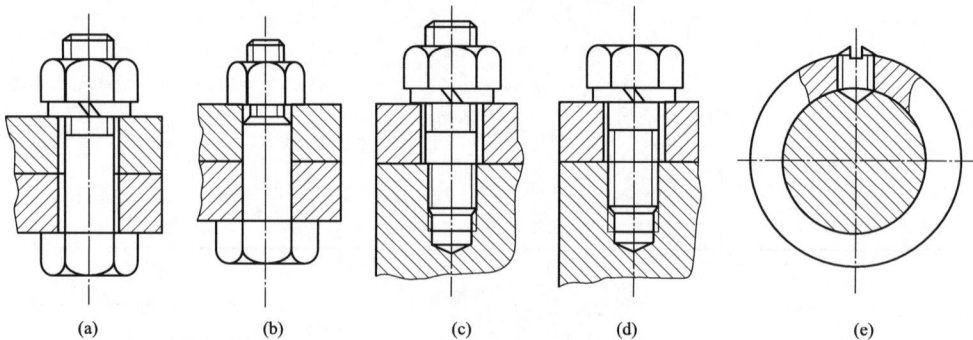

| (a) | (b) | (c) | (d) | (e) |

图 11 4　螺纹连接的基本类型

2. 双头螺柱连接

双头螺柱连接［见图 11-4(c)］是将螺柱一端旋紧在一被连接件的螺纹孔内，另一端穿过另一被连接件的孔，旋上螺母将被连接件连成一体。这种连接用于被连接件之一太厚不便穿孔，且需经常装拆或结构上受限制不能采用螺栓连接的场合。

3. 螺钉连接

螺钉连接如图 11-4(d) 所示，不用螺母，而是直接将螺钉拧入被连接件之一的螺纹孔内。螺钉连接也用于被连接件之一较厚的场合，由于常常装拆很容易使螺纹孔损坏，故宜用在不经常装拆的场合。

4. 紧定螺钉连接

紧定螺钉连接如图 11-4(e) 所示，是利用紧定螺钉旋入一零件，并以其末端顶紧另一零件来固定两零件之间的相互位置，可传递不大的力和转矩，多用于轴与轴上零件的连接。

二、螺纹连接件

螺纹连接件的种类很多，其结构形式和尺寸都已标准化，可根据有关标准选用。螺栓、螺钉、螺母等分为 A、B、C 三个产品等级，A 级精度最高，C 级最低。

1. 螺栓

螺栓杆部可制出一段螺纹或全螺纹，螺纹可用粗牙或细牙。六角头螺栓应用最广，常用六角头螺栓的基本尺寸见表 11-3。

表 11-3 六角头螺栓的基本尺寸

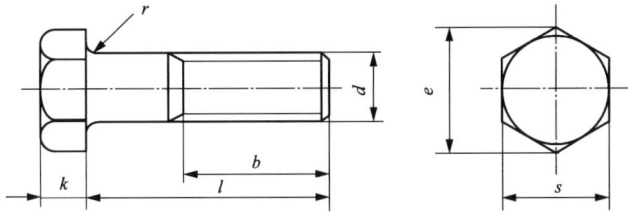

d		8	10	12	16	20	24	30	36
s		13	16	18	24	30	36	46	55
k		5.3	6.4	7.5	10	12.5	15	18.7	22.5
e		14.2	17.59	19.85	26.17	32.95	39.55	50.85	60.79
r		0.4	0.4	0.6	0.6	0.8	0.8	1	1
l		40~80	45~100	50~120	60~160	80~200	90~240	110~300	140~360
b	$l \leqslant 125$	22	26	30	38	46	54	66	78
	$125 < l \leqslant 200$	28	32	36	44	52	60	72	84
	$l > 200$				57	65	73	85	97
l 系列		30，35，40，45，50，(55)，60，(65)，70~160（10 进位），180~360（20 进位）（尽量不采用括号内规格）							

2. 双头螺柱

双头螺柱两端均制有螺纹［见图 11-4(c)］，两端螺纹可相同或不同，例如一端为粗牙，另一端为细牙。

3. 地脚螺栓

地脚螺栓是将机座固定在地基上的一种特殊螺栓，图 11-5 所示为其常见结构。

4. 螺钉

螺钉的头部有多种形式，如图 11-6 所示。头部的起子槽有一字槽、十字槽、内六角槽等。十字槽螺钉拧紧时对中性好，十字槽不易损坏，安装效率高。紧定螺钉的头部和末端都有多种形式，图 11-7 所示为几种常见末端形状。

5. 螺母

螺母有六角螺母、方螺母、圆螺母等多种，应用最多的是六角螺母。

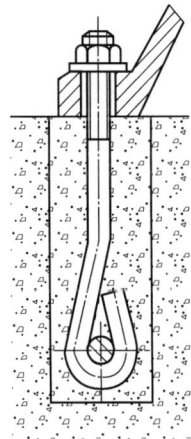

图 11-5　地脚螺栓

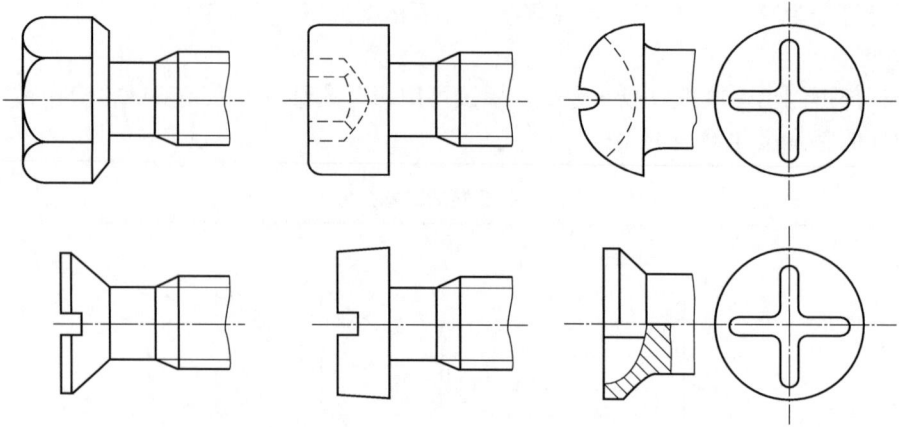

图 11-6　螺钉的头部

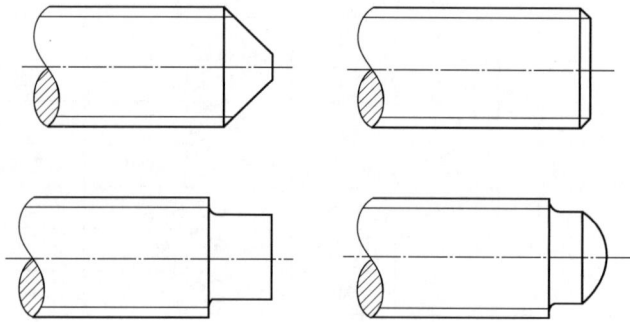

图 11-7　紧定螺钉的末端

6. 垫圈

　　垫圈有平垫圈（见图 11-8）、弹簧垫圈、各种止动垫圈等。垫圈起保护支撑面的作用，弹簧垫圈和止动垫圈还起着阻止螺纹连接松动的作用（参阅本章第四节）。当被连接件表面倾斜时，例如槽钢，应采用斜垫圈（见图 11-9）。

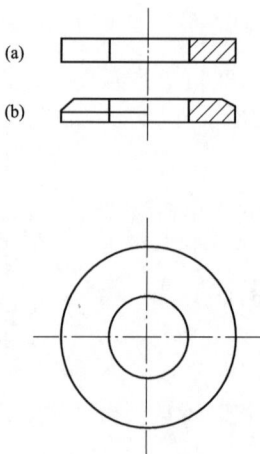

图 11-8　平垫圈

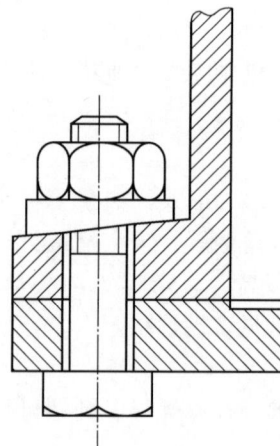

图 11-9　斜垫圈

三、螺纹连接件的性能等级和材料

国家标准将螺纹连接件按力学性能分级，见表 11-4。

表 11-4 　　　　　　　　　　　　**螺栓、螺母性能等级**

	性能等级	4.6	4.8	5.6	5.8	6.8	8.8	9.8	10.9	12.9
螺栓	公称抗拉强度 σ_b（MPa）	400		500		600	800	900	1000	1200
	屈服极限 σ_s（MPa）	240	320	300	400	480	640	720	900	1080
	推荐材料	低碳钢，中碳钢					中碳钢，低碳合金钢		中碳钢，低碳合金钢，合金钢	
螺母	性能等级	4		5		6	8	9	10	12
	相配螺栓性能等级	4.6，4.8（直径 $d>16$）		4.6，4.8($d\leqslant$ 16)；5.6，5.8		6.8	8.8	9.8	10.9	12.9

制造螺纹连接件常用的材料有低碳钢和中碳钢，例如 Q215、Q235、10、35、45 钢等。对于承受冲击、变载荷的重要螺纹连接件，可采用合金钢，例如 20Cr、40Cr、30CrMnSi 等。对于有防蚀、耐高温、导电等要求的螺纹连接件，可采用特种钢、铜合金等。对于标准螺纹连接件，在按标准选取了性能等级后，不必再具体选定材料牌号。

第三节　螺旋副的受力分析、效率和自锁

一、矩形螺纹

图 11-10(a) 所示为具有矩形螺纹的螺母和螺杆组成的螺旋副，螺母上作用有轴向载荷 F_Q。当在螺母上作用一转矩 T，使螺母等速旋转并沿力 F_Q 的反向移动（相当于拧紧螺母）时，可视为如图 11-10(b) 所示的一滑块在水平力 F_t 推动下沿螺纹上移。若将螺纹沿中径展开，则相当于图 11-11(a) 所示滑块沿斜面等速上升。这时作用在滑块上的摩擦力 $F_f = F_{Rn}f$ 沿斜面向下（F_{Rn} 为法向反力，f 为摩擦系数），斜面对滑块的总反作用力 F_R 与 F_Q 之间的夹角等于升角 λ 与摩擦角 ρ（$\rho = \arctan\lambda$）之和。作用于滑块上的 F_Q、F_R 和 F_t 三力保持平衡关系，由力三角形得

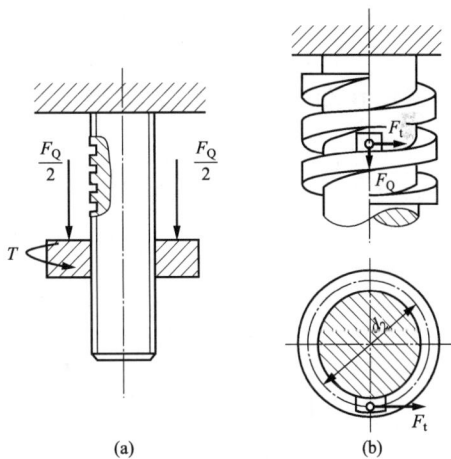

图 11-10　矩形螺纹的螺旋副

$$F_t = F_Q\tan(\lambda + \rho) \tag{11-2}$$

旋转螺母（或拧紧螺母）克服螺纹中阻力所需的转矩为

$$T = F_t\frac{d_2}{2} = F_Q\tan(\lambda + \rho)\frac{d_2}{2} \tag{11-3}$$

旋转螺母一周，输入的驱动功 $W_1 = 2\pi T$，有效功 $W_2 = F_Q P_h$，因此螺旋副效率为

$$\eta = \frac{W_2}{W_1} = \frac{F_Q P_h}{2\pi T} = \frac{F_Q\pi d_2\tan\lambda}{F_Q\pi d_2\tan(\lambda + \rho)} = \frac{\tan\lambda}{\tan(\lambda + \rho)} \tag{11-4}$$

当螺母等速旋转并沿力 F_Q 方向移动（相当于松脱螺母）时，其受力情况相当于图 11-11(b) 所示滑块在力 F_Q 作用下沿斜面等速下降时的受力情况。此时滑块上的摩擦力 $F_f = F_{Rn} f$ 沿斜面向上，斜面对滑块的总反作用力 F_R 与 F_Q 之间的夹角为 $\lambda - \rho$。由力三角形得水平力

$$F_t = F_Q \tan(\lambda - \rho) \tag{11-5}$$

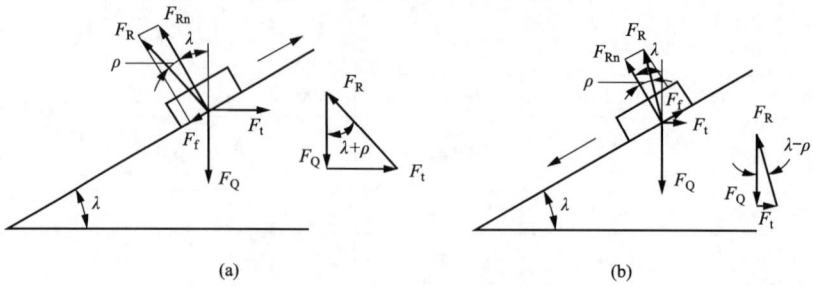

图 11-11　滑块沿斜面移动的受力分析

由式（11-5）可知，若 $\lambda \leqslant \rho$，则 F_t 为负值。这表明要使滑块沿斜面等速下滑，必须加一反方向的水平拉力 F_t。若不加拉力 F_t，则不论力 F_Q 有多大，滑块也不会在其作用下自行下滑，即不论有多大的轴向载荷 F_Q，螺母都不会在其作用下自行松脱。这就出现所谓自锁现象。螺旋副的自锁条件为

$$\lambda \leqslant \rho \tag{11-6}$$

二、非矩形螺纹

非矩形螺纹的螺旋副受力分析与矩形螺纹的相似。由于非矩形螺纹的牙型斜角不等于零［见图 11-12(b)］，所以在同样的轴向载荷 F_Q 的作用下，螺纹工作表面上的法向反力与矩形螺纹工作表面上的法向反力不相等。若忽略螺纹升角的影响（即认为 $\lambda = 0$），则由图 11-12 可求得矩形螺纹和非矩形螺纹工作表面上法向反力分别为

$$F_{Rn} = F_Q, \quad F'_{Rn} = \frac{F_Q}{\cos\gamma}$$

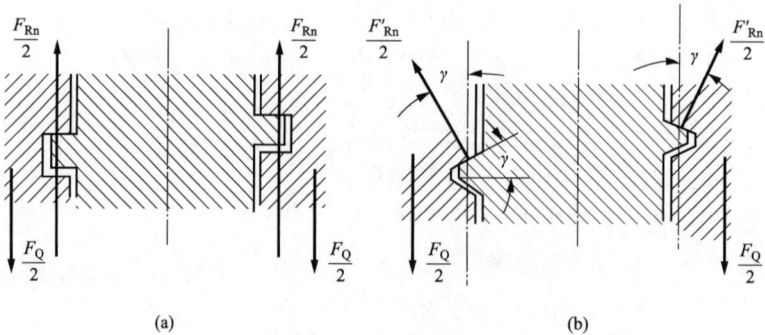

图 11-12　矩形螺纹与非矩形螺纹的比较

因而当螺旋副做相对运动时，工作表面上的摩擦力分别为

$$F_f = F_{Rn} f = F_Q f, \quad F'_f = F'_{Rn} f = \frac{F_Q}{\cos\gamma} f$$

其中，f 为摩擦系数。由上式可见，在 F_Q 和 f 相同的条件下，$F'_{Rn} > F_{Rn}$，$F'_f > F_f$。若用符号 f_v 代替 $\dfrac{f}{\cos\gamma}$，则

$$F'_f = F'_{Rn} f = F_Q f_v$$

其中，f_v 称为当量摩擦系数。当量摩擦角 $\rho_v = \arctan f_v$。比较 $F_f = F_Q f$ 和 $F'_f = F_Q f_v$ 两式可见，它们具有相同的形式。因此，非矩形螺纹上作用力的计算可借用矩形螺纹相应的计算公式，仅需将 f 改为 f_v，ρ 改为 ρ_v 即可。

当螺母旋转并沿力 F_Q 的反向移动时，作用于非矩形螺纹中径处的水平力 F_t、克服螺纹中阻力所需的转矩 T 和螺旋副的效率 η 分别为

$$F_t = F_Q \tan(\lambda + \rho_v) \tag{11-7}$$

$$T = F_t \frac{d_z}{2} = F_Q \tan(\lambda + \rho_v) \frac{d_2}{2} \tag{11-8}$$

$$\eta = \frac{\tan\lambda}{\tan(\lambda + \rho_v)} \tag{11-9}$$

螺旋副的自锁条件为

$$\lambda \leqslant \rho_v \tag{11-10}$$

由上述分析可知，螺纹工作面的牙型斜角 γ 越大，则 f_v 和 ρ_v 越大，效率越低，但自锁性能越好。此外，一般升角 λ 越小，螺纹效率越低，越易自锁。故单线螺纹多用于连接，多线螺纹 λ 大，则常用于传动。

第四节　螺纹连接的预紧和防松

一、螺纹连接的预紧

多数螺纹连接在使用前需要拧紧，称为预紧。需要预紧的螺栓连接称为紧螺栓连接，通过预紧施加到螺纹连接件和被连接件上的力称为预紧力。通过预紧可以提高被连接件之间连接的紧密性，防止介质泄漏；通过预紧可以防止被连接件之间在轴向载荷作用下的分离和在横向载荷作用下的滑移；预紧还有助于防止螺纹连接的松动。预紧力过大会造成螺纹连接件被拉断。为保证螺纹连接具有适当的预紧力又不使螺纹连接件被拉断，对于重要的螺纹连接，在装配时需要设法控制预紧力。

控制预紧力可以采用以下方法：

（1）通过直接测量预紧力引起的螺纹连接件上的应力、应变和拉伸变形量的方法精确控制预紧力。

（2）通过控制拧紧螺纹连接件时施加的拧紧力矩的方法控制预紧力。

拧紧螺母时需要克服内、外螺纹之间的螺纹力矩 T_1 以及螺纹连接件与被连接件之间的支承面摩擦力矩 T_2（见图 11-13）的和力矩

$$T = T_1 + T_2 = \frac{d_2}{2} F_p \tan(\psi + \rho_v) + \frac{1}{3} \mu_c F_p \frac{D_0^3 - d_0^3}{D_0^2 - d_0^2} \tag{11-11}$$

式中：d_2 为螺纹中径；ψ 为螺纹升角（导程角）；ρ_v 为螺纹当量摩擦

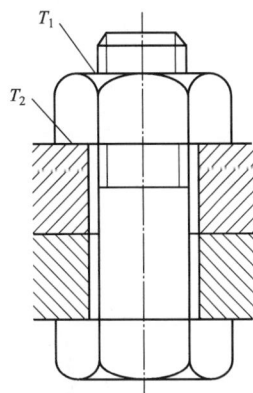

图 11-13　螺纹拧紧力矩

角；μ_c 为螺母端面与被连接件支承面之间的摩擦因数，见表 11-5；D_0、d_0 分别为支承面的内、外径；F_p 为预紧力。

表 11-5 被连接件之间的摩擦因数

被连接件材料	表面状态	摩擦因数 μ_c
钢或铸铁零件	干燥的加工表面	0.15～0.16
	有油的加工表面	0.06～0.10
钢结构	喷砂处理	0.45～0.55
	涂富锌漆	0.35～0.40
	轧制表面，清理浮锈	0.30～0.35
铸铁与木材、砖或混凝土	干燥表面	0.40～0.50

对 M10～M64 的普通粗牙螺纹钢制螺栓，取 $\psi = 1°42'' \sim 3°2''$，$\rho_v = \arctan(1.155\mu_c)$，$\mu_c = 0.15$，$d_2 \approx 0.9d$，$D_0 \approx 1.7d$，$d_0 \approx 1.1d$，代入式（11-11）整理得

$$T \approx 0.2F_p d \qquad\qquad (11-12)$$

标准扳手长度 $L = 15d$，设人手施加到扳手上的力 $F = 200\text{N}$，拧紧力矩 $T = 200 \times 15d = 3000d$，根据式（11-12），$F_p = 3000\text{N}/0.2 = 15000\text{N}$。这个预紧力值使直径较小的螺栓（公称直径小于 M12）产生较大的应力，容易使螺栓在预紧时被拉断，因此对于重要的螺栓连接不宜采用公称直径过小（例如小于 M12）的螺栓，必须使用时应严格控制拧紧力矩。

控制拧紧力矩可采用定力矩扳手或测力矩扳手，如图 11-14～图 11-16 所示。

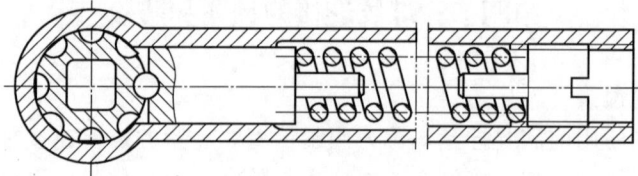

图 11-14 定力矩扳手

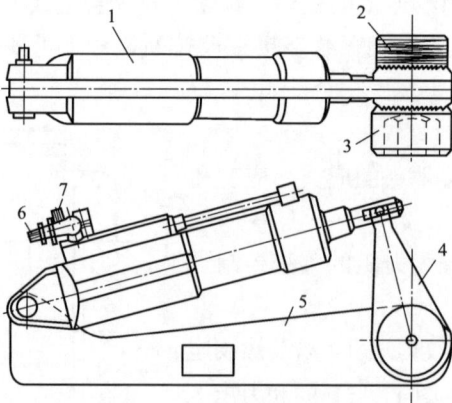

图 11-15 液压转矩扳手

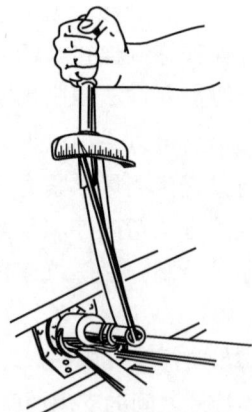

图 11-16 测力矩扳手

1—液压缸；2—棘轮装置；3—套筒；4—曲柄；

5—反力杆；6—进油口；7—出油口

定力矩扳手可通过尾部的螺钉调整弹簧压缩量，从而调整扳手可施加的拧紧力矩，当扳手达到拧紧力矩时，圆柱销与卡盘之间打滑，卡盘不再转动。液压转矩扳手通过调整液压缸压强，可以使扳手输出预定的拧紧力矩。

测力矩扳手通过测量扳手杆的弹性变形指示所施加的拧紧力矩值。

（3）控制拧紧转角。对于不重要的螺栓连接，可以通过控制拧紧螺纹连接时内、外螺纹之间的相对转角的方法控制预紧力，如图 11-17 所示，这种方法操作简单、直观，但精度稍差。

二、螺纹连接的防松

标准螺纹连接件上的螺纹升角都小于当量摩擦角，拧紧后，内、外螺纹之间的摩擦力，螺栓头和螺母与被连接件之间的支承面力矩可以保证螺纹连接在静载荷作用下不会松脱。当螺纹连接受到冲击、振动或变载拧紧转角荷作用时，螺纹之间的摩擦力可能会瞬时消失，这种效果的重复作用可能造成螺纹连接松脱。

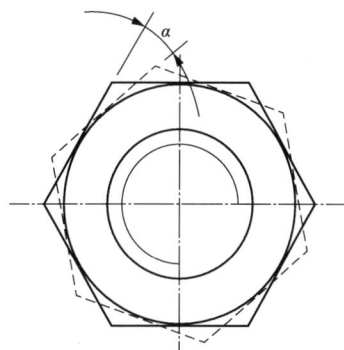

图 11-17　控制拧紧转角

螺纹连接的松脱会影响被连接件之间的相对位置关系，影响机械装置的正常运转，严重时可能引起重大事故，螺纹连接结构设计应防止螺纹连接松脱。

螺纹连接防松的根本问题是防止内、外螺纹之间的相对转动。螺纹连接防松方法按原理可分为摩擦防松、形状防松和破坏螺纹副关系防松等三类，见表 11-6。

表 11-6　　　　　　　　　　　　　螺 纹 连 接 防 松 方 法

防松方法		结构图	特点和应用
摩擦防松	弹簧垫圈		靠弹簧垫圈压紧后产生的弹性力使内、外螺纹间保持接触，垫圈斜切口尖端卡紧支承面的作用也有助于加强防松作用。结构简单，使用方便，弹性力分布不均匀，在振动条件下防松不可靠
	对顶螺母	$F_p+F'_p$ F'_p F_p	两螺母对顶拧紧后，使内外螺纹间、螺母间保持压力和摩擦力，防止螺纹连接松脱。上面的螺母受力较大，下面的螺母受力较小。结构简单，适用于低速重载的场合

续表

防松方法		结构图	特点和应用
摩擦防松	自锁螺母		螺母一端开缝并收口，螺母拧紧使收口张开，靠弹性力压紧螺纹，结构简单，防松可靠，可重复使用
形状防松	开口销与开槽螺母		六方开槽螺母拧紧后将开口销插入螺纹尾部孔和螺母槽中，将开口销尾部掰开。开口销限制内、外螺纹之间的转动。在较大冲击、振动载荷下防松可靠
	止动垫圈		拧紧后垫圈一耳部向被连接件边缘折弯，或向附近的孔中折弯，另一耳部向螺母侧面折弯，限制螺母转动。当两个螺栓距离较近时，可将双联止动垫圈套入两螺栓，使两螺母互相止动。结构简单，使用方便，防松可靠
	串联钢丝	正确 错误	拧紧后将低碳钢丝穿入螺栓头部的孔中，使各螺栓互相止动，穿入钢丝时注意穿入方向。适用于螺钉连接，防松可靠，但装配和拆卸不方便
破坏螺纹副关系		焊　　铆	拧紧后通过铆、焊等方法改变螺纹副形状，使螺纹无法旋转。这种方法使连接成为不可拆卸连接

第五节 螺栓连接的设计计算

螺纹连接包括螺栓连接、螺钉连接和双头螺柱连接。下面以螺栓连接为例讨论螺纹连接的设计方法，螺钉连接和双头螺柱连接的强度计算方法与螺栓连接相同。

一项螺栓连接功能通常由多个螺栓连接构成，称为一个螺栓组。强度计算首先通过对螺栓组的受力分析，根据螺栓组受力情况得到单个螺栓连接的受力情况。如果同一组螺栓连接的受力不相同，应通过分析，得到同一组螺栓连接中受力最大的螺栓连接的受力情况。然后通过对单个螺栓连接的受力分析和失效分析，得到螺栓连接的强度条件。

一、普通螺栓连接的设计计算

1. 普通螺栓的失效分析

普通螺栓连接的主要失效形式是螺栓杆拉断。拉断位置在螺栓杆上的分布情况如图 11-18 所示，其中最容易被拉断的位置是螺杆上受拉的第一圈螺纹处。普通螺栓连接的强度计算针对这种失效方式进行。根据强度条件确定螺纹小径 d_1（危险截面直径）的许用值，根据有关国家标准确定螺纹公称直径。

2. 受拉松螺栓连接设计计算

受拉松螺栓连接通常单个使用，图 11-19 所示为受拉松螺栓连接的一个应用实例。松螺栓连接工作前不拧紧，工作中承受作用于滑轮上的轴向载荷 F，螺纹危险截面强度条件为

$$\sigma = \frac{F}{\frac{\pi}{4}d_1^2} \leqslant [\sigma] \tag{11-13}$$

式中：F 为工作载荷，N；d_1 为螺纹小径，mm；σ 为计算应力，MPa；$[\sigma]$ 为松螺栓连接许用应力，MPa，$[\sigma] = \sigma_s/S$，σ_s 为螺栓材料的屈服强度，安全系数 S 一般取 1.2～1.7。

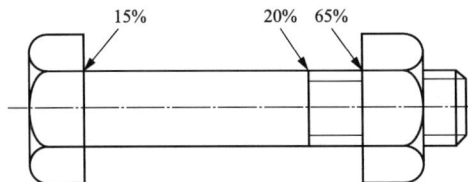

图 11-18 普通螺栓失效概率

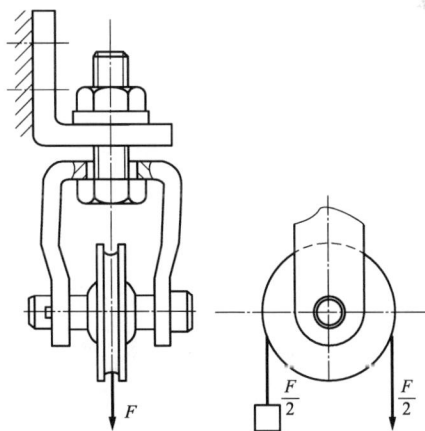

图 11-19 受拉松螺栓连接

设计公式

$$d_1 \geqslant \sqrt{\frac{4F}{\pi[\sigma]}} \tag{11-14}$$

求得 d_1 后，根据国家标准选择满足强度条件的螺纹公称直径（大径）及其他尺寸。

3. 只受预紧力作用的螺栓连接设计计算

在螺纹连接使用前的拧紧称为预紧。通过预紧施加到螺纹连接件和被连接件上的力称为预紧力。只受预紧力作用的螺栓连接（见图 11-20）在拧紧过程中受到预紧力和螺纹力矩的作用，预紧过程的受力状态是最危险的受力状态，失效发生在预紧过程中，失效分析和设计计算针对预紧过程进行。

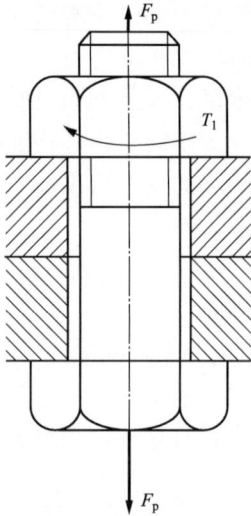

预紧过程螺栓危险截面所受拉伸应力

$$\sigma = \frac{F_p}{\frac{\pi d_1^2}{4}} \tag{11-15}$$

式中：F_p 为预紧力，N。

螺栓危险截面所受扭转切应力为

$$\tau = \frac{F_p \tan(\psi + \rho_v) \frac{d_2}{2}}{\frac{\pi d_1^3}{16}} = \tan(\psi + \rho_v) \frac{2d_2}{d_1} \frac{F_p}{\frac{\pi d_1^2}{4}} \tag{11-16}$$

图 11-20　只受预紧力
作用的螺栓连接

式中：ψ 为螺纹升角（导程角）；ρ_v 为螺纹当量摩擦角；d_2 为螺纹中径，mm。

对 M10～M64 的普通螺纹钢制螺栓，取 $\psi = 2°30'$，$\rho_v = 10°30'$，$d_2/d_1 = 1.04～1.08$，由此可得

$$\tau \approx 0.49\sigma$$

根据塑性材料第四强度理论，螺栓计算应力

$$\sigma_v = \sqrt{\sigma^2 + 3\tau^2} = \sqrt{\sigma^2 + 3(0.49\sigma)^2} \approx 1.3\sigma \tag{11-17}$$

$$\sigma_v = \frac{1.3 F_p}{\frac{\pi d_1^2}{4}} \leqslant [\sigma] \tag{11-18}$$

式中：$[\sigma]$ 为紧螺栓连接许用应力。

设计公式

$$d_1 \geqslant \sqrt{\frac{1.3 F_p}{\frac{\pi}{4}[\sigma]}} \tag{11-19}$$

这种螺栓连接依靠预紧力派生的摩擦力承担横向载荷，当横向载荷较大时需要较多的螺栓及较大的螺栓直径，为了传递较大的横向载荷，当受被连接件空间上的限制无法安装较多、较大的螺栓时，可以在被连接件之间增加抗剪零件（见图 11-21），或改用铰制孔用螺栓连接。

4. 受预紧力和工作拉力的紧螺栓连接设计计算

以气缸盖连接螺栓为例，图 11-22(a) 所示为螺纹连接拧紧前的情况，螺栓和垫片均不受力，螺栓长度和被连接件及垫片厚度均处于原始状态。

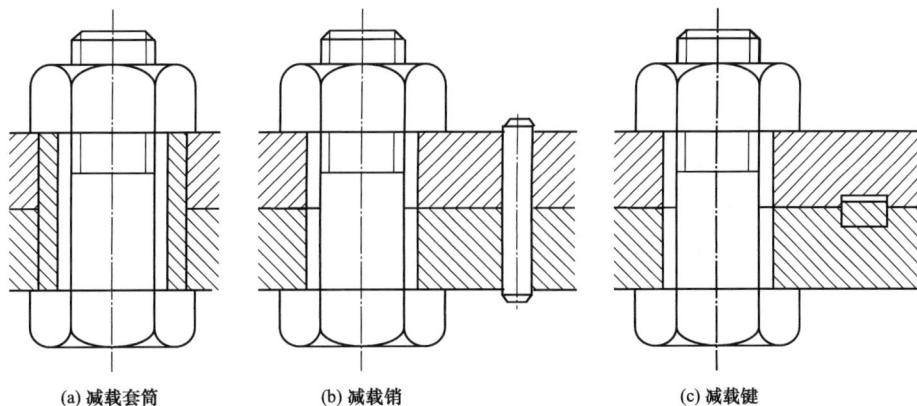

(a) 减载套筒　　　　(b) 减载销　　　　(c) 减载键

图 11-21　减载结构

图 11-22(b) 所示为预紧后的受力情况。螺栓受拉伸长 λ_1，垫片受压减薄 λ_2，螺栓所受拉力和垫片所受压力相等，均等于预紧力 F_p。

图 11-22(c) 所示为螺纹连接受工作拉力后的情况。在工作拉力作用下螺栓继续伸长，所受拉力增大，被连接件及垫片放松，所受压力减小，螺栓拉力的增大量和垫片压力的减小量之和（代数和）等于工作拉力。根据变形协调条件，在工作拉力作用下螺栓的伸长量与被连接件及垫片厚度的变化量相等，等于 $\Delta\lambda$。

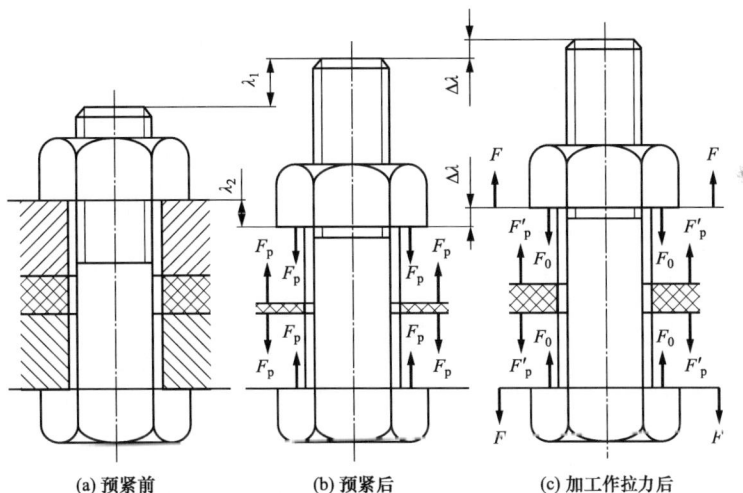

(a) 预紧前　　　　(b) 预紧后　　　　(c) 加工作拉力后

图 11-22　受预紧力和工作拉力的紧螺栓连接

假设被连接件为刚体，螺栓和垫片为弹性体，螺栓的受力与变形的关系见图 11-23(a)，被连接件及垫片的受力与变形关系见图 11-23(b)，在预紧力和工作拉力作用下螺栓与垫片的受力与变形协调关系见图 11-23(c)。在预紧力的作用下，螺栓与被连接件及垫片受力相等，见图 11-23(c) 中的点 A 表示这种状态。

在工作拉力作用下，螺栓拉力增大

$$\Delta F_1 = \Delta\lambda c_1$$

被连接件及垫片压力减小

$$\Delta F_2 = \Delta\lambda c_2$$

式中：c_1、c_2 分别为螺栓和被连接件及垫片的变形刚度。

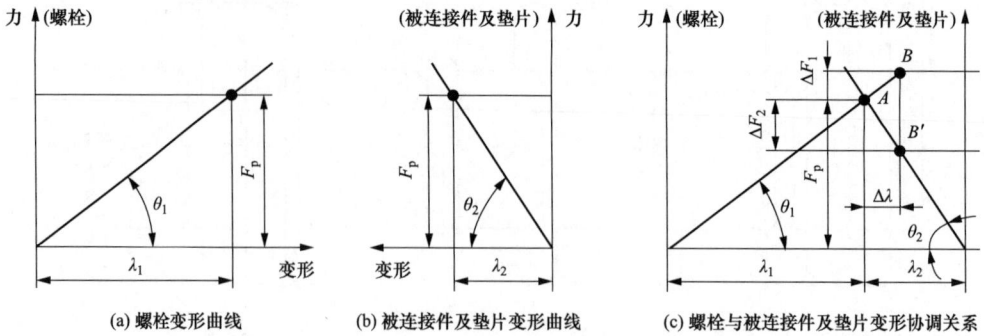

(a) 螺栓变形曲线　　　(b) 被连接件及垫片变形曲线　　　(c) 螺栓与被连接件及垫片变形协调关系

图 11-23　螺栓与被连接件及垫片的变形曲线

根据受力平衡关系，得

$$F - \Delta F_1 + \Delta F_2 = \Delta\lambda c_1 + \Delta\lambda c_2 = \Delta\lambda(c_1 + c_2)$$

由此可得

$$\Delta F_1 = \frac{Fc_1}{c_1 + c_2}, \Delta F_2 = \frac{Fc_2}{c_1 + c_2}$$

在预紧力和工作拉力共同作用下垫片所受压力称为残余预紧力

$$F'_p = F_p - \Delta F_2$$

在预紧力和工作拉力共同作用下螺栓所受拉力为

$$F_0 = F_p + \Delta F_1 = F_p + F\frac{c_1}{c_1 + c_2} \tag{11-20}$$

或

$$F_0 = F'_p + F \tag{11-21}$$

当设计问题给定对残余预紧力的要求时，可根据式（11-21）求螺栓总拉力 F_0。残余预紧力的推荐值见表 11-7。

表 11-7　　　　　　　　　　　　**残余预紧力的推荐值**

残余预紧力	有紧密要求	载荷有冲击	载荷不稳定	载荷稳定	地脚螺栓
F'_p	$(1.5\sim1.8)F$	$(1.0\sim1.5)F$	$(0.6\sim1.0)F$	$(0.2\sim0.6)F$	$\geqslant F$

当设计的螺栓连接对预紧力有要求时，可根据式（11-20）确定螺栓总拉力 F_0。其中 $\frac{c_1}{c_1 + c_2}$ 称为螺栓的相对刚度，相对刚度值与螺栓及垫片的尺寸和材料有关，其数值为 $0\sim1$，为改善螺栓受力，提高螺栓连接的承载能力，应合理选择参数，减小相对刚度值。相对刚度值可以通过计算或试验的方法确定，也可以参考表 11-8 推荐的数值选取。

表 11-8　　　　　　　　　　　　**螺栓的相对刚度**

被连接件间垫片类别	相对刚度 $\frac{c_1}{c_1 + c_2}$	被连接件间垫片类别	相对刚度 $\frac{c_1}{c_1 + c_2}$
金属垫片（或无垫片）	$0.2\sim0.3$	铜皮石棉垫片	0.8
皮革垫片	0.7	橡胶垫片	0.9

确定总拉力 F_0 后可根据其进行螺栓的强度计算。在螺栓承受总拉力的情况下可能需要进行补充拧紧，这时螺栓除承受总拉力外还承受螺纹力矩作用，螺栓危险截面强度条件为

$$\sigma_v = \frac{1.3F_0}{\frac{\pi d_1^2}{4}} \leqslant [\sigma] \tag{11-22}$$

设计公式为

$$d_1 \geqslant \sqrt{\frac{1.3F_0}{\frac{\pi}{4}[\sigma]}} \tag{11-23}$$

当工作拉力为变载荷时，工作拉力在 $0 \sim F$ 范围内变化，螺栓总拉力在 $F_p \sim F_0$ 范围内变化，如图 11-24 所示。

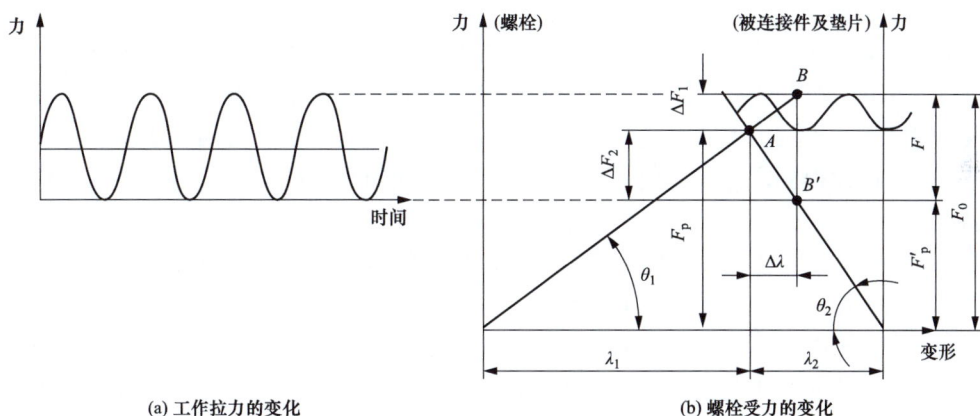

| (a) 工作拉力的变化 | (b) 螺栓受力的变化 |

图 11-24　工作拉力为变载荷时螺栓总拉力的变化

受变载荷作用的螺栓可能发生疲劳拉断，除应作静强度计算外，还应校核疲劳强度。螺栓疲劳强度条件为

$$\sigma_a = \frac{\sigma_{max} - \sigma_{min}}{2} = \frac{c_1}{c_1 + c_2} \frac{2F}{\pi d_1^2} \leqslant [\sigma]_a \tag{11-24}$$

式中：$[\sigma]_a$ 为螺栓许用应力，MPa。

二、铰制孔用螺栓连接的设计计算

铰制孔用螺栓连接（见图 11-25）依靠螺栓杆与孔壁的挤压承受横向载荷，主要失效形式是螺栓杆被剪断和螺栓杆与孔壁零件中的较弱者被压溃，螺栓杆的剪切强度条件为

$$\tau = \frac{F}{m \frac{\pi}{4} d_0^2} \leqslant [\tau] \tag{11-25}$$

式中：F 为单个螺栓的工作剪力，N；m 为螺栓剪切面数，图 11-25 所示结构的剪切面数 $m=1$；d_0 为铰制孔直径，mm；$[\tau]$ 为螺栓材料的许用切应力，MPa。

螺栓杆与孔壁的挤压强度条件为

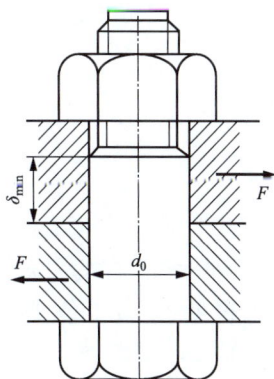

图 11-25　铰制孔用螺栓连接

$$\sigma_\mathrm{p} = \frac{F}{d_0 \delta_\mathrm{min}} \leqslant [\sigma]_\mathrm{p} \tag{11-26}$$

式中：δ_min 为螺栓杆与孔壁的最小接触长度，mm；$[\sigma]_\mathrm{p}$ 为螺栓或孔壁材料的许用挤压应力，MPa。

挤压强度条件对 $[\sigma]_\mathrm{p}$ 最小的零件进行计算。

第六节　键　连　接

键连接是一类应用最广泛的轴毂连接形式，通过键连接可实现轴与轮毂间的周向固定，同时可传递运动和转矩。键连接按键的形状可分为平键连接、半圆键连接、楔键连接、切向键连接等几大类。

一、平键连接

平键断面为矩形，按它与被连接的轴及轮毂的相对运动形式可分为普通平键、滑动平键（滑键）和导向平键（导键）。平键的两个侧面是工作面，工作中靠键与轴及轮毂上键槽侧面的挤压传递转矩。键的上表面与轮毂上键槽底面间有间隙。平键连接因其结构简单、拆装方便、对中性较好而得到广泛的应用。平键连接不具有轴向承载能力，不能实现轴与轮毂间的轴向定位。

图 11-26 所示为普通平键连接的结构形式，普通平键按其轴向断面形状可分为圆头平键（A 型）、方头平键（B 型）和单圆头平键（C 型）三种。圆头平键所对应的轴上键槽需用端铣刀加工，键在轴槽中能实现良好的轴向定位，轮毂的安装也很方便，但键的端部圆头与轮毂键槽不接触，不能承担载荷，使键连接沿长度方向的承载能力不能充分发挥，这对窄轮毂的承载能力影响较大，而且轴上键槽端部的弯曲应力集中较严重。图 11-26（b）所示方头平键所对应的轴上键槽用盘式铣刀加工，键槽端部应力集中较小，但键在轴上的轴向定位不好，可用紧定螺钉进行固定。单圆头平键常用作轴端部的轴与轮毂的连接。

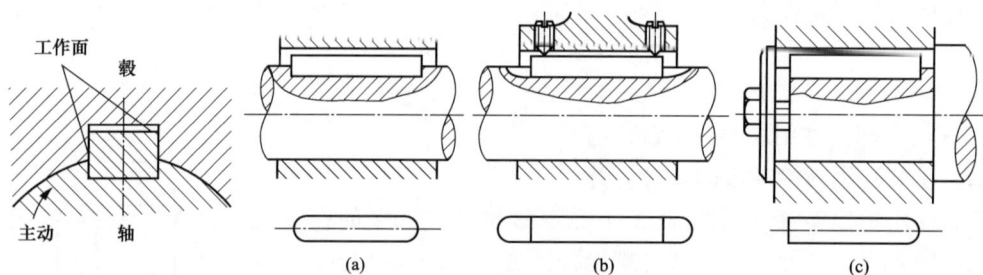

图 11-26　普通平键连接

普通平键用于轴与轮毂的静连接。当被连接的轮毂在工作中必须相对于轴做轴向移动时，应采用导向平键连接或滑动平键连接，如图 11-27 所示。

当相对移动距离较小时宜采用导向平键连接。导向平键是较长的键，安装时用螺钉将其固定在轴上的键槽中，工作中轮可沿导键做轴向移动，键长应不大于轮毂长度与移动距离之和，为方便键的拆卸，通常在键上留有顶出螺孔。当移动距离较大时，如采用导向平键则所需的键过长，致使制造困难，所以宜采用滑动平键。滑动平键工作时与轮毂一起沿轴向移动，为使键容易装配，轴上键槽至少应有一端沿轴向开通。

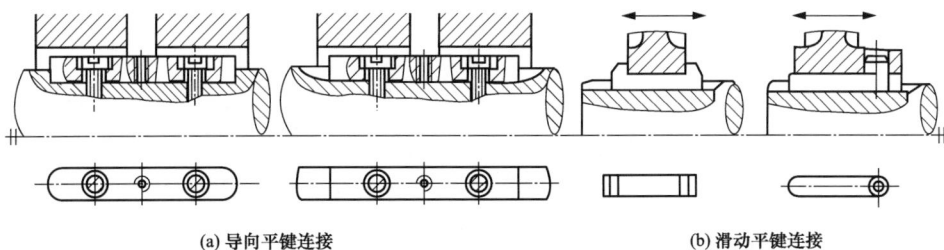

(a) 导向平键连接　　　　　　　　　　　　(b) 滑动平键连接

图 11-27　导向平键连接与滑动平键连接

二、半圆键连接

半圆键连接（见图 11-28）用于轴与轮毂之间的静连接，键的两个侧面是工作面，半圆键连接传递转矩的方法与平键相同。轴上的键槽用与键宽度和直径均相同的半圆键槽专用铣刀加工，键在轴槽中可绕其几何中心摆动，以适应轮毂槽底面的方向。半圆键连接因轴上键槽较深，对轴的强度削弱较大，一般用于传递转矩不大的锥形轴或轴端的轴毂连接。

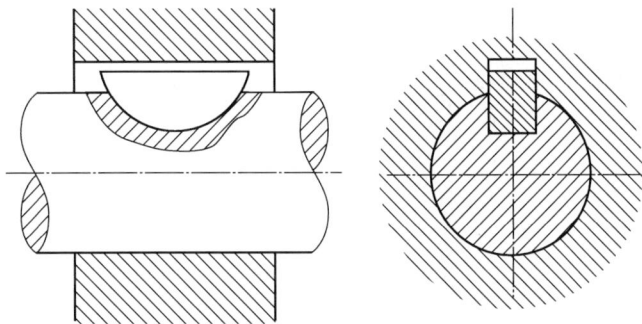

图 11-28　半圆键连接

三、楔键连接

楔键连接工作中键的上、下表面是工作面，靠工作面间的摩擦力传递转矩，同时可承受单方向的轴向载荷，键的两个侧面与槽不接触。键的上表面与轮毂槽底面均有 1：100 的斜度。楔键按形状可分为普通楔键和钩头楔键，普通楔键按其端部形状又分为圆头楔键和方头楔键，如图 11-29 所示。圆头楔键连接装配时，先将键装入轴槽中，然后打紧（沿轴向移动）轮毂，当轮毂零件较大时这种装配方式不方便。方头楔键与钩头楔键连接装配时，先将轮毂安装到轴上适当位置，然后将键装入并打紧。这种装配方式用于轴端连接时很方便，如果用于轴的中部，轴上键槽长度应大于键长的两倍，否则无法装配到位。由于楔键连接的楔紧作用，使轴与轮毂的间隙偏向一侧，破坏了轴与轮毂的对中性，所以楔键连接主要用于低速、轻载、不要求严格对中的连接。楔键连接因为结构简单，同时可实现轴与轮毂在周向和轴向的固定，所以在农业机械、建筑机械中使用较多。楔键连接靠摩擦力承载，不宜用于振动大的场合。

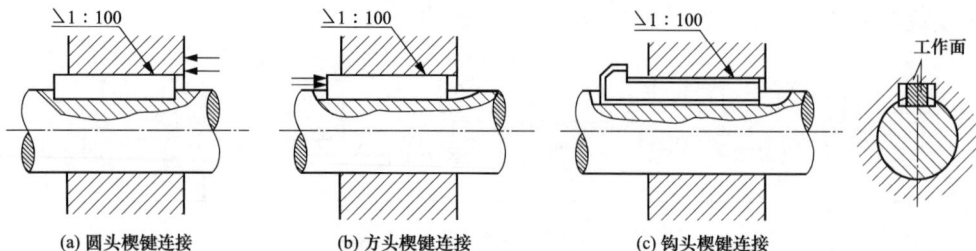

(a) 圆头楔键连接　　　(b) 方头楔键连接　　　(c) 钩头楔键连接

图 11-29　楔键连接

四、切向键连接

切向键由两个斜度为 1∶100 的楔键组成，切向键连接结构如图 11-30 所示，切向键的工作面是两键拼合后的上、下两个平行平面，其中一个平面包含轴心线。工作中主要靠工作面间的挤压传递转矩。装配时两键分别从轮毂两端打入，拼合后沿轴的切线方向楔紧。单个切向键只能传递单向转矩，如果需要传递双向转矩则应采用两个切向键。由于切向键的键槽对轴的强度削弱较大，所以常用于直径大于 100mm 的轴，切向键连接在重型机械中应用较多。

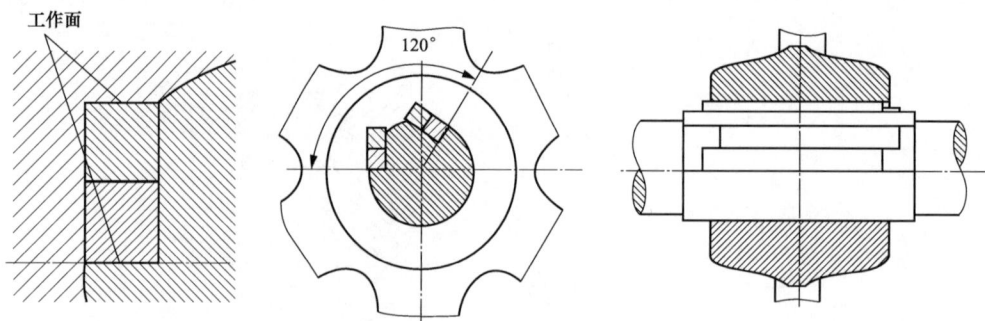

图 11-30　切向键连接

五、键连接的类型选择和强度校核

键连接的设计包括选择键连接的类型、尺寸、材料和热处理方式，校核键连接的承载能力。

1. 键连接的类型选择

选择键连接的类型应根据需要传递的转矩大小、载荷性质、转速高低、安装空间大小、轮在轴上的轴向位置、轮的轴向位置是否需要移动、是否需要键连接实现与轮毂的轴向固定、传动对定心精度等的要求，并结合各种类型键连接的特点进行选择。

2. 键连接的尺寸选择

键连接的断面尺寸（键宽 b、键高 h、轴槽深 t 及轮毂槽深 t_1）可以根据轴的直径，以及有关设计资料在国家标准规定的尺寸系列中进行选择，键的长度根据轮毂长度确定；键长通常略短于轮毂长度，导向平键的长度选择还应考虑轮的移动距离。所选键长应符合国家标准规定的长度系列。国家标准规定了键在宽度方向与键槽的三种不同方式的配合，通常的静连接中使用正常连接方式的配合，对键与轴上键槽的配合也可使用紧密连接形式的配合，对承受较大冲击载荷的键连接可选用紧密连接，但装拆较困难，对滑键连接中键与轴上键槽的配合及导键连接中键与轮毂上键槽的配合可选用松连接，这种配合形式也可用于转速较低的或手动的应用场合。为保证配合形式的实现，设计中还应规定键槽两侧的对称度公差，对双键连接还应规定两键槽的角度公差。

3. 平键连接的强度校核

使用表明，普通平键连接的主要失效形式是键、轴上键槽和轮毂上键槽三者中较弱者被压溃。经简化的平键连接受力分析如图 11-31 所示。

根据有关标准规定，键用强度极限不低于 600MPa 的钢材制造，常用材料例如 45 钢。由于轮毂上的键槽深度较浅，轮毂的材料强度通常在三者中也最弱，所以平键连接的强度计算通常以轮毂为计算对象，计算键连接的强度时假设键与键槽侧面的压力均匀分布，并假设合力的作用点与轴中心的距离等于轴半径，强度条件为

图 11-31　平键连接受力

$$\sigma_{\mathrm{p}} = \frac{2T}{dlk} \leqslant [\sigma]_{\mathrm{p}} \tag{11-27}$$

式中：T 为键连接传递的转矩，N·mm；d 为轴的直径，mm；l 为键的工作长度，mm；k 为键与轮毂键槽的接触高度，计算中可取 $k \approx 0.5h$，h 为键的高度，mm；$[\sigma]_{\mathrm{p}}$ 为许用挤压应力，MPa，数值见表 11-9。

对于方头平键，键的工作长度等于键长；对于圆头平键，由于键的圆头端部侧面与键槽不接触，所以键的端部不承载，键的工作长度等于键长度减去端部圆形头部长度 $l = L - b$，单圆头平键 $l = L - b/2$，其中，L 为键长，b 为键宽。

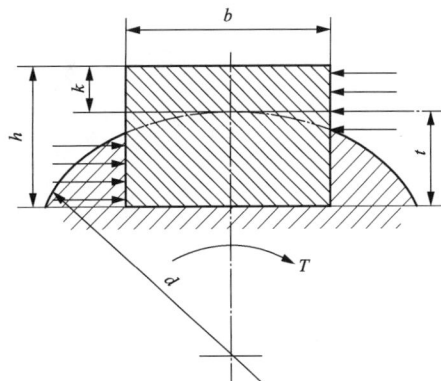

表 11-9　　　　　　　　键连接的许用挤压应力 $[\sigma]_{\mathrm{p}}$ 和许用压强 $[p]$　　　　　　　　MPa

许用挤压应力许用压强	连接工作方式	连接中的较弱材料	载荷性质		
			静载荷	轻微冲击	冲击
$[\sigma]_{\mathrm{p}}$	静连接	钢	120~150	100~120	60~90
		铸铁	70~80	50~60	30~45
$[p]$	动连接	钢	50	40	30

注　1. 表中许用挤压应力 $[\sigma]$ 和许用压强 $[p]$ 值按连接中最弱的零件选取。
　　2. 动连接中的连接零件如经淬火则许用压强 $[p]$ 值可提高 2~3 倍。

用于动连接的导向平键和滑动平键的主要失效形式为相对滑动的两零件中强度较弱材料的磨损，强度计算中应限制工作表面间的压强，强度及承载能力计算公式与式（11-27）基本相同，只是将公式中的挤压应力改为压强，许用挤压应力改为许用压强，键的工作长度为有相对滑动的两零件的实际接触长度。当承载能力不满足要求时，可通过增大键长和改用双键的方法提高承载能力。随着键长的增大，沿键长方向的载荷分布不均匀现象会加剧，所以键不宜过长，通常取 $l_{\max} \leqslant (1.6 \sim 1.8)d$。

4. 半圆键连接的强度校核

半圆键连接的受力情况如图 11-32 所示，它的受力情况及失效方式与平键连接相似，计算强度及承载能力也采用式（11-27），公式中的接触高度 k 应根据实际键高选取，键的工作长度可近似取为键的公称长度。

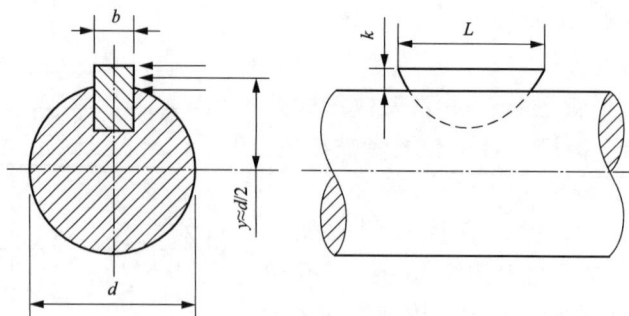

图 11-32　半圆键连接受力情况

　　当键连接的承载能力不能满足设计要求时可通过增加键的数量的方法提高其承载能力，可采用双键连接。多键连接的各键之间载荷分布不均匀，键的数量越多，载荷分布不均匀的现象越严重，所以使用两个以上键的键连接形式极少采用。采用双平键连接时承载能力按单平键连接承载能力的 1.5 倍计算，双平键连接的两键应沿周向相距 180°布置；半圆键连接也可以采用双键提高承载能力，两个半圆键应沿同一直线布置，两个楔键沿周向相距 90°～120°布置；切向键传动可通过采用两对键使其具有双向承载能力，两个切向键沿周向相距120°布置。

第七节　销　连　接

　　销的主要用途是固定零件之间的相对位置［见图 11-33(a)］，轴与毂的连接［见图 11-33(b)］或其他零件的连接，传递不大的载荷，或作为安全装置中的过载剪断元件［见图 11-33(c)］。

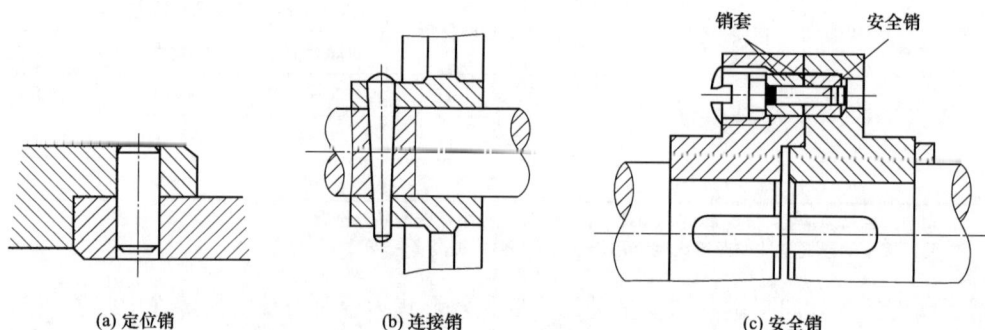

(a) 定位销　　　　　　　　　(b) 连接销　　　　　　　　　(c) 安全销

图 11-33　销的用途

　　按销的形状不同，可分为圆柱销和圆锥销，如图 11-34(a)、(b) 所示。圆柱销利用过盈配合固定，经过多次装拆，其定位精度和可靠性会降低。圆锥销常用的锥度为 1：50，装配方便，定位精度高，安装比圆柱销方便，多次装拆对定位精度的影响也较小。

　　销还有许多特殊形式。图 11-34(c) 所示为大端具有外螺纹的圆锥销，便于拆卸，可用于盲孔；图 11-34(d) 所示为小端带外螺纹的圆锥销，可用螺母锁紧，适用于有冲击的场合。图 11-35 所示为带槽圆柱销，销上有三条压制的纵向沟槽，图 11-35(b) 所示为放大的俯视图，其细线表示打入销孔前的形状，实线表示打入后变形的结果，这使销与孔壁压紧，不易松脱，能承受振动和变载荷。使用这种销连接时，销孔不需要铰制，且可多次装拆。

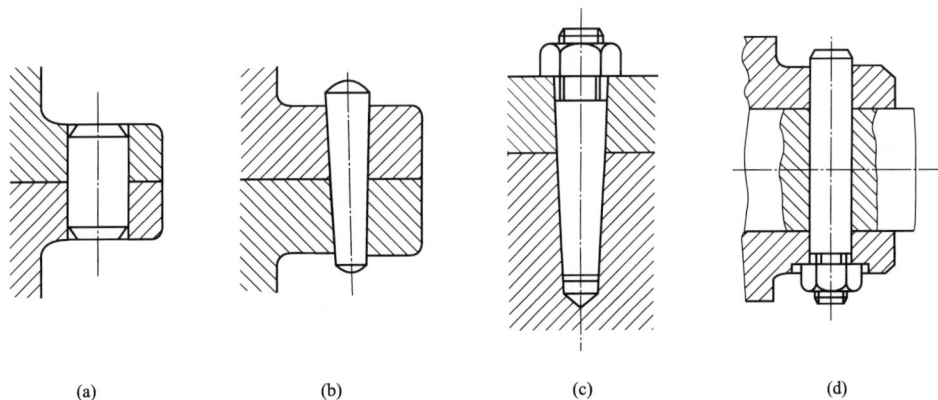

图 11-34 圆柱销和圆锥销

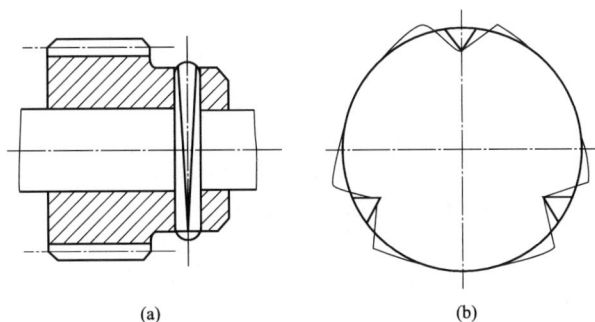

图 11-35 带槽圆柱销

销的类型可根据工作要求选定。用于连接的销，其直径可根据连接的结构特点按经验确定，必要时再作强度校核。

定位销通常不受载荷或只受很小的载荷，数目不能少于两个。销在每一个被连接件内的长度为销直径的 1～2 倍。定位销的材料通常选 35、45 钢，并进行硬化处理，根据工作需要也可以选用 30CrMnSiA、1Cr13、2Cr13、H62、1Cr18Ni9Ti 等材料；弹性圆柱销多采用 65Mn，其槽口位置不应装在销子受压的一面，要在装配图上表示出槽口的方向。

设计安全销时，应考虑销剪断后要不易飞出和易于更换。安全销的材料可选用 35、45、50 钢或 T8A、T10A 等，热处理后硬度为 30～36HRC；销套材料可选用 45 钢、35SiMn、40Cr 等，热处理后硬度为 40～50HRC。安全销的直径应按销的抗剪强度 τ_b 进行计算，一般可取 $\tau_b = (0.6 \sim 0.7)\sigma_b$。

习 题

11-1 常用螺纹的类型有哪几种？各有什么特点？分别适用于什么场合？

11-2 如何判别左旋螺纹和右旋螺纹？

11-3 两个牙型和中径相同的螺旋副，一个导程比另一个大，而轴向载荷 F_Q 及其他条件均相同，试问旋转哪一个螺旋副的螺母所需的力矩较大，为什么。

11-4 如图 11-36 所示的螺旋起重器，其额定起重量 $F_Q = 50\text{kN}$，螺旋副采用单线标准

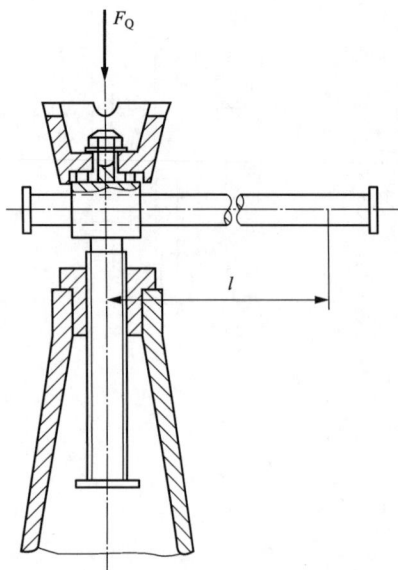

图 11-36　题 11-4 图

梯形螺纹 Tr60×9（公称直径 $d = 60$mm，中径 $d_2 = 55.5$mm，螺距 $P = 9$mm，牙型角 $\alpha = 30°$），螺旋副中的摩擦系数 $f = 0.1$，若忽略不计支承载荷的托杯与螺杆上部间的滚动摩擦阻力，试求：（1）当操作者作用于手柄上的力为 150N 时，举起额定载荷时力作用点至螺杆轴线的距离；（2）当力臂 l 不变时，下降额定载荷所需的力。

11-5　螺旋副的效率与哪些参数有关？为什么多线螺纹多用于传动，普通螺纹主要用于连接，而梯形、矩形、锯齿形螺纹主要用于传动？

11-6　螺旋副的自锁条件是什么？

11-7　题 11-3 中的两个螺旋副，哪一个效率较高？若它们均为自锁的，哪一个自锁性能更好？

11-8　螺纹连接的基本类型有哪些？各适用于什么场合？

11-9　螺纹连接件（螺栓、螺母、螺钉等）上的螺纹是否满足自锁条件？为什么螺纹连接要采取防松措施？

11-10　如图 11-37 所示，某机构上拉杆的端部采用粗牙普通螺纹连接。已知：拉杆所受最大载荷 $F_Q = 15$kN，载荷很少变动，拉杆材料为 Q235，其屈服极限为 235MPa。试确定拉杆螺纹的直径。

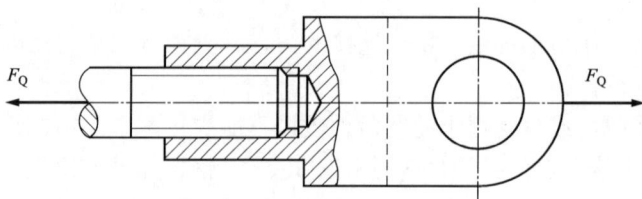

图 11-37　题 11-10 图

第十二章　轴

轴是机器中的重要零件，用来支承旋转零件，例如齿轮、带轮、链轮、车轮等，并传递运动和动力。

第一节　轴的分类和材料

一、轴的分类

轴按承载情况可分为转轴、传动轴和心轴三类。

（1）转轴。工作时既承受弯矩又承受转矩的轴称为转轴，例如机床的主轴和减速器中的齿轮轴［见图 12-1(a)］等。转轴是机械中最常见的轴。

（2）传动轴。主要承受转矩、不承受或承受很小的弯矩的轴称为传动轴，例如汽车变速器与驱动桥之间的传动轴，如图 12-1(b) 所示。

（3）心轴。只承受弯矩而不承受转矩的轴称为心轴。心轴又可分为固定心轴和转动心轴。图 12-1(c) 所示铁路车辆的轴是随车轮转动的转动心轴，图 12-1 (d) 所示自行车的前轮轴为固定心轴。

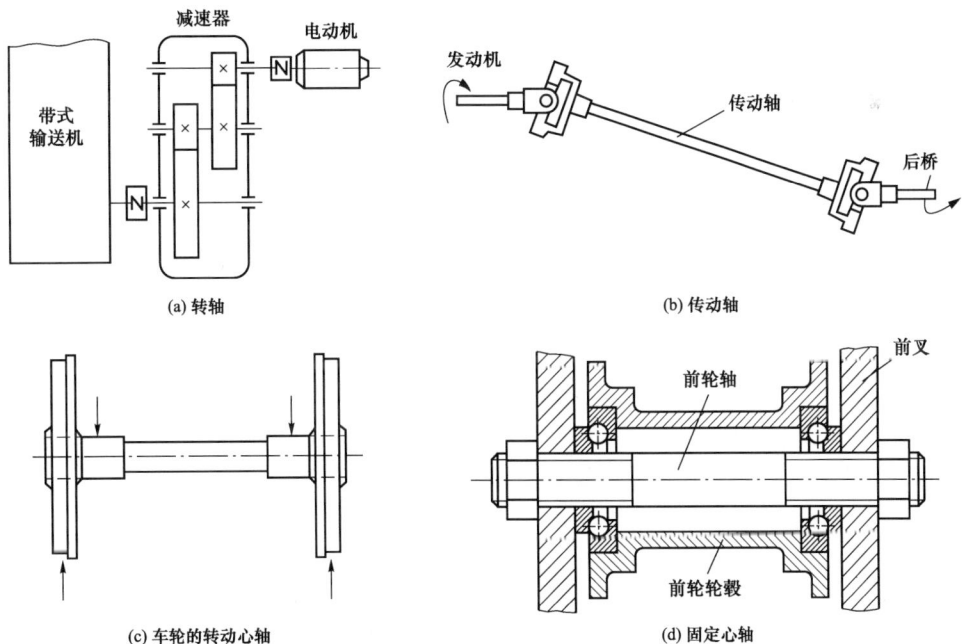

图 12-1　转轴、心轴和传动轴

轴还可按轴线形状不同，分为直轴、曲轴和挠性钢丝轴三类。

（1）直轴。直轴包括光轴及阶梯轴。光轴指各处直径相同的轴。阶梯轴指各段直径不同的轴。阶梯轴便于轴上零件的装拆、定位及紧固，在机械中应用广泛。有时为了减轻重量或满足使用上的要求，将轴制造成空心的，称为空心轴。

（2）曲轴。曲轴是往复式机械中的专用零件。例如多缸内燃机中的曲轴，曲轴上用于起支承作用的轴颈处的轴线仍然是重合的。

（3）挠性钢丝轴。挠性钢丝轴可以把旋转运动和转矩传到空间的任何位置。例如机动车中的里程表所用的软轴、管道疏通机所用的软轴等。

二、轴的材料

轴工作时产生的应力多为变应力，所以轴的损坏常为疲劳损坏。因此，轴的材料应具有足够高的强度和对应力集中的敏感性小，此外还应具有良好的工艺性特点。轴的材料主要是碳素钢和合金钢。一般要求的轴，可采用 35、45、50 钢等优质碳素钢。其中，45 钢最为常用。为改善其力学性能，通常对轴进行正火或调质处理。不重要的或受力较小的轴，可用 Q235 等碳素钢。

对于传递较大转矩，要求提高强度、减小尺寸与重量或要求提高耐磨性的轴，可采用合金钢，例如 40Cr、35SiMn、38SiMnMo 等进行调质处理，轴颈处进行表面淬火以提高其耐磨性；或采用 20Cr、20CrMnTi 等低碳合金钢进行渗碳淬火及低温回火处理。对于形状复杂的轴（如柴油机曲轴），也可采用球墨铸铁。轴常用的材料及其力学性能见表 12-1。

表 12-1　　　　　　　　　　　　　　轴常用的材料及其力学性能

材料	热处理	毛坯直径（mm）	硬度（HBS）	MF（Pa）	σ_s（MPa）
Q235	—	≤100	—	375～460	205
35	正火	≤100	149～187	520	270
35	调质	≤100	156～207	560	300
45	正火	≤100	170～217	600	300
45	调质	≤200	217～255	650	360
40Cr	调质	≤100	241～286	750	550
40Cr		>100～300	229～269	700	500
35SiMn	调质	—	229～286	800	520
35SiMn		>100～300	217～269	750	450
38SiMnMo	调质	—	229～286	750	600
38SiMnMo		>100～300	217～269	700	550
20Cr	渗碳淬火	≤60	56～62HRC	650	400

第二节　轴　的　结　构

为合理地确定轴的结构，需要综合地考虑各方面的因素，如轴上零件的布置及其固定方式、轴的加工和装拆方法、作用在轴上的载荷大小及其分布情况等。

轴的形状从满足强度和节省材料考虑，最好是等强度的抛物线回转体，但这种形状的轴既不便于加工，也不便于轴上零件的固定。从加工考虑，最好是直径不变的光轴，但光轴不利于零件的安装和定位。只有一些简单的心轴、传动轴有时才制成光轴，而一般的轴其结构形状多为阶梯形。现以图 12-2 所示减速器的输出轴来讨论轴的结构。

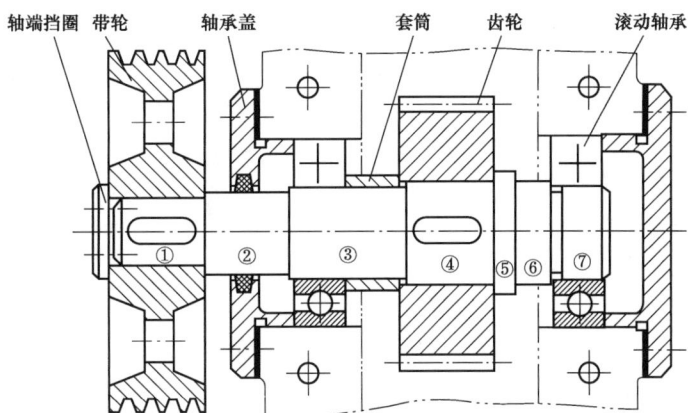

图 12-2　轴的结构

一、轴上零件的固定

1. 轴向固定

为了保证轴上零件能正常工作，其轴向和周向都必须固定。轴向固定零件的轴向固定方法很多，常用的有轴肩、套筒、螺母、挡圈、圆锥面、弹性挡圈等。

如图 12-2 所示的齿轮，其右端靠轴肩、左端靠套筒定位，从而实现轴向定位。当齿轮受轴向力时，向右的轴向力由轴肩承受并传给滚动轴承的内圈，再通过轴承、轴承盖及连接螺栓传给箱体；轴向力向左由套筒传给滚动轴承的内圈，再经轴承、轴承盖和螺栓传给箱体。轴肩及套筒的结构简单可靠，可传递较大的轴向力。套筒可避免因轴肩引起的轴径增大，又可简化轴的结构，减少应力集中源。但因一般套筒与轴的配合较松，不宜用于高速轴。

圆螺母固定可承受大的轴向力。当轴上两零件间距离较大，不宜采用套筒时，可采用圆螺母固定，如图 12-3 所示。采用圆螺母固定时，轴上切制螺纹处有较大的应力集中，故常用于轴端零件固定。

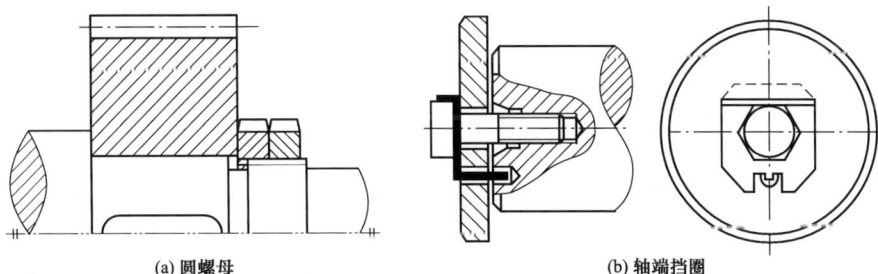

(a) 圆螺母　　　　　　　　　　　　　(b) 轴端挡圈

图 12-3　圆螺母、轴端挡圈

紧定螺钉［见图 12-4(a)］和弹性挡圈［见图 12-4(b)］等适用于受轴向力不大的零件。弹性挡圈可与轴肩联合使用，也可在零件两侧各用一个。用弹性挡圈固定，其结构紧凑，常用于滚动轴承的轴向固定。

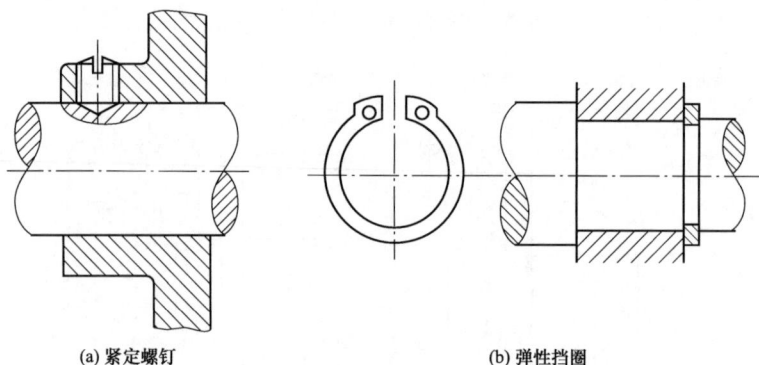

(a) 紧定螺钉　　　　　　　　(b) 弹性挡圈

图 12-4　紧定螺钉、弹性挡圈

在轴端部安装零件时，还可用轴端挡圈固定（见图 12-2 中滚动轴承的固定）或采用圆锥面和轴端挡圈固定，均可承受较大的轴向力。

阶梯轴轴肩处应采用较大的过渡圆角半径，以降低应力集中，提高轴的疲劳强度。当轴肩处装有零件时，为了保证零件能靠紧轴肩定位，轴上的圆角半径 r 应小于零件孔的倒角 C_1，见图 12-5。

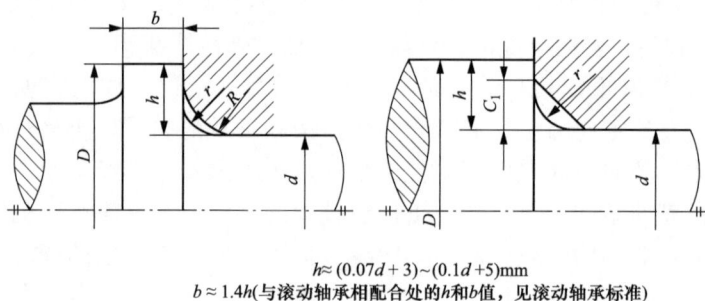

$h \approx (0.07d + 3) \sim (0.1d + 5)$mm

$b \approx 1.4h$（与滚动轴承相配合处的 h 和 b 值，见滚动轴承标准）

图 12-5　轴上圆角

2. 周向固定

零件在轴上的周向固定是为了使零件与轴一起转动并传递转矩。周向固定常用键、花键、销或过盈配合等连接。

二、加工和装配要求

如图 12-2 所示，齿轮、套筒、滚动轴承、轴承盖及联轴器均从左端进行装拆，滚动轴承从右端装拆。因而，轴的各段直径从两端向中间逐段增大。

有配合要求的部位，例如装滚动轴承、齿轮等处，为了装拆方便和减少配合表面擦伤，配合轴段前的轴径应减小。如图 12-2 所示，将安装轴承和齿轮之前的轴段②、③的直径缩小。为了保证零件轴向定位可靠，安装齿轮、联轴器的轴段长度应稍短于零件轮毂的长度 2～3mm，图中轴段④的长度短于相应轮毂长度。安装滚动轴承处的轴肩高度应低于轴承内圈高度，以便拆卸轴承。

确定轴的各段直径时，有配合要求的轴段应注意采用标准直径。安装滚动轴承、密封圈部位的轴径，应与这类标准件的内径一致。

为加工方便，轴上的过渡圆角半径应尽量相同；各轴段键槽的槽宽应尽量一致，并布置在轴上同一加工直线上，如图 12-2 所示轴段①、④的键槽。为便于装配和除掉锐边，轴端及各轴段端部应加工出 45°倒角。

第三节　轴的设计与校核

轴的工作能力主要取决其强度和刚度。轴的强度不够时，会出现断裂或因过大的塑性变形而失效。轴的刚度不够时，会产生过大的弯曲变形（挠度）和扭转变形（扭角），影响机器的正常工作。高速轴还应考虑其振动稳定性。

轴的设计一般可先按转矩估算轴径，再根据轴上零件的布置、固定方式等多种因素定出轴的结构外形和尺寸，然后再同时考虑弯矩和转矩进行计算。必要时应对轴进行刚度或振动稳定性的校核。

一、按转矩估算轴径

根据轴上所受转矩估算轴的最小直径，并用降低许用扭转切应力的方法来考虑弯矩的影响。

由力学可知，轴受转矩时的强度条件为

$$\tau_T = \frac{T}{W_T} = \frac{10^3 \times 9550P}{0.2d^3 n} \leqslant [\tau_T]$$

式中：τ_T、$[\tau_T]$ 分别为轴的扭转切应力和许用扭转切应力，MPa；T 为转矩，N·mm；W_T 为轴的抗扭截面系数，$W_T = \frac{\pi d^3}{16} \approx 0.2d^3$，mm³；$P$ 为轴所传递的功率，kW；d 为轴的直径，mm；n 为轴的转速，r/mm。

故得

$$d \geqslant \sqrt[3]{\frac{9550 \times 10^3 P}{0.2[\tau_T]n}} = \sqrt[3]{\frac{9550 \times 10^3}{0.2[\tau_T]}} \sqrt[3]{\frac{P}{n}}$$

当轴的材料选定后，$[\tau_T]$ 是已知的，故上式可简化为

$$d \geqslant A\sqrt[3]{\frac{P}{n}} \tag{12-1}$$

式中：A 为取决于材料许用扭转切应力的系数，见表 12-2。

表 12-2　　　　　　　　　　　　　常用材料的 $[\tau_T]$ 的 A 值

轴的材料	Q235、20	35	45	40Cr、35SiMn、38SiMnMo、20CrMnTi
$[\tau_T]$(MPa)	12～20	20～30	30～40	40～52
A	158～134	134～117	117～106	106～97

注　1. 当作用在轴上的弯矩比转矩小或只受转矩时，取较大值，A 取较小值，否则取较大值。

　　2. 当用 Q235 及 35SiMn 钢时，$[\tau_T]$ 取较小值，A 取较大值。

按式（12-1）计算出的轴直径，一般作为承受转矩轴段的最小直径。轴上若开有键槽，将对轴的强度有所削弱，因此应适当增大轴的直径。一般，当有一个键槽时，轴径增加 4%～5%；当有两个键槽时，增加 7%～10%。

【例 12-1】　　已知某一级直齿圆柱齿轮减速器，由电动机驱动，其输入转速 $n_1 = 960$r/min，传动比 $i = 4$，传递的功率 $P = 10$kW，转轴材料均采用 45 钢，试按转矩估算该两轴的最小直径。

解　由这对齿轮传动的高速轴转速 $n_1 = 960\text{r/min}$，可知其低速轴转速 $n_2 = 240\text{r/min}$。根据两转轴的材料均为 45 钢，由表 12-2 查得 $A = 117 \sim 106$，取 $A = 110$，则由式（12-1）可得高速轴和低速轴的最小轴径 d_1 和 d_2 分别为

$$d_1 \geqslant A\sqrt[3]{\frac{P}{n}} = 110 \times \sqrt[3]{\frac{10}{960}} = 24.02(\text{mm})$$

$$d_2 \geqslant A\sqrt[3]{\frac{P}{n}} = 110 \times \sqrt[3]{\frac{10}{240}} = 38.14(\text{mm})$$

圆后得 $d_1 = 24\text{mm}$，$d_2 = 38\text{mm}$。

二、按当量弯矩校核轴径

轴的各部分尺寸和结构确定后，必要时可按力学中第三强度理论进行校核，现以图 12-6（a）所示装有斜齿圆柱齿轮的转轴为例，介绍其校核计算步骤。

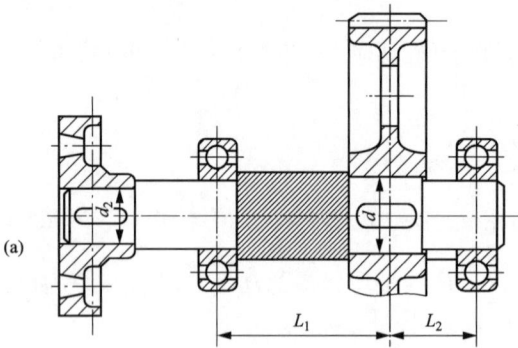

图 12-6　轴的受力分析

（1）绘出轴的计算简图即受力图，见图 12-6(b)。将轴上作用力分解到水平面和垂直面内，求出水平面支承反力和垂直面支承反力。对于滑动轴承或滚动轴承的反力作用点，均可近似地取在轴承宽度的中间。

（2）绘出水平面的弯矩 M_H 图，见图 12-6（c）。

（3）绘出垂直面的弯矩 M_V 图，见图 12-6（d）。

（4）计算出合成弯矩，$M = M_H + M_V$，绘出合成弯矩 M 图，见图 12-6（e）。

（5）绘出转矩 T 图，见图 12-6(f)。

（6）计算当量弯矩 M_c，绘制当量弯矩图，见图 12-6（g）。M_c 按式（12-2）计算

$$M_c = \sqrt{M^2 + (\alpha T)^2} \qquad (12\text{-}2)$$

其中，α 为根据转矩性质而定的应力折算系数。因为通常由弯矩所产生的弯曲应力是对称循环的变应力，而转矩所产生的扭转切应力则不一定是对称循环变应力。为考虑不同特性的弯曲应力和扭应力的不同影响，在计算当量弯矩时将转矩 T 乘以系数 α。

系数 α 的取值如下：对于对称变化的转矩，$\alpha = 1$；对于脉动变化的转矩，$\alpha \approx 0.66$；对于不变的转矩，$\alpha \approx 0.3$。

（7）计算轴的直径。在当量弯矩 M_c 的作用下，轴的强度条件为

$$\sigma = \frac{M_c}{W} = \frac{M_c}{0.1d^3} \leqslant [\sigma_{-1}]_b \qquad (12\text{-}3)$$

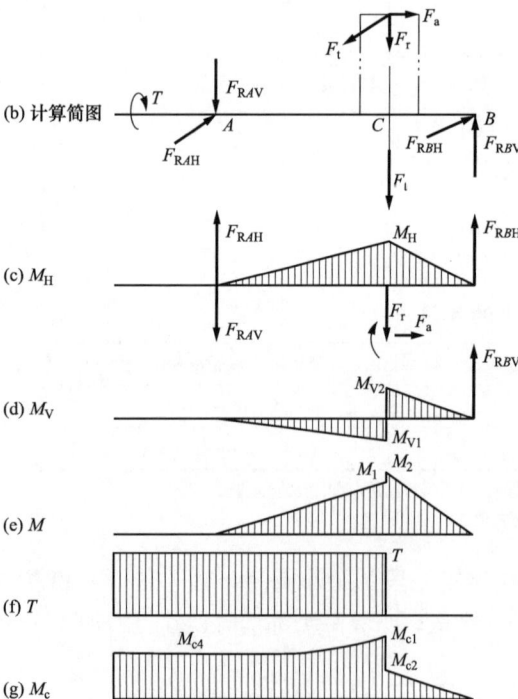

式中：M_c 为当量弯矩，$N \cdot mm$；W 为轴的抗弯截面系数，mm^3；d 为轴的计算剖面直径，mm；$[\sigma_{-1}]_b$ 为对称循环的许用弯曲应力，MPa。

轴的许用弯曲应力见表 12-3。

表 12-3　　　　　　　　　　　　　轴 的 许 用 弯 曲 应 力

材料	碳素钢				合金钢	
$[\sigma]_b$	400	500	600	700	800	1000
$[\sigma_{-1}]_b$	40	45	55	65	75	90

由式（12-3）可得

$$d \geqslant \sqrt[3]{\frac{M}{0.1[\sigma_{-1}]_b}} \qquad (12\text{-}4)$$

若轴的计算剖面处有键槽，会削弱轴的强度，因此应按前面所述适当加大该处直径。若校核计算出的轴径，比初步估算并经过轴结构设计所得轴径稍小，表明原定轴径是适当的，否则可按校核计算所得的轴径作适当修改。

三、轴的刚度校核

轴在载荷作用下产生的挠度 f 和扭角 φ 应小于相应的许用值，即

$$y \leqslant [y], \quad \varphi \leqslant [\varphi] \qquad (12\text{-}5)$$

其中，$[y]$ 为许用挠度；$[\varphi]$ 为许用扭角，其具体数值可从机械设计手册中查得。挠度 y 和扭角 φ 可根据力学中有关方法进行计算。

习　题

12-1　什么是转轴、心轴、传动轴？试从实际机器中举例说明其特点。

12-2　轴上零件为什么需要轴向定位和周向固定？试说明其定位的方法及特点。

12-3　指出如图 12-7 所示的轴的结构有哪些不合理和不完善的地方，并提出改进意见和画出改进后的结构图。

12-4　公式 $d \geqslant A\sqrt[3]{\dfrac{P}{n}}$ 有何用处？其中 A 值取决于什么？计算出的 d 应作为轴上哪一部分的直径？

12-5　如图 12-8 所示的二级斜齿圆柱齿轮减速器，$z_1 = 22$，$z_2 = 77$，$z_3 = 21$，$z_4 = 78$，由高速轴 I 输入的功率 P，转速 $n_1 = 590r/min$，轴的材料为 45 钢。试估算三根轴的轴径。

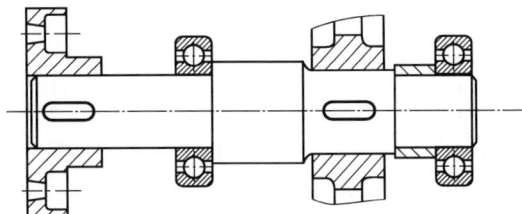

图 12-7　题 12-3 图

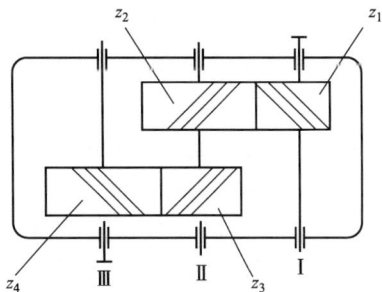

图 12-8　题 12-5 图

12-6 按当量弯矩计算轴的直径时，对于转矩 T 为什么要乘以 α？α 的意义是什么？

12-7 如图 12-9 所示的单级直齿圆柱齿轮减速器的输出轴。已知轴的转速 $n=90\mathrm{r/min}$，传递功率 $P=3\mathrm{kW}$，齿轮分度圆直径 $d=300\mathrm{mm}$，齿宽 $B=80\mathrm{mm}$，轴的支承间的距离 $L=130\mathrm{mmm}$，齿轮在轴承间对称布置，轴的材料为 45 钢正火处理。试设计此轴。

12-8 在进行轴的疲劳强度计算时，如果同一截面上有几个应力集中源，应如何确定应力集中系数？

12-9 按照承载情况，自行车的前轴、后轴和中轴，各属于哪类轴？各承受哪些载荷作用？

12-10 轴上零件的轴向固定有哪些方法？各有何特点？轴上零件的周向固定有哪些方法？各有何特点？

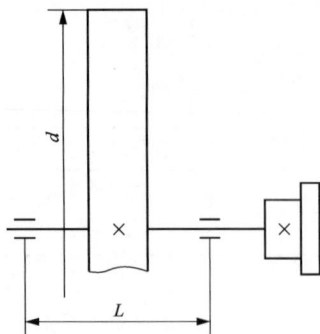

图 12-9 题 12-7 图

12-11 根据如图 12-10 所示的数据试确定杆心轴的直径 d。已知手柄作用力 $F=250\mathrm{N}$，尺寸如图所示，心轴材料用 45 钢，$[\sigma]_{-1b}=60\mathrm{MPa}$。

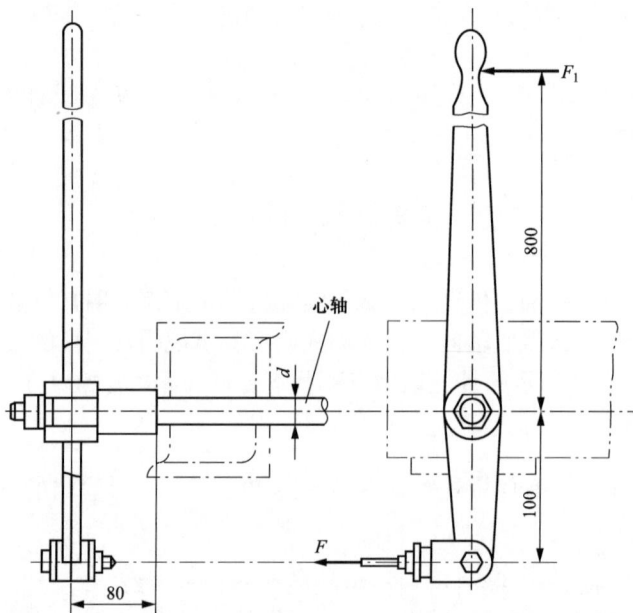

图 12-10 题 12-11 图

12-12 某铁路货车，一节车厢及其货物总重力 $F_w=480\mathrm{kN}$，车厢由 4 根轴 8 个车轮支承，作用于每根轴上的力如图 12-11 所示，该力离钢轨中心线约 210mm。考虑偏载等因素，计算轴强度时，应将载荷乘以载荷系数 $K=1.3$。车轴材料为 45 钢，$[\sigma]_{-1b}=60\mathrm{MPa}$，试确定车轴 $A—A$ 剖面直径。

12-13 图 12-12 所示为 V 带小带轮与轴三者在轴端安装固定结构，采用 A 型普通平键、螺钉压板实现周向和轴向固定，弹簧垫圈防松，用编号指出图中错误，并说明原因，不必改正。

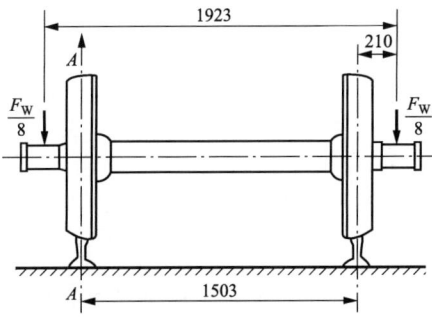

图 12-11　题 12-12 图

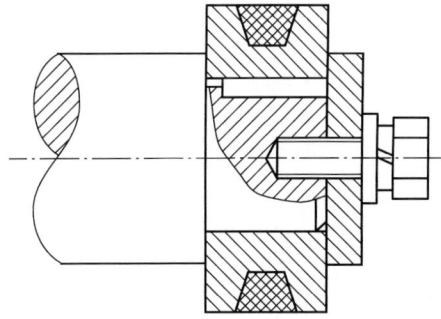

图 12-12　题 12-13 图

第十三章　滑　动　轴　承

轴承是当代机械设备中的一种重要零部件。它的主要功能是支承机械旋转体，降低运动过程中的摩擦系数，并保证其回转精度。轴承可分为滚动轴承和滑动轴承两大类。滑动轴承是在滑动摩擦下工作的轴承，其工作平稳、可靠、无噪声。在液体润滑条件下，滑动表面被润滑油分开而不发生直接接触，可以大大减小摩擦损失和表面磨损，油膜还具有一定的吸振能力，在一些特殊场合占重要地位。

滑动轴承主要应用于以下方面：

（1）根据装配要求需要做成剖分式：发动机曲轴、齿轮轴。

（2）承受巨大的冲击振动载荷：机车、车辆、水泥搅拌机、破碎机、清砂机、轧钢机、大型电动机。

（3）工作转速特别高：汽轮机，纺织机械用轴承，转速 6000r/min，寿命 22000h。

（4）要求对轴的支承位置特别精确：机床主轴。

（5）径向尺寸要求严格：内燃机曲轴、数控机床等。

（6）某些特殊的工作条件：水、泥浆、腐蚀性介质中等。

第一节　滑动轴承的分类

滑动轴承种类很多。按能承受载荷的方向，可分为径向（向心）滑动轴承和推力（轴向）滑动轴承两类；按轴瓦材料，可分为青铜轴承、铸铁轴承、塑料轴承、宝石轴承、粉末冶金轴承、自润滑轴承、含油轴承等；按润滑剂种类，可分为油润滑轴承、脂润滑轴承、水润滑轴承、气体轴承、固体润滑轴承、磁流体轴承、电磁轴承等；按润滑膜厚度，可分为薄膜润滑轴承和厚膜润滑轴承两类；按轴瓦结构，可分为圆轴承、椭圆轴承、三油叶轴承、阶梯面轴承、可倾瓦轴承、箔轴承等。

一、滑动轴承的承受载荷

滑动轴承根据承受载荷分为承受径向载荷的向心轴承、承受轴向载荷的推力轴承、同时承受径向和轴向载荷的向心推力轴承。

1. 向心滑动轴承

向心滑动轴承有以下几类。

（1）整体式向心滑动轴承。整体式向心滑动轴承（见图 13-1）主要由轴承座、轴套或轴瓦等组成。轴套压装在轴承座中，并加止动螺钉以防相对运动。轴承座的顶部设置装有油杯的油杯孔。轴承用螺栓固定在机架上。这种轴承结构简单、制造方便、成本低，但轴必须从轴承端部装入，装配不便，且轴承磨损后径向间隙不能调整，故多用于低速、轻载及间歇工作的地方，例如绞车、手摇起重机等。

（2）剖分式向心滑动轴承。剖分式向心滑动轴承（见图 13-2）由轴承座、轴承盖、剖分轴瓦、油杯孔等组成。轴承座和轴承盖的剖分处有止口，以便定位和防止轴向移动；止口处上下有一定间隙，当轴瓦磨损经修整后，可适当减少放在此间隙中的垫片来调整轴承盖的位置以夹紧轴瓦。装拆这种轴承时，轴不需轴向移动，故装拆方便，得到广泛应用。

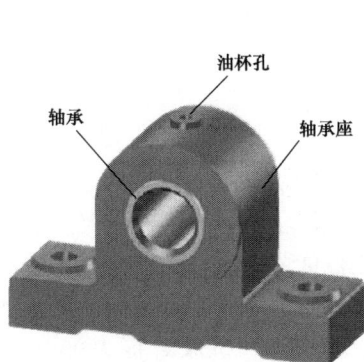

图 13-1 整体式向心滑动轴承　　　　图 13-2 剖分式向心滑动轴承

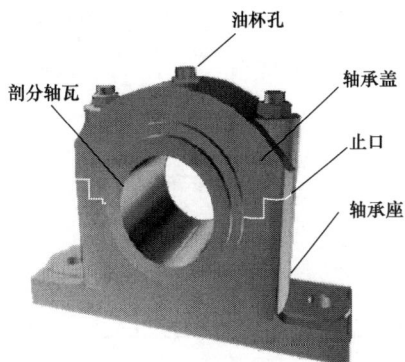

轴瓦是滑动轴承中的重要零件。向心滑动轴承的轴瓦内孔为圆柱形，如图 13-3 所示。若载荷方向向下，则下轴瓦为承载区，上轴瓦为非承载区。润滑油应由非承载区引入，所以在顶部开进油孔。在轴瓦内表面，以进油口为中心沿纵向、斜向或横向开有油沟，以利于润滑油均匀分布在整个轴颈上。油沟的形式很多，如图 13-4 所示。一般油沟与轴瓦端面应保持一定距离，以防止漏油。

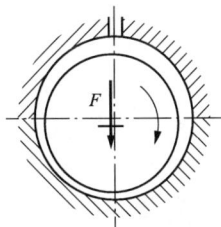

图 13-3 向心滑动轴承的轴瓦　　　　图 13-4 油沟形式

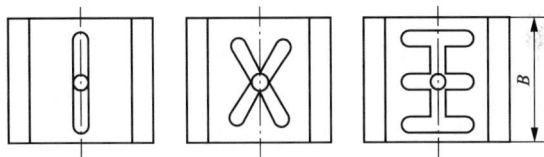

轴瓦宽度与轴颈直径之比 B/d 称为宽径比，它是向心滑动轴承中的重要参数之一。对于液体摩擦的滑动轴承，常取 $B/d=0.5\sim1$；对于非液体摩擦的滑动轴承，常取 $B/d=0.8\sim1.5$。

2. 推力滑动轴承

轴上的轴向力应采用推力轴承来承受。止推面可以利用轴的端面，也可在轴的中段做出凸肩或装上推力圆盘，如图 13-5 所示。由于两平行平面之间不能形成动压油膜，通常沿轴承止推面按若干块扇形面积开出楔形，如图 13-6 所示。图 13-6（a）所示为固定式推力轴承，其楔形的倾角固定不变，在楔形顶端留有平台，用来承受停车后的轴向载荷。图 13-6（b）所示为可倾式推力轴承，其扇形块的倾斜角能随着载荷、转速的改变而自行调整，因此性能更为优越。可倾式推力轴承的扇形块数一般为 6～12。

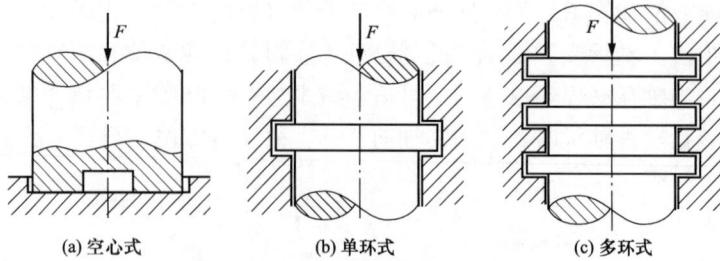

(a) 空心式　　(b) 单环式　　(c) 多环式

图 13-5　推力轴承结构形式

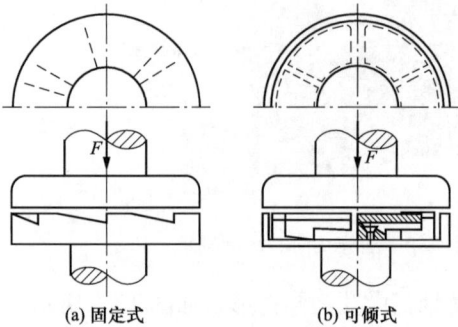

(a) 固定式　　(b) 可倾式

图 13-6　多楔式推力轴承

二、滑动轴承的材料

根据滑动轴承的工作情况，要求轴瓦材料具备下述性能：①对轴颈的摩擦系数小；②导热性好，热膨胀系数小；③良好的顺应性和嵌藏性；④耐磨、耐蚀、抗胶合能力强；⑤足够的机械强度。

能同时满足上述要求的材料几乎没有，通常是根据具体情况满足主要使用要求，按照局部品质原理做成双金属或三金属轴瓦，使不同金属在性能上取长补短。在工艺上可以用浇铸或压合的方法，将薄层材料黏附在轴瓦基体上。黏附上去的薄层材料通常称为轴承衬。

常用的轴瓦和轴承衬材料有下列几种：

1. 轴承合金

轴承合金（又称白合金、巴氏合金）有锡锑轴承合金和铅锑轴承合金两大类。

锡锑轴承合金的摩擦系数小，抗胶合性能好；对油的吸附性能好，耐蚀性好，易跑合，是优良的轴承材料，常用于高速、重载的轴承。但它的价格较贵且机械强度较差，因此只能作为轴承衬材料而浇铸在钢、铸铁或青铜轴瓦上。用青铜作为轴瓦基体使取其导热性良好。这种轴承合金的熔点比较低，为了安全，在设计、运行中常将温度控制在 110～120℃以下。

铅锑轴承合金的各方面性能与锡锑轴承合金相近，但这种材料比较脆，不宜承受较大的冲击载荷，一般用于中速中载的轴承。

2. 青铜

青铜有锡青铜、铅青铜、铝青铜等几种。青铜强度高、承载能力大、耐磨性和导热性都优于轴承合金，工作温度高达 250℃。缺点是可塑性差、不易跑合、与之相配的轴颈必须淬硬。

锡青铜比轴承合金硬度高，磨合性及嵌入性差，适用于中速重载场合。铅青铜抗胶合能力强，适用于中速中载轴承。铝青铜的强度及硬度较高，抗胶合能力较差，适用于低速重载轴承。

3. 具有特殊性能的轴承材料

（1）多孔质金属材料。用粉末冶金法制作的轴承，具有多孔组织，可存储润滑油。多孔质金属材料可用于加油不方便的场合，这种材料孔隙占体积的 10%～35%。使用前先把轴瓦在加热的油中浸渍数小时，使孔隙中充满润滑油，因而通常把这种材料制成的轴承称为含油轴承。它具有自润滑性，工作时，因轴颈转动的抽吸作用及轴承发热时油的膨胀作用，油便进入摩擦表面间起润滑作用；不工作时，因毛细管作用，油便被吸回到轴承内部，在相当长的时间内，即使不加油仍能很好地工作。多孔质金属材料的韧性小，只适用于平稳的无冲击载荷及中低速的情况下。

（2）灰铸铁和耐磨铸铁。普通灰铸铁或加有镍、铬、钛等合金成分的耐磨灰铸铁，或者是球墨铸铁，都可以用作轴承材料。这类材料中的片状或球状石墨在材料表面上覆盖后，可以形成一层起润滑作用的石墨层，具有一定的减摩性和耐磨性。由于铸铁性脆、磨合性能差，故只适用于低速轻载和不受冲击载荷的场合。

（3）橡胶。橡胶具有较大的弹性，能减轻振动使运转平稳，可用水润滑，主要用于以水作润滑剂或环境较脏污之处。橡胶轴承内壁上带有纵向沟槽，便于润滑剂的流通、加强冷却效果并冲走脏物。

（4）轴承塑料。常用的轴承塑料有酚醛塑料、尼龙、聚四氟乙烯等，塑料轴承有较大的抗压强度和耐磨性，可用油和水润滑，也有自润滑性能，但导热性差。为改善此缺陷，可作为轴承衬黏附在金属轴瓦上使用。表 13-1 中给出了常用轴瓦和轴承衬材料的 $[p]$、$[pv]$、$[v]$ 等参数。

表 13-1　　　　　　　　　　**常用轴瓦和轴承衬材料的性能**

材料及代号	$[p]$ (MPa)		$[pv]$ (MPa·m/s)	HBS		最高工作温度 (℃)	轴颈硬度
				金属型	砂型		
铸锡锑轴承合金 ZSnSb11Cu6	平稳	25	20	27		150	150HBS
	冲击	20	15				
铸铅锑轴承合金 ZPbSb16Sn16Cu2	15		10	30		150	150HBS
铸锡青铜 ZCuSn10P1	15		15	90	80	280	45HRC
铸锡青铜 ZCuSn5Pb5Zn5	8		15	65	60	280	45HRC
铸铝青铜 ZCuAl10Fe3	15		12	110	100	280	45HRC

三、滑动轴承的润滑

轴承润滑的目的在于降低摩擦功耗，减少磨损，同时还起到冷却、吸振、防锈等作用。轴承能否正常工作，和选用润滑剂正确与否有很大关系。润滑剂分为液体润滑剂（润滑油）、半固体润滑剂（润滑脂）和固体润滑剂。

1. 润滑油

目前使用的润滑油大部分为石油系列润滑油（矿物油）。在轴承润滑中，润滑油最重要的物理性能是黏度，它也是选择润滑油的主要依据。黏度表征液体流动的内摩擦性能。

润滑油的黏度并不是不变的，它随着温度的升高而降低，这对于运行中的轴承来说，必须加以注意。黏度会随着压力的升高而增大，但压力不太高时（如小于 10MPa）变化极微，可忽略不计。

选用润滑油时，要考虑速度、载荷和工作情况。对于载荷大、速度小的轴承，宜选黏度大的油；对于载荷小、速度高的轴承，宜选黏度较小的油。

2. 润滑脂

润滑脂由润滑油和各种稠化剂混合而成。润滑脂密封简单，不需经常添加，不易流失，故在垂直的摩擦表面上也可应用。润滑脂对载荷和速度的变化有较大的适应范围，受温度的影响不大，但摩擦损耗较大，润滑性能上不如润滑油好，机械效率较低，故不宜用于高速。润滑脂易变质，不如润滑油稳定。一般参数的机器，特别是低速或带有冲击的机器，都可以使用润滑脂润滑。

目前使用最多的是钙基润滑脂，其耐水性较好，但耐温性较差，常用于 60℃ 以下的各种机械设备中轴承的润滑。钠基润滑脂耐温性较好（115～145℃ 以下），但不耐水。锂基润滑脂性能优良，耐温耐水性均较好，－20～150℃ 范围内广泛适用。

3. 固体润滑剂

固体润滑剂有石墨、二硫化钼（MoS_2）、聚氟乙烯树脂等多种品种。一般只在一些特殊场合下使用，例如在高温介质中或在低速重载条件下。目前固体润滑剂应用已逐渐广泛，例如可将固体润滑剂调和在润滑油中使用，也可以涂覆、烧结在摩擦表面形成覆盖膜，或者用固结成形的固体润滑剂嵌装在轴承中使用，或者混入金属或塑料粉末中烧结成形。

第二节　非液体摩擦滑动轴承的设计计算

非液体摩擦滑动轴承工作时，因其摩擦表面不能被润滑油完全隔开，只能形成边界油膜，存在局部金属表面的直接接触。因此，轴承工作表面的磨损和因边界油膜的破裂导致的工作表面胶合或烧瓦是其主要失效形式。设计时，约束条件是维持边界油膜不遭破裂。但由于边界油膜的强度和破裂温度的影响机理尚未完全清楚，目前的设计计算仍然只能是间接的、条件性的。实践证明，若能限制压强 $p \leqslant [p]$ 和压强与轴颈线速度的乘积 $pv \leqslant [pv]$，那么轴承是能够有效工作的。

一、限制轴承的平均压强

限制轴承平均压强可以保证润滑油不被过大的压力所挤出，避免工作表面的过度磨损。

对于径向轴承

$$p = \frac{F}{Bd} \leqslant [p] \tag{13-1}$$

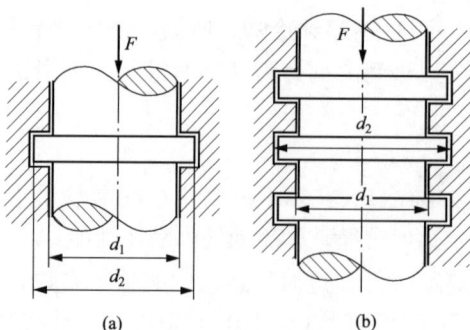

(a)　　　　(b)

图 13-7　推力轴承

式中：F 为轴承径向载荷，N；B 为轴瓦宽度，mm；d 为轴颈的直径，mm；$[p]$ 为轴瓦材料许用压强，MPa。

对于推力轴承（见图 13-7）

$$p = \frac{F}{\frac{\pi}{4}(d_2^2 - d_1^2)z} \leqslant [p] \tag{13-2}$$

式中：d_2 和 d_1 分别为环形接触面的外径和内径，通常 $d_1 = (0.6 \sim 0.8)d_2$；z 为推力轴环数。

二、限制轴承的 pv 值

pv 值与摩擦功率损耗成正比，它简略地表征轴承的发热因素。pv 值越高，轴承温升越高，容易引起边界油膜的破裂，pv 值的验算式如下：

对于径向轴承

$$pv = \frac{F}{Bd} \frac{\pi dn}{60 \times 1000} \approx \frac{Fn}{19100B} \leqslant [pv] \tag{13-3}$$

式中：n 为轴的转速，r/min；$[pv]$ 为轴瓦材料的许用值。

由图 13-7 可知，推力轴承应满足

$$v = \frac{\pi n (d_1 + d_2)}{60 \times 1000 \times 2} \tag{13-4}$$

$$pv = \frac{nF}{30000z(d_2 - d_1)} \leqslant [pv] \tag{13-5}$$

式中：z 为轴环数。

对于多环推力轴承［见图 13-7(b)］，由于制造和装配误差使各支撑面上所受的载荷不相等，$[p]$ 和 $[pv]$ 值应减小 20%～40%。

第三节　其他形式滑动轴承

一、多油楔轴承

单油楔滑动轴承承载能力大，但稳定性差（轴颈在外部干扰力作用下易偏离平衡位置），因此采用多油楔滑动轴承，它具有稳定性好，承载能力稍低，承载能力等于各油楔承载力矢量和的特点。

多油楔滑动轴承中，轴瓦的内孔制成特殊形状，目的是在工作中产生多个油楔，形成多个动压油膜，以提高轴承的工作稳定性和旋转精度。

图 13-8(a) 所示为椭圆轴承，它的顶隙和侧隙之比常制成 1：2，它与单油楔圆轴承相比，减小了顶隙而扩大了侧隙。顶隙减小，因而在顶部也可形成动压油膜；侧隙扩大，可增加端泄油量，以便降低轴承温升。工作时，椭圆轴承中形成上、下两个动压油膜，有助于提高稳定性。但与同样条件下的单油楔圆轴承相比，其摩擦损耗有所增加，且供油量增大，承载量降低。加工时，在轴承的中分面上垫上一定厚度的垫片，按圆形镗孔，然后撤去垫片，上下合拢即是椭圆轴承，因而制造椭圆轴承并不困难。

图 13-8(b) 所示为固定式三油楔轴承。工作时可以形成三个动压油膜，提高了旋转精度和稳定性，其承载能力比单油楔圆轴承低（为三个油楔中的油膜力的向量和）；其摩擦损耗为三个油楔中的损耗之和，较单油楔轴承损耗大。固定式三油楔轴承只允许轴颈沿一个固定的方向回转。

可倾瓦多油楔轴承的内表面仍按圆弧面制造，采用三片轴瓦结构时，每片的圆弧所对中心角不应超出 90°。在停车之后，上部瓦块长的一端由于自重而下垂，因而紧贴在轴上，再度启动时油不易进入间隙中。因此有些可倾瓦的长度较长，其内表面开成斜口，以便开车启动时，润滑油冲击斜口而抬升瓦块，使润滑油顺利地进入间隙，从而达到正常润滑，如图 13-8(c) 所示。

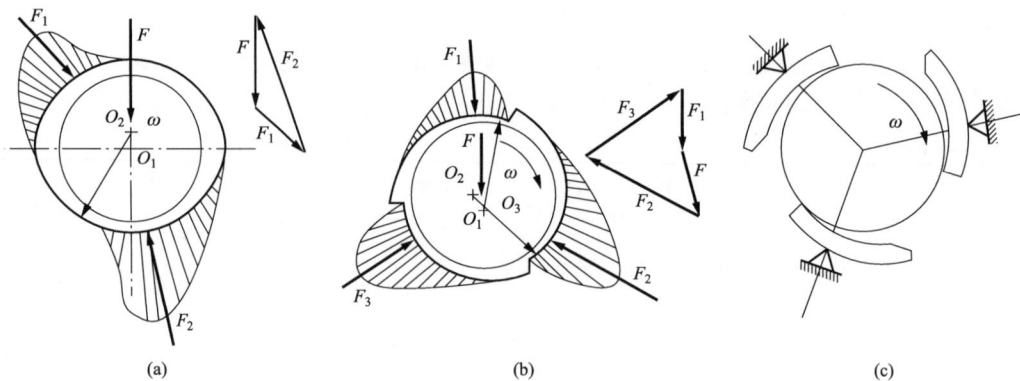

图 13-8　多油楔轴承

二、静压轴承与空气轴承

1. 静压轴承

静压轴承依靠一套供油装置，将高压油输入间隙中，强制形成油膜，保证轴承在液体摩擦状态下工作。

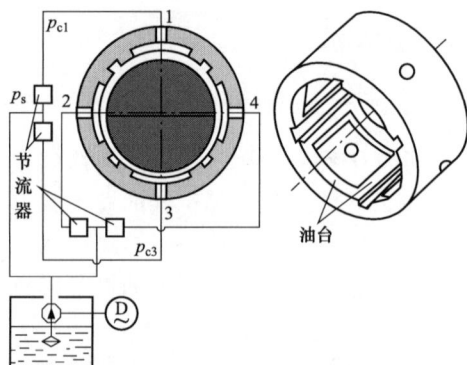

图 13-9　静压轴承的工作原理

静压轴承在轴瓦内表面上开有几个（常为四个）对称油腔，各油腔的尺寸一般相同。每个油腔四周都有适当宽度的封油面（称为油台），油腔之间用回油槽隔开，如图 13-9 所示。为使油腔具有压力补偿作用，外油路中必须为各油腔配置一个节流器。工作时，若无外载荷（不计轴的自重）作用，轴颈浮在轴承的中心位置，各油腔内压力相等，即油泵压力 p_s 通过节流器降压变为 p_c，且 $p_c = p_{c1} = p_{c3}$。当轴颈受载荷 F 后，轴颈向下产生位移 e，此时下油腔 3 四周油台与轴颈之间的间隙减小，流出的油量也随之减少，根据流量连续原理，流经节流器的流量也减少，节流器中产生的压降也减小，但供油压力 p_s 是不变的，因而 p_{c3} 必然增大。在上油腔 1 处则反之，间隙增大，回油畅通，p_{c1} 降低，上下油腔产生的压力差与外载荷平衡。因此，应用节流器能随外载荷的变化而自动调节各油腔内压力，节流器选择得恰当，可使主轴的位移 e 达到最小值。

2. 空气轴承

空气是一种取之不尽的流体，而且黏性小，它的黏度为 L-AN7 全损耗系统用油的 1/4000，所以利用空气作为润滑剂，可以解决每分钟数十万转的超高速轴承的温升问题。

空气轴承采用气体润滑。气体润滑在本质上与液体润滑一样，也有静压式和动压两类。气体润滑形成的动压气膜厚度很薄，最大不超过 $20\mu m$，故对于空气轴承要求制造十分精确，而且空气需经严格过滤。空气的黏度很少受温度的影响，因此有可能在低温及高温中应用。空气轴承没有油类污染的危险，而且回转精度高，运行噪声低。它常用于高速磨头、陀螺仪、医疗设备等方面。

空气轴承的主要缺点是承载量不能太大和密封较困难。

习 题

13-1 滑动轴承有哪些主要类型？其结构特点是什么？

13-2 整体式向心滑动轴承和剖分式向心滑动轴承各有什么结构特点和应用？

13-3 轴瓦的材料有哪些？应满足哪些基本要求？

13-4 试述多油楔轴承的工作原理及主要特点。

13-5 混合摩擦向心滑动轴承，轴径 $d=100\text{mm}$，轴承宽度 $B=120\text{mm}$，轴承承受径向载荷 $F_r=150000\text{N}$，轴的转速 $n=200\text{r/min}$，轴颈材料为淬火钢，设选用轴瓦材料为 ZCuSb10Pb1，试进行轴承的校核设计计算，判断轴瓦选用是否合适。

第十四章　滚　动　轴　承

滚动轴承是在承受载荷和彼此相对运动的零件间有滚动体做滚动运动的轴承，是将运转的轴与轴座之间的滑动摩擦变为滚动摩擦，从而减少摩擦损失的一种精密的机械元件。滚动轴承使用维护方便，工作可靠，启动性能好，在中等速度下承载能力较高。与滑动轴承比较，滚动轴承的径向尺寸较大，减振能力较差，高速时寿命低，噪声较大。

第一节　滚动轴承的主要类型

一、滚动轴承的基本组成

滚动轴承通常由内圈、外圈、滚动体及保持架四大部分构成，如图14-1所示。内圈的设计是为了与轴配合，并随之共同旋转；外圈则与轴承座相结合，发挥着稳固的支承作用。滚动体依靠保持架被均匀地分布在内圈与外圈之间，它们的形状、大小和数量对滚动轴承的使用性能和寿命产生影响。保持架不仅能确保滚动体的均匀分布，还能有效防止滚动体脱落，并在旋转过程中起到引导和润滑的关键作用。

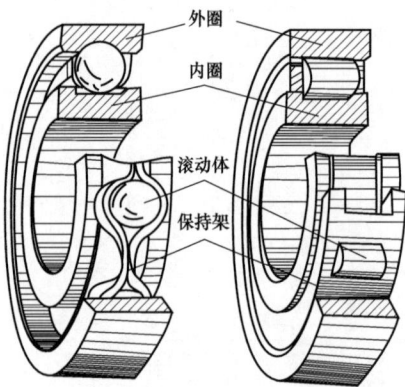

图14-1　滚动轴承的组成

二、滚动轴承的主要类型

滚动轴承通常按照承受载荷的方向（或接触角）、滚动体的状态、轴承的尺寸等进行分类，见表14-1。

（1）按承受载荷的方向（或公称接触角）分类，滚动轴承可以分为向心轴承和推力轴承。

滚动体和外圈接触处的法线与轴承径向平面（垂直于轴承轴线的平面）之间的夹角称为公称接触角，简称接触角。接触角越大，可承受的轴向力越大。

向心轴承：主要用于承受径向载荷的滚动轴承，其公称接触角为0°～45°。

推力轴承：主要用于承受轴向载荷的滚动轴承，其公称接触角大于45°～90°。

（2）按照滚动体形状分类，滚动轴承可以分为球轴承和滚子轴承。

球轴承：滚动体为球形，如图14-2(a) 所示。

滚子轴承：滚动体为滚子，按照滚动体形状，又分为圆柱滚子［见图14-2(b)］、圆锥滚子［见图14-2(c)］、球面滚子［见图14-2(d)］、滚针［见图14-2(e)］等。

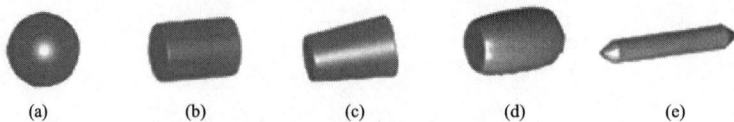

| (a) | (b) | (c) | (d) | (e) |

图14-2　滚动体的类型

（3）按照工作时能否调心，滚动轴承可分为调心轴承和非调心轴承。

调心轴承：外圈的滚道是球面形的，能适应两滚道轴心线间的角偏差及角运动的轴承。

非调心轴承（刚性轴承）：能阻抗滚道间轴心线角偏移的轴承。

（4）按照滚动体的列数，滚动轴承分为单列轴承、双列轴承和多列轴承。

单列轴承：具有一列滚动体的轴承。

双列轴承：具有两列滚动体的轴承。

多列轴承：具有多于两列滚动体的轴承，例如三列、四列轴承。

（5）按照组成部件能否分离，滚动轴承可分为可分离轴承和不可分离轴承。

可分离轴承：具有可分离部件的轴承。

不可分离轴承：轴承在最终配套后，套圈均不能任意自由分离的轴承。

（6）按照滚动轴承尺寸大小分类，滚动轴承可分为微型、小型、中小型、中大型、大型、特大型、重大型轴承。

微型轴承：公称外径尺寸范围为 26mm 以下的轴承。

小型轴承：公称外径尺寸范围为 28～55mm 的轴承。

中小型轴承：公称外径尺寸范围为 60～115mm 的轴承。

中大型轴承：公称外径尺寸范围为 120～190mm 的轴承。

大型轴承：公称外径尺寸范围为 200～430mm 的轴承。

特大型轴承：公称外径尺寸范围为 440～2000mm 的轴承。

重大型轴承：公称外径尺寸范围为 2000mm 以上的轴承。

表 14-1　　　　　　　　　　常用滚动轴承的类型和特点

类型及代号	结构简图及承载方向	极限转速	主要性能及应用
调心球轴承 （1）		中	调心球轴承有两列钢球，内圈有两条滚道，外圈滚道为内球面形，具有自动调心的性能，可以自动补偿由于轴的挠曲和壳体变形产生的同轴度误差。主要承受径向载荷，也可同时承受少量的双向轴向载荷。主要应用于联合收割机等农业机械、鼓风机、造纸机、纺织机械、木工机械、桥式吊车走轮及传动轴等
调心滚子轴承 （2）		中	调心滚子轴承具有两列滚子，主要承受径向载荷，同时也能承受任一方向的轴向载荷。该种轴承径向载荷能力高，其承载能力比调心球轴承大，具有调心性能，适用于弯曲刚度小的轴。特别适用于重载或振动载荷下工作，主要应用于造纸机械、减速装置、铁路车辆车轴、轧钢机齿轮箱座、破碎机、各类产业用减速机等
圆锥滚子轴承 （3）		中	圆锥滚子轴承为分离型轴承，其内圈（含圆锥滚子和保持架）和外圈可以分别安装。主要适用于承受以径向载荷为主的径向与轴向联合载荷。轴承游隙可在安装时调整，通常成对使用，对称安装。主要应用于汽车后桥轮毂、大型机床主轴、大功率减速器、车轴轴承箱等
推力球轴承 （5）	单向 双向	低	推力球轴承只能承受轴向负荷，单向推力球轴承只能承受一个方向的轴向负荷，双向推力球轴承可以承受两个方向的轴向负荷。推力球轴承是一种分离型轴承，不能限制轴的径向位移，适用于轴向力大而转速较低的场合，主要应用于汽车转向机构、机床主轴等

类型及代号	结构简图及承载方向	极限转速	主要性能及应用
深沟球轴承 (6)		高	深沟球轴承主要承受径向载荷，也可承受一定的轴向载荷。摩擦阻力小，极限转速高。深沟球轴承结构简单，使用方便，是应用范围最广的一类轴承，主要应用于汽车、拖拉机、机床、电动机、水泵、农业机械、纺织机械等
角接触球轴承 (7)		较高	角接触球轴承能同时承受径向载荷与轴向载荷，也可以承受纯轴向载荷，其轴向载荷能力由接触角决定，并随接触角增大而增大。接触角 α 有 15°、25°、40°三种。适用于转速较高、同时承受径向和轴向载荷的场合，主要应用于油泵、空气压缩机、各类变速器、燃料喷射泵、印刷机械等
圆柱滚子轴承 (N)		高	圆柱滚子轴承的滚子通常由一个轴承套圈的两个挡边引导，保持架、滚子和引导套圈组成一组合件，可与另一个轴承套圈分离，属于可分离轴承。此种轴承安装、拆卸比较方便。一般只用于承受径向载荷，主要应用于大型电动机、机床主轴、车轴轴箱、柴油机曲轴、汽车的变速箱等

第二节 滚动轴承的代号

滚动轴承是标准件，国家规定使用字母加数字来描述滚动轴承的类型、尺寸、公差等级和结构特点，即滚动轴承的代号。GB/T 272—2017 规定轴承的代号由三部分组成：前置代号、基本代号和后置代号。基本代号是轴承代号的基础。前置代号和后置代号都是轴承代号的补充，只有在遇到对轴承结构、形状、材料、公差等级、技术要求等有特殊要求时才使用，一般情况可部分或全部省略。

一、基本代号

基本代号是核心部分，由类型代号、内径代号、尺寸系列代号组成。

轴承类型代号：由一位或几位数字或字母组成，见表 14-1，用基本代号左起第一位数字表示。

轴承内径用基本代号右起第一、二位数字表示。对常用内径 $d=20\sim480\text{mm}$ 的轴承内径一般为 5 的倍数，这两位数字表示轴承内径尺寸被 5 除得的商数，例如，04 表示 $d=20\text{mm}$，12 表示 $d=60\text{mm}$ 等。对于内径为 10、12、15、17mm 的轴承，内径代号依次为 00、01、02、03。对于内径小于 10mm 和大于 500mm 轴承，内径表示方法另有规定。

轴承的直径系列（即结构相同、内径相同的轴承在外径和宽度方面的变化系列）用基本代号右起第三位数字表示。例如，对于向心轴承和向心推力轴承，0、1 表示特轻系列，2 表示轻系列，3 表示中系列，4 表示重系列，7 表示特轻，8、9 表示超轻。推力轴承尺寸分直径系列与向心轴承略有不同。其中，0 表示超轻系列，1 表示特轻系列，2 表示轻系列，3 表示中系列，4 表示重系列，5 表示特重系列。

轴承的宽度系列（即结构、内径和直径系列都相同的轴承宽度方面的变化系列）用基本代号右起第四位数字表示见表 14-2。

代号	7	8	9	0	1	2	3	4	5	6
宽度系列	—	特窄	—	窄	正常	宽	特宽			

表 14-2 　宽度系列代号

二、前置代号与后置代号

前置代号和后置代号是轴承在结构形状、尺寸、公差、技术要求等改变时，在基本代号左右添加的补充代号。

前置代号用于表示轴承的分部件，用字母表示，在基本代号的左面，有 L、K、R、WS、GS 等，例如用 L 表示可分离轴承的可分离套圈、K 表示轴承的滚动体与保持架组件等。

后置代号在基本代号的右面，包括：

（1）内部结构代号：C、AC、B，如果是角接触球轴承，分别代表接触角 $\alpha = 15°$、$25°$、$40°$。

（2）密封、防尘与外部形状变化代号。

（3）保持架代号。

（4）轴承材料改变代号。

（5）轴承的公差等级：轴承的公差等级分为 2 级、4 级、5 级、6 级、6X 级和 0 级，共 6 个级别，依次由高级到低级，其代号分别为/P2、/P4、/P5、/P6、/P6X 和/P0。公差等级中，6X 级仅适用于圆锥滚子轴承；0 级为普通级，在轴承代号中不标出。

（6）轴承的径向游隙代号：常用的轴承径向游隙系列分为 1 组、2 组、0 组、3 组、4 组和 5 组，共 6 个组别，径向游隙依次由小到大。0 组游隙是常用的游隙组别，在轴承代号中不标出，其余的游隙组别在轴承代号中分别用/C1、/C2、/C3、/C4、/C5 表示。

（7）常用配置、预紧及轴向游隙代号。

（8）其他。

【例 14-1】 试说明滚动轴承代号 7312C 和 51410/P6 的含义。

解 （1）7312C：7—类型代号，角接触球轴承；03—尺寸系列代号，宽度系列为 0，省略未写，03 为窄中系列；12—内径代号，$d = 60$mm；C—公称接触角，$\alpha = 15°$。

（2）51410/P6：5—类型代号，单向推力球轴承；14—尺寸系列代号，为正常高度、重系列；10—内径代号，$d = 50$mm；P6—公差等级符合标准规定 6 级。

第三节　滚动轴承类型的选择

各类滚动轴承有不同的特性，因此选用轴承时，必须根据轴承实际工作情况合理选择，一般应考虑如下因素。

一、承受载荷的大小、方向和性质

（1）当主要承载径向载荷，而轴向载荷较小，且工作条件为高转速、平稳运行并无其他特殊要求时，深沟球轴承应为首选。

（2）在仅需承受纯径向载荷，且工作在低转速、重载或存在冲击的环境下，圆柱滚子轴承是最佳选择。

（3）若仅需承受纯轴向载荷，推荐使用推力球轴承或推力圆柱滚子轴承。

（4）当需要同时承受较大的径向和轴向载荷时，应考虑使用角接触球轴承或圆锥滚子轴承。

（5）在同时承受较大的径向和轴向载荷，且轴向载荷远大于径向载荷的情况下，推荐使用推力轴承和深沟球轴承的组合配置。

二、转速条件

在选择轴承类型时，要注意其能够承受的极限转速。

（1）相较于滚子轴承，球轴承具有更高的极限转速，因此在高速运转的工况下，球轴承是更优的选择。

（2）当两个轴承内径相同时，外径更小的轴承，其滚动体会更加轻小。这种设计能够减小运转过程中滚动体对滚道产生的离心惯性力，从而使得轴承能够在更高的转速下稳定工作。因此，在需要高速运转的场合，应当优先考虑选择超轻、特轻或轻系列的轴承。而重系列和特重系列的轴承，由于其设计特性，更适合用于低速但承载重的场合。

（3）为了进一步提升轴承在高速运转中的性能，可以采取一些措施。例如，提高轴承的精度等级，选择循环润滑方式，并增强对循环油的冷却。这些举措都能有效地改善轴承在高速运转时的稳定性和耐久性。

三、装调性能

圆锥滚子轴承和圆柱滚子轴承的内外圈可分离，便于装拆。

四、调心性能

（1）当两轴承座孔的同轴度误差偏大，或者轴的刚度不足、在工作中弯曲变形较明显时，建议选择调心球轴承或调心滚子轴承，以确保轴系的稳定性和运行效率。

（2）对于跨距较大或难以确保两轴承孔同轴度的轴，以及具有多个支承点的轴系，选择使用调心轴承，它能有效适应轴系的不对中情况。需要注意的是，调心轴承需要成对使用，如果单独使用，将无法发挥其调心功能，从而失去其特有的自适应调整优势。

五、经济性

在满足实际应用需求的前提下，应当优先考虑成本效益，选择价格更为便宜的轴承。通常，球轴承相较于滚子轴承具有价格优势，同时径向接触轴承的成本往往低于角接触轴承。此外，在轴承的精度等级方面，0级精度的轴承价格相对较低，相较于其他公差等级的轴承，更为经济实用。

第四节　滚动轴承的尺寸选择

一、失效形式和计算准则

滚动轴承的失效主要表现为三种形式：疲劳点蚀、塑性变形及磨损。

1. 疲劳点蚀

在滚动轴承运行时，各个滚动体所承受的载荷不尽相同，因此在滚动体与内外圈的接触面上会产生变化的接触应力。当这种接触应力超出其承受极限时，表面下层会产生疲劳裂纹，这些裂纹会逐渐扩展至表面，最终形成疲劳点蚀。此现象会损害轴承的旋转精度，并可能引发噪声、冲击和振动。因此，疲劳点蚀被视为滚动轴承失效的主要形式。

2. 塑性变形

在滚动轴承低速运转时，疲劳点蚀的风险降低。然而，若轴承承受过大的静载荷或冲击载荷，滚道与滚动体的接触区域会产生显著的局部应力。当这种应力超出材料的屈服极限时，滚动体和套圈的接触部位便会出现不规则的凹陷，即发生塑性变形，从而导致轴承失效。

3. 磨损

如果滚动轴承的使用或维护不当，或者其密封与润滑状态不良，都可能导致轴承的滚动体或套圈滚道出现磨粒磨损。

此外，滚动轴承还可能因腐蚀、锈蚀而失效。在高速运转时，甚至可能发生胶合失效。同时，配合不当或拆装不合理等非正常操作也可能导致内外套圈和保持架的破损，进而影响轴承的正常工作。

针对这些失效形式，在选择滚动轴承类型后，需确定其型号和尺寸，具体计算准则如下：

（1）针对疲劳点蚀，主要依据疲劳强度来进行寿命计算。

（2）对于塑性变形，关键在于进行静强度计算，确保工作能力不超出轴承材料的屈服强度。

（3）对于高速运转的轴承，需要核算其极限转速，以确保安全稳定运行。

二、滚动轴承的寿命计算

1. 基本概念

（1）轴承的基本额定寿命。滚动轴承的实际使用寿命，指的是在单个轴承出现疲劳点蚀之前能够转过的总转数，或在特定的转速下持续工作的小时数。尽管一批轴承可能具有相同的规格并在相同的工作条件下运转，由于制造工艺、使用材料及热处理手段的差异，它们的寿命可能会有显著的差别。为确保轴承的可靠性，国家标准规定采用基本额定寿命作为计算依据。基本额定寿命，是指在一批条件相同的轴承中，有90%的轴承在疲劳失效前能达到的总转数，或在特定转速下的总工作时长。这个标准通常用 L_{10} 或 L_h 来表示。由此可见，基本额定寿命与轴承的损坏率紧密相关：每一个轴承在基本额定寿命期间能正常工作的概率是90%，而在此期间出现点蚀损坏的概率为10%。

（2）基本额定动载荷。轴承的基本额定动载荷，是指轴承在达到 $10^6 r$ 的基本额定寿命时，所能承受的最大载荷，通常用字母 C 来表示。对于向心轴承，这个载荷是纯径向的，记作 C_r；对于推力轴承，这个载荷是纯轴向的，常表示为 C_a。

（3）基本额定静载荷。基本额定静载荷，是指在轴承的内外圈之间没有相对转动时，受载最大的滚动体与滚道接触点达到某一特定应力值（调心轴承为4600MPa，其他轴承为4200MPa）时，轴承所能承受的最大载荷。这个值通常用 C_0 来表示，如果是径向的额定静载荷，则用 C_{0r} 来表示。

（4）当量动载荷与当量静载荷。虽然基本额定动载荷是在特定运转条件下确定的，但在实际应用中，轴承往往会同时受到径向和轴向的复合载荷。因此，在进行轴承寿命的计算时，需要将实际作用在轴承上的这种复合载荷转换成一个假想的、与基本额定动载荷方向相同的载荷，这个转换后的载荷称为当量动载荷，用 P 来表示。

同样地，当量静载荷也是一个等效的假想载荷。它表示在此载荷作用下，受载最大的滚动体与滚道接触处的最大接触应力，与实际作用下的最大接触应力相等。这个假想载荷则称为当量静载荷，通常用 P_0 来表示。

2. 滚动轴承疲劳寿命计算

试验表明，滚动轴承的寿命 L（以 10^6 r 为单位）与基本额定动载荷 $C(\mathrm{N})$ 及当量动载荷 $P(\mathrm{N})$ 之间存在一种特定关系。这一关系可表达如下：

$$L_{10} = \left(\frac{C}{P}\right)^{\varepsilon} \tag{14-1}$$

式中：ε 为寿命指数，对于球轴承 $\varepsilon=3$，对于滚子轴承 $\varepsilon=10/3$。

为了方便实际计算，通常会将轴承寿命转换为小时数，转换公式如下：

$$L_{\mathrm{h}} = \frac{10^6}{60n}\left(\frac{C}{P}\right)^{\varepsilon} \tag{14-2}$$

式中：n 为轴承的转速，r/min。

温度变化会对轴承元件材料造成一定影响，特别是在轴承硬度方面，它可能会降低，从而影响承载能力。为了更准确地预测轴承寿命，引入了一个温度系数 f_t 对原有的寿命计算公式进行修正。这个温度系数可以根据表 14-3 来查找。

另外，工作中的冲击和振动也会影响轴承的寿命。为了考虑这一因素，引入了载荷系数 f_p，这个系数可以根据工作条件的不同进行调整，具体数值可参考表 14-4。通过引入这些系数，能够更精确地评估和预测轴承在实际工作环境中的使用寿命。

表 14-3 温度系数 f_t

轴承工作温度（℃）	≤120	125	150	175	200	225	250	300	350
温度系数 f_t	1.00	0.95	0.90	0.85	0.80	0.75	0.70	0.6	0.5

表 14-4 载荷系数 f_p

载荷性质	f_p	使用场合
无冲击或轻微冲击	1.0~1.2	电动机、汽轮机、通风机、水泵等
中等冲击或中等惯性力	1.2~1.8	车辆、动力机械、起重机、造纸机、冶金机械、选矿机、卷扬机、机床等
强大冲击	1.8~3.0	破碎机、轧钢机、钻探机、振动筛等

式（14-2）修正后，寿命计算式可写为

$$L_{\mathrm{h}} = \frac{10^6}{60n}\left(\frac{f_t C}{f_p P}\right)^{\varepsilon} \tag{14-3}$$

式（14-3）是设计计算时常用的轴承寿命计算公式，由此确定轴承的寿命和型号。

各类机器中轴承的预期寿命 L_{h} 的参考值见表 14-5。

表 14-5 推荐的轴承预期计算寿命 L_{h}

机器类型和使用场合	预期计算寿命 $L_{\mathrm{h}}(\mathrm{h})$
不经常使用的仪器或设备，例如闸门开闭装置等	300~3000
短期或间断使用的机械，中断使用不致引起严重后果，例如手动机械等	3000~8000

续表

机器类型和使用场合	预期计算寿命 L_h(h)
间断使用的机械，中断使用后果严重，例如发动机辅助设备、流水作业线自动传送装置、升降机、车间吊车、不常使用的机床等	8000～12000
每日 8h 工作的机械（利用率不高），例如一般的齿轮传动、某些固定电动机等	12000～20000
每日 8h 工作的机械（利用率较高），例如金属切削机床、连续使用的起重机、木材加工机械、印刷机械等	20000～30000
24h 连续工作的机械，例如矿山升降机、纺织机械、泵、电动机等	40000～60000
24h 连续工作的机械，中断使用后果严重，例如纤维生产或造纸设备、发电站主电动机、矿井水泵、船舶桨轴等	100000～200000

3. 滚动轴承的当量动载荷

滚动轴承的基本额定动载荷，在向心轴承中，特指内圈在旋转而外圈保持静止时所承受的径向载荷。对于向心推力轴承，这一额定载荷则指的是使滚道半圈承受负载的径向分量。在推力轴承中，它代表的是中心轴向的载荷。然而，在轴承的实际工作环境中，它们往往承受着径向和轴向载荷的复合影响。

通过试验，可以得到轴承的基本额定动载荷，这通常表示为径向载荷 F_r 或轴向载荷 F_a。为了评估轴承的使用寿命，并且能在与基本额定动载荷相同的条件下进行比较，需要将轴承在实际工作中的复合载荷转化为一个等效的当量动载荷 P。这一转化的原则是：在当量动载荷 P 的作用下，轴承的寿命应该与在实际复合载荷作用下的寿命完全相同。这样的转化不仅有助于更准确地预测和评估轴承的使用寿命，同时也提供了一个统一的标准，使不同工作条件下的轴承寿命可以进行有效的对比和分析。

在不变的径向和轴向载荷作用下，当量动载荷的计算公式为

$$P = XF_r + YF_a \tag{14-4}$$

式中：F_r、F_a 分别为轴承所受的径向载荷及轴向载荷，N；X、Y 分别为径向载荷系数及轴向载荷系数，可查表 14-6 获得，e 与轴承类型和 F_a/C_{0r} 的比值有关。

对于向心轴承：

当 $F_a/F_r > e$ 时，表示轴向载荷的影响较大，计算当量动载荷时必须考虑 F_a 的作用，此时

$$P = XF_r + YF_a \tag{14-5}$$

当 $F_a/F_r \leq e$ 时，表示轴向载荷的影响较小，计算当量动载荷时 F_a 可忽略（这时 $X = 1$，$Y = 0$），此时

$$P = F_r \tag{14-6}$$

对于只能承受纯径向载荷的向心圆柱滚子轴承、滚针轴承、螺旋滚子轴承：

$$P = F_r \tag{14-7}$$

对于只能承受纯轴向载荷的推力轴承：

$$P = F_a \tag{14-8}$$

表 14-6   **当量动载荷的 X、Y 系数**

轴承类型		F_a/C_{0r}	e	$F_a/F_r > e$		$F_a/F_r \leqslant e$	
				X	Y	X	Y
深沟球轴承 （6 类）		0.014	0.19		2.30		
		0.028	0.22		1.99		
		0.056	0.26		1.71		
		0.084	0.28		1.55		
		0.11	0.30	0.56	1.45	1	0
		0.17	0.34		1.31		
		0.28	0.38		1.15		
		0.42	0.42		1.04		
		0.56	0.44		1.00		
角接触球 轴承（7 类）	7000C($\alpha=15°$)	0.015	0.38		1.47		
		0.029	0.40		1.40		
		0.058	0.43		1.30		
		0.087	0.46		1.23		
		0.12	0.47	0.44	1.19	1	0
		0.17	0.50		1.12		
		0.29	0.55		1.02		
		0.44	0.56		1.00		
		0.58	0.56		1.00		
	7000AC($\alpha=25°$)	—	0.68	0.41	0.87	1	0
	7000B($\alpha=40°$)	—	1.14	0.35	0.57	1	0
圆锥滚子轴承（3 类）		—	见手册	0.40	见手册	1	0

4. 角接触向心轴承轴向载荷的计算

角接触向心轴承的结构特性使得滚道与滚动体的接触处存在一个接触角 α。当这种轴承承受径向载荷 F_r 时，会因此产生一个轴向力 F_s，此力通过滚动体在受载区域内对内圈施加影响，如图 14-3 所示。F_s 被称为轴承的内部轴向力，它构成了轴承所承受的轴向载荷的一部分。同时，一个相反方向的反作用力会作用于外圈。若无外部轴向载荷来平衡这种反作用力，滚动体（及内圈）将会与外圈分离。F_s 的近似值可依据表 14-7 中的公式来进行计算。

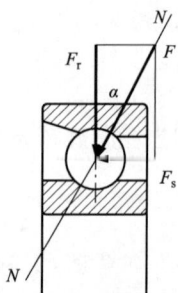

图 14-3 径向载荷产生的轴向分量

表 14-7   **角接触向心轴承内部轴向力 F_s**

圆锥滚子轴承	角接触球轴承		
	$\alpha=15°$	$\alpha=25°$	$\alpha=40°$
$F_s = F_r/(2Y)$	$F_s = eF_r$	$F_s = 0.68F_r$	$F_s = 1.14F_r$

为使角接触向心轴承内部轴向力得到平衡，以免轴产生窜动，通常这类轴承都要成对使用，对称安装。安装方式有两种：如图 14-4(a) 所示，外圈窄边相对，称为面对面安装，也称为正装，轴向力相对，适合于传动零件位于两支承之间的情况；如图 14-4(b) 所示，外圈宽边相对，称为背靠背安装，也称为反装，轴向力相背，适合于传动零件处于外伸端的情况。

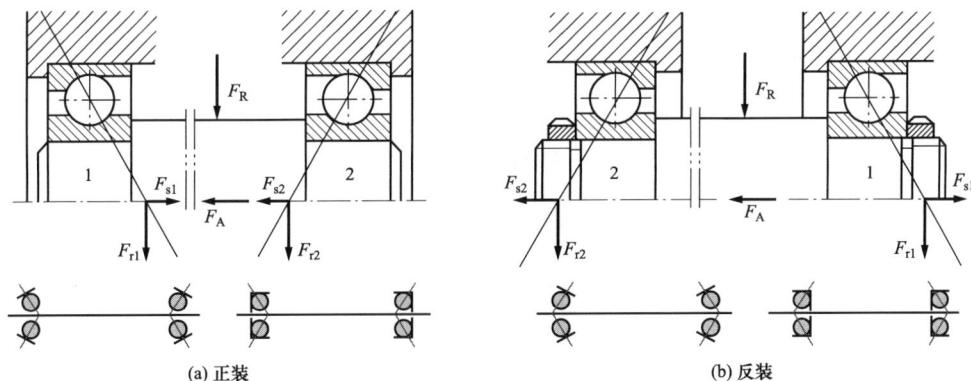

图 14-4 轴承的安装形式及简图

若把轴和轴承内圈视为一体，各轴承承受的轴向载荷可以通过力学平衡计算。对于图 14-4(a) 中的轴承安装，轴承受力有两种情况：

(1) 若 $F_A + F_{s2} > F_{s1}$，则轴有左移的趋势，此时轴承 1 由于被端盖顶住而压紧（简称紧端），而轴承 2 则被放松（简称松端）。由力的平衡条件得

$$\left.\begin{aligned}压紧端 &: F_{a1} = F_A + F_{s2}\\放松端 &: F_{a2} = F_{s2}\end{aligned}\right\} \tag{14-9}$$

(2) 若 $F_A + F_{s2} < F_{s1}$，则轴有右移的趋势，此时轴承 2 由于被端盖顶住而压紧（简称紧端），而轴承 1 则被放松（简称松端）。由力的平衡条件得

$$\left.\begin{aligned}放松端 &: F_{a1} = F_{s1}\\压紧端 &: F_{a2} = F_{s1} - F_A\end{aligned}\right\} \tag{14-10}$$

综上可知，计算角接触球轴承所受轴向力的方法可归结为以下几个方面：

(1) 根据轴承的安装方式及轴承类型，确定轴承派生轴向力方向及大小。

(2) 确定轴上的轴向外载荷的方向、大小（即所有外部轴向载荷的代数和）。

(3) 判明轴上全部轴向载荷（包括外载荷和轴承的派生轴向载荷）的合力指向；根据轴承的安装形式，找出被"压紧"的轴承及被"放松"的轴承。

(4) 被"压紧"轴承的轴向载荷等于除本身派生轴向载荷以外的其他所有轴向载荷的代数和（即另一个轴承的派生轴向载荷与外载荷的代数和）。

(5) 被"放松"轴承的轴向载荷等于轴承自身的派生轴向载荷。

三、滚动轴承的静强度计算

当轴承的转速较低或进行间歇摆动时，其主要的失效模式是因滚动体接触面上的接触应力过大而导致的永久凹坑，即材料发生了不可恢复的形变。在这种情况下，需要根据轴承的静强度来选择其尺寸。

在常规条件下，只要轴承滚动体与滚道的接触中心所产生的接触应力不超过一定阈值，大部分轴承都能保持其正常工作状态。鉴于此，国家标准规定，使承受最大载荷的滚动体与内外滚道接触处的应力达到某一特定值的载荷，称为基本额定静载荷，用 C_0 来表示。这个值可以查阅相关的手册或产品样本得到。

若轴承实际承受的是径向和轴向的复合载荷，就需要通过计算当量静载荷 P_0 来评估轴承的静强度。具体的计算根据式 (14-11)，其中 X_0 和 Y_0 分别是径向和轴向的静载荷系数，

可以从表 14-8 中查找；S_0 代表静强度安全系数，其数值则可从表 14-9 中获得。

$$P_0 = X_0 F_r + Y_0 F_a \leqslant \frac{C_0}{S_0} \tag{14-11}$$

表 14-8   **静载荷系数 X_0、Y_0**

轴承类型		X_0	Y_0
深沟球轴承		0.6	0.5
角接触球轴承	7000C	0.5	0.4
	7000AC		0.38
	7000B		0.2
圆锥滚子轴承		0.5	查设计手册

表 14-9   **静强度安全系数 S_0**

旋转条件	载荷条件	S_0	使用条件	S_0
连续旋转轴承	普通载荷	1～2	高精度旋转场合	1.5～2.5
	冲击载荷	2～3	振动冲击场合	1.2～2.5
不常旋转及做摆动运动的轴承	普通载荷	0.5	普通精度旋转场合	1.0～1.2
	冲击及不均匀载荷	1～1.5	允许有变形量	0.3～1.0

【例 14-2】 一水泵选用深沟球轴承，已知轴颈 $d=35\text{mm}$，转速 $n=2900\text{r/min}$，轴承所受的径向力 $F_r=2300\text{N}$，轴向力 $F_a=540\text{N}$，要求使用寿命 $L_h=5000\text{h}$，试选择轴承型号。

解 （1）先求出当量动载荷 P。

因为轴承型号未选出前暂不知道额定静载荷 C_{0r}，故用试算法。

根据表 14-6 暂取 $F_a/C_{0r}=0.028$，$e=0.22$。

因 $F_a/F_r=540/2300=0.235>e$，$X=0.56$，$Y=1.99$

则 $P=XF_r+YF_a=0.56\times2300+1.99\times540=2360$ （N）

（2）求所需的基本额定动载荷。

根据表 14-4，$f_p=1.1$；根据表 14-3，$f_t=1$。

$$C_r = \frac{f_p P}{f_t} \sqrt[\varepsilon]{\frac{60nL_h}{10^6}} = 1.1 \times 2360 \times \sqrt[3]{\frac{2900 \times 60 \times 5000}{10^6}} = 24800 (\text{N})$$

（3）选轴承型号。查手册得

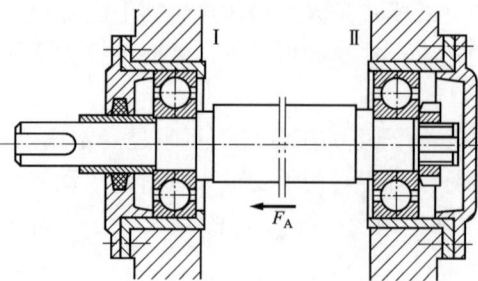

图 14-5 ［例 14-3］图

6307 轴承，$C_r=33.2\text{kN}$，$C_{0r}=19.2\text{kN}$。

6207 轴承，$C_r=25.5\text{kN}$，$C_{0r}=15.2\text{kN}$。

6307 轴承，$F_a/C_{0r}=540/19200=0.0281$ 与原假设 $e=0.028$ 相近。

6207 轴承 $F_a/C_{0r}=540/15200=0.0355$ 与原假设 $e=0.028$ 相远。

故取 6307 轴承。

【例 14-3】 某传动装置如图 14-5 所示，轴上装有一对 6309 轴承，两轴承上的径向负荷分

别为 $F_{r1}=5600\text{N}$，$F_{r2}=2500\text{N}$，轴向载荷 $F_A=1800\text{N}$，轴的转速 $n=1450\text{r/min}$，预期寿命 $L'_h=2500\text{h}$，工作温度不超过 100℃，但有中等冲击。试校核轴承的工作能力。若工作能力不满足要求，如何改进？

解 （1）确定轴承轴向力 F_{a1}、F_{a2}。

由组合结构可知，轴承 I（左端）为固定支承，轴承 II 为游动支承，其外部轴向力 F_a 由轴承 I 承受，轴承 II 不承受轴向力，两轴承的轴向力分别是 $F_{a1}=F_A=1800\text{N}$，$F_{a2}=0$。

（2）计算轴承当量动载荷 P_1、P_2。

由手册查得 6309 轴承的 $C_r=40.8\text{kN}$，$C_{0r}=29.8\text{kN}$，有中等冲击，查表 14-4 得 $f_p=1.5$。

因轴承 I 同时承受径向载荷和轴向载荷，故

$$\frac{F_{a1}}{C_{0r}}=\frac{1800}{29800}=0.0604$$

由插值法得

$$e=0.26+\frac{0.28-0.26}{0.084-0.056}\times(0.0604-0.056)=0.263$$

$$\frac{F_{a1}}{F_{r1}}=\frac{1800}{5600}=0.321>e$$

$$X_1=0.56,Y_1=1.685$$

$$P_1=f_p(X_1F_{r1}+Y_1F_{a1})=1.5\times(0.56\times5600+1.685\times1800)=9253.5(\text{N})$$

而轴承 II，因其只承受纯径向载荷，则

$$P_2=f_pF_{r2}=1.5\times2500=3750(\text{N})$$

（3）校核轴承工作能力。

$$L_h=\frac{10^6}{60n}\left(\frac{f_tC}{P}\right)^\varepsilon$$

取 $f_t=1$，$\varepsilon=3$，且 $P_1>P_2$，按 P_1 计算

$$L_h=\frac{10^6}{60\times1450}\times\left(\frac{1\times40800}{9253.5}\right)^3=985(\text{h})<L'=2500\text{h}$$

工作能力不能满足要求。

（4）改进措施。改选轴承型号为 6409 轴承，经计算（计算过程略）满足轴承寿命要求。

【例 14-4】 如图 14-6 所示，蜗轮轴上安装有一对 30207 轴承，轴承上的载荷分别为 $F_{r1}=5000\text{N}$，$F_{r2}=2800\text{N}$，轴向载荷 $F_A=1000\text{N}$，工作温度为 125℃，载荷平稳，$n=720\text{r/min}$，试计算两轴承的寿命。

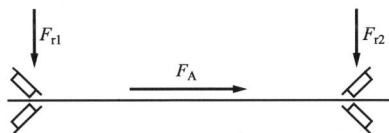

图 14-6 ［例 14-4］图

解 对于 30207 轴承，$C_r=51.5\text{kN}$，$e=0.37$，$F_a/F_r>e$ 时，$X=0.4$，$Y=1.6$。

（1）计算轴承轴向载荷。

$$F_{s1}=\frac{F_{r1}}{2Y}=\frac{5000}{2\times1.6}=1563(\text{N})$$

$$F_{s2}=\frac{F_{r2}}{2Y}=\frac{2800}{2\times1.6}=875(\text{N})$$

$$F_{s2} + F_A = 875 + 1000 = 1875(\text{N}) > F_{s1}$$
$$F_{a1} = F_{s2} + F_A = 1875\text{N}$$
$$F_{a2} = F_{s2} = 875\text{N}$$

（2）计算当量动载荷 P_1、P_2。

$$\frac{F_{a1}}{F_{r1}} = \frac{1875}{5000} = 0.375 > e = 0.37 \quad X_1 = 0.4, Y_1 = 1.6$$

$$\frac{F_{a2}}{F_{r2}} = \frac{875}{2800} = 0.31 < e = 0.37 \quad X_2 = 1, Y_2 = 0$$

载荷平稳，取 $f_p = 1$。

$$P_1 = f_p(X_1 F_{r1} + Y_1 F_{a1}) = 1 \times (0.4 \times 5000 + 1.6 \times 1875) = 5000(\text{N})$$
$$P_2 = f_p(X_2 F_{r2} + Y_2 F_{a2}) = 1 \times (1 \times 2800 + 0 \times 875) = 2800(\text{N})$$

（3）计算两轴承的寿命 L_{h1}、L_{h2}。

$$L_h = \frac{10^6}{60n}\left(\frac{f_t C}{P}\right)^\varepsilon \quad \text{其中} f_t = 0.95, \varepsilon = 10/3$$

$$L_{h1} = \frac{10^6}{60 \times 720} \times \left(\frac{0.95 \times 51500}{5000}\right)^{10/3} = 46386(\text{h})$$

$$L_{h2} = \frac{10^6}{60 \times 720} \times \left(\frac{0.95 \times 51500}{2800}\right)^{10/3} = 320449(\text{h})$$

第五节　滚动轴承的润滑和密封

一、滚动轴承的润滑

润滑对于滚动轴承而言具有至关重要的意义。轴承中的润滑剂不仅能够有效降低摩擦阻力，还能发挥散热、减小接触应力、吸收振动、防止锈蚀等多重作用。

滚动轴承的润滑方式主要有油润滑和脂润滑两种，特殊情况下，也可以使用固体润滑剂。选择何种润滑方式，主要取决于轴承的速度，这通常用滚动轴承的 dn 值（d 代表滚动轴承内径，mm；n 代表轴承转速，r/min）来衡量。当 dn 值在一定范围内时[$dn < (1.5 \sim 2) \times 10^5 \text{mm} \cdot \text{r/min}$]，脂润滑是适用的；一旦超过这个范围，油润滑则更为合适。

1. 脂润滑

润滑脂是一种具有黏稠度的凝胶状材料，其润滑膜强度高，能承受较大的载荷而不易流失，同时具备良好的密封性。因此，一次加脂就可以维持相当长的时间。滚动轴承的装脂量通常占轴承内部空间容积的 1/3～2/3。这种润滑方式特别适用于那些不便频繁添加润滑剂或不允许润滑油流失而污染产品的工业机械。然而，它的局限性在于只适用于较低的 dn 值。

2. 油润滑

在高速高温的工作环境下，当脂润滑无法满足需求时，通常会采用油润滑。润滑油的主要特性在于其黏度。一般而言，转速越高，应选择的润滑油黏度越低；载荷越大，则应选择黏度更高的润滑油。根据工作温度和 dn 值，可以确定所需润滑油的黏度，并据此从润滑油产品目录中选择合适的润滑油牌号。

二、滚动轴承的密封

滚动轴承密封的目的是防止灰尘、水分和杂质等进入轴承，同时也阻止润滑剂的流失。

良好的密封可保证机器正常工作，降低噪声，延长有关零件的寿命。滚动轴承的密封可分为接触式密封和非接触式密封。具体形式、适用范围和性能见表 14-10。

表 14-10　　　　　　　　　　　　　　　**常用轴承的密封形式**

密封类型	图例	适用场合	说明
接触式密封	 毡圈油封	这种密封结构简单，但摩擦较大，只用于滑动速度小于 4～5m/s 的地方。与毡圈油封相接触的轴表面如经过抛光且毛毡质量高时，可用到滑动速度达 7～8m/s 之处	在轴承盖上开出梯形槽，将细毛毡制成环形（尺寸不大时）或带形（尺寸较大时），放置在梯形构中以与轴密合接触；或者在轴承盖上开缺口，放置毡圈油封，以调整毛毡与轴的密合程度，从而提高密封效果
	 (a)　　　　　　(b) 唇形密封圈密封	可用到接触面滑动速度小于 10m/s 处。轴与唇形密封圈接触处最好经过局部硬化处理，以增强耐磨性	在轴承盖中，放置一个用耐油橡胶制的唇形密封圈。如果主要是为了封油，密封唇应对着轴承［见图(a)］；如果主要是为了防止外物浸入，则密封唇应背着轴承［见图(b)］
非接触式密封	 (a)　　　　　　(b) 间隙密封	对使用脂润滑的轴承而言，具有一定的密封效果	在轴和轴承盖的通孔壁之间留一个极窄的隙缝，半径间隙通常为 0.1～0.3mm［见图(a)］。如果在轴承盖上车出环槽［见图(b)］，在槽中填以润滑脂，可以提高密封效果
	 (a)　　　　　　(b) 迷宫密封	适用于脂润滑或油润滑，工作环境要求不高，密封可靠的场合。结构复杂，制作成本高	迷宫密封是由旋转的和固定的密封零件之间排成的曲折的狭缝所形成的，纵向间隙要求 1.5～2mm。隙缝中填入润滑脂，可增加密封效果。根据部件的结构，曲路的布置可以是径向的［见图(a)］或轴向的［见图(b)］

续表

密封 类型	图例	适用场合	说明
混 合 密 封	 毛毡加迷宫	适合脂润滑或油润滑	混合密封是将两种密封方式组合 使用，其密封效果经济、可靠

第六节　滚动轴承的组合设计

在确定了轴承的类型和型号以后，还必须正确地进行滚动轴承的组合结构设计，才能保证轴承的正常工作。

一、轴承的轴向紧固

轴承的轴向紧固包括轴向定位和轴向固定。为了防止轴承在轴上和在轴承座孔内移动，轴承内套圈必须紧固在轴上；外套圈必须紧固在轴承座孔内（或套杯内）。轴承的紧固有两种方式。

1. 两端固定（两端单向固定）

普通工作温度下的短轴（跨距 $L < 400\text{mm}$），支点常采用两端单向固定方式，每个轴承分别承受一个方向的轴向力，如图 14-7(a) 所示，为允许轴工作时有少量热膨胀，轴承安装时应留有轴向间隙 $c = 0.2 \sim 0.3\text{mm}$，如图 14-7(b) 所示，间隙量常用垫片或调整螺钉调节。

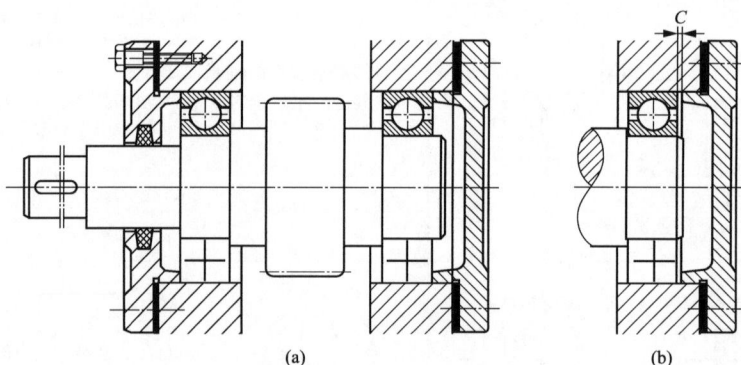

图 14-7　两端固定支承

2. 一端双向固定、一端游动

当轴较长或工作温度较高时，轴的热膨胀收缩量较大，宜采用一端双向固定、一端游动的支点结构，如图 14-8 所示。固定端由单个轴承或轴承组承受双向轴向力，而游动端则保证轴伸缩时能自由游动。为避免松脱，游动轴承内圈应与轴做轴向固定（常采用弹性挡圈）。

用圆柱滚子轴承作游动支点时，轴承外圈要与机座做轴向固定，靠滚子与套圈间的游动来保证轴的自由伸缩。

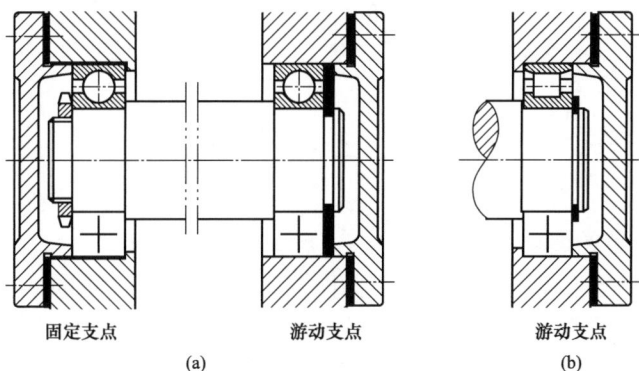

固定支点　　　游动支点　　　游动支点
(a)　　　　　　　　　　(b)

图 14-8　一端双向固定、一端游动支承

二、轴承间隙的调整

轴承在装配时，一般要留有适当间隙，以利轴承正常运转。常用的调整方法如下：①调整垫片［见图 14-9(a)］，靠加减轴承盖与机座之间的垫片厚度来调整轴承间隙；②调节螺钉［见图 14-9(b)］，用螺钉通过轴承外圈压盖移动外圈的位置来进行调整。调整后，用螺母锁紧防松。

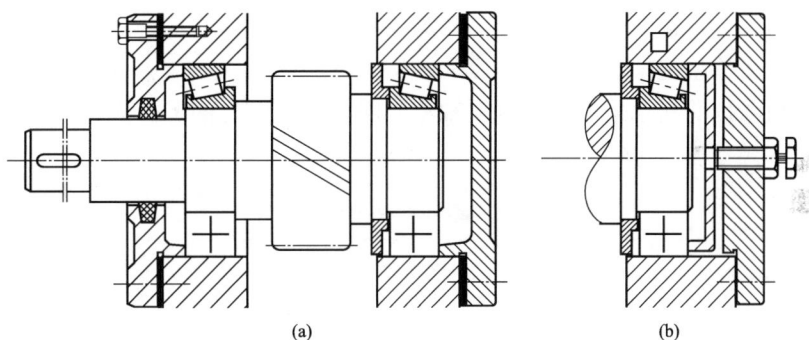

(a)　　　　　　　　　　(b)

图 14-9　轴承间隙的调整

三、轴承的预紧

预紧是一个在安装轴承时采用特定方法施加并保持一轴向力的过程，旨在消除轴承内部的轴向游隙，同时在滚动体与内外圈接触部位引发初始变形。预紧处理后的轴承在工作负载下，其内圈的径向和轴向相对移动会较未预紧的轴承显著减少。

常用的预紧方法包括以下几种：

（1）通过夹紧一对圆锥滚子轴承的外圈实现预紧，如图 14-10(a) 所示。

（2）利用弹簧进行预紧，这种方式可以提供稳定的预紧力，如图 14-10(b) 所示。

（3）在轴承对中间加装长度不同的套筒以实现预紧，预紧力度可通过两套筒的长度差异来调节，如图 14-10(c) 所示。

（4）还可以通过夹紧一对经过磨削变窄的外圈来预紧轴承，如图 14-10(d) 所示；若为反装，则可以选择磨窄内圈并夹紧。

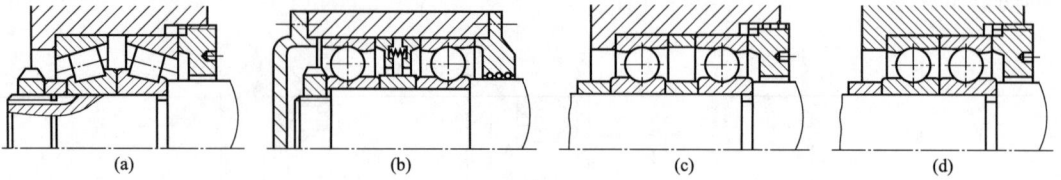

图 14-10　轴承的预紧

四、轴承组合位置的调整

　　轴承组合位置的调整，其核心目的在于确保轴上的各类零件，例如齿轮、带轮等，都能达到精确的工作位置，从而保证机械装置的正常运行和性能。特别是对于圆锥齿轮和蜗杆这样的关键部件，必须对其轴系的轴向位置进行调整。

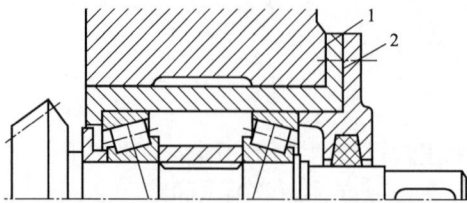

图 14-11　轴承组合位置的调整

以图 14-11 为例，它展示了圆锥齿轮轴承组合位置的调整过程。在此过程中，垫片 1 发挥着调整圆锥齿轮轴向位置的关键作用，确保其位置的准确性和稳定性；而垫片 2 则用于调整轴承游隙，以优化轴承的工作性能和寿命。通过这样的调整，可以有效提升整个机械系统的运作效率和可靠性。

五、滚动轴承的配合

　　滚动轴承的配合是指内圈与轴颈、外圈与座孔的配合。这些配合的松紧将直接影响轴承间隙的大小，从而关系到轴承的运转精度和使用寿命。

　　轴承内孔与轴颈的配合采用基孔制，轴承外圈与轴承座孔的配合采用基轴制。安装向心轴承的轴公差带代号见表 14-11。

表 14-11　　　　　　　　　　　　　安装向心轴承的轴公差带代号

运转状态		载荷状态	深沟球轴承、调心球轴承和角接触球轴承	圆柱滚子轴承和圆锥滚子轴承	调心滚子轴承	公差带
说明	举例		轴承公称内径（mm）			
旋转的内圈载荷及摆动载荷	电器仪表、精密机械、泵、通风机、传送带	轻载荷	≤18 >18~100 >100~200	— ≤40 >40~140	— ≤40 >40~100	h5 j6 k6
	一般通用机械、电动机、涡轮机、泵、内燃机变速箱、木工机械	正常载荷	≤18 >18~100 >100~140 >140~200	— ≤40 >40~100 >100~140	— ≤40 >40~65 >65~100	j5，js5 k5 m5 m6
	铁路车辆和电车的轴箱、牵引电动机、轧机、破碎机等重型机械	重载荷	— —	>50~140 >140~200	>50~100 >100~140	m6 p6
固定的内圈载荷	静止轴上的各种轮子，张紧轮、绳轮、振动筛、惯性振动器	所有载荷	所有尺寸			f6，g6，h6，j6
仅有轴向载荷			所有尺寸			j6，js6

六、滚动轴承的装拆

在轴承结构设计中，装拆问题是必须考虑的重要环节，而且设计时要确保装拆过程中不会损害轴承或其他相关零件。

鉴于轴承内圈与轴颈之间的配合往往相当紧密，通常会借助压力机对内圈施加压力，从而将轴承压套在轴颈之上。对于大尺寸轴承，为了简化安装流程，可以采用热油（温度控制在 80～90℃）加热轴承，或者利用干冰来冷却轴颈。对于中小尺寸轴承，可以直接使用软质锤子轻轻敲击，或者利用另一段管子压制内圈进行安装。

在拆卸轴承时，同样需要精心设计，以便拆卸工具能够方便使用，如图 14-12 所示。这样可以在拆装过程中有效避免对轴承和其他零件的损害。为了进一步便利拆卸操作，内圈在轴肩上应留出足够的高度，或者在轴肩上开设槽口，以便拆卸工具的钩头能够放入，如图 14-13 所示。这些设计考虑，都是为了确保装拆的顺利进行，同时保护所有零件免受损伤。

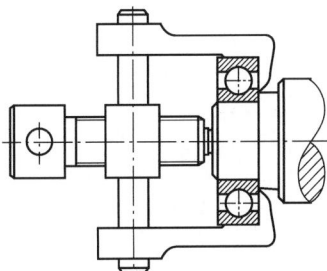

图 14-12 用钩爪器拆卸轴承　　　图 14-13 便于外圈拆卸的座孔结构

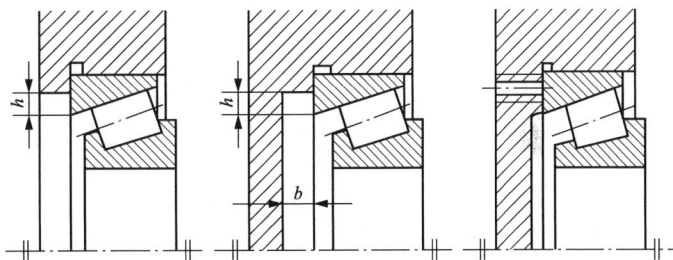

习 题

14-1 分析与思考：

(1) 滚动轴承的寿命与基本额定寿命有何区别？按公式 $L=(C/P)^\varepsilon$ 计算出的 L 是什么含义？

(2) 滚动轴承基本额定动载荷 C 的含义是什么？当滚动轴承上作用的当量动载荷不超过 C 值时，轴承是否就不发生点蚀破坏？为什么？

(3) 滚动轴承中，哪几类可以承受轴向力？哪几类既可以承受径向力又可以承受轴向力？

14-2 试说明下列型号滚动轴承的类型、内径、公差等级、直径系列和结构特点：6305、5316、N316/P6、30207、6306/P5。

14-3 某轴承的预期寿命为 L_h，当量动载荷为 P，基本额定动载荷 C。若转速不变，而当量动载荷由 P 增大到 $2P$，其寿命有何变化？若当量动载荷不变，而转速由 n 增大到 $2n$（不超过极限转速），寿命有何变化？

14-4 一农用机械传动装置中选用深沟球轴承，轴颈直径 $d=35\text{mm}$，转速 $n=2900\text{r/min}$，已知轴承承受的径向载荷 $F_r=1800\text{N}$，外部轴向载荷 $F_a=750\text{N}$，预期寿命为 6000h，试选择轴承的型号。

14-5 一对 7306AC 型角接触球轴承面对面布置（正装）。已知 $F_{r1}=3000\text{N}$，$F_{r2}=1000\text{N}$，$F_A=500\text{N}$。问：(1) 哪个轴承被"压紧"？(2) 轴承所受轴向载荷 F_{a1}、F_{a2} 的大小。

14-6 图 14-14 所示为二级圆柱齿轮减速器的低速轴，已知齿轮上的圆周力 $F_t=1000\text{N}$，

径向力 $F_r=4000$N，轴的转速 $n=1400$r/min。轴承型号为 6308（深沟球轴承），基本额定动载荷 $C=31200$N。载荷平稳，工作温度小于 100℃。试求这对轴承的寿命（单位为 h）。

14-7　某齿轮轴由一对 30208 轴承支承，其轴向外载荷 $F_A=600$N，方向如图 14-15 所示，轴承所受径向载荷 $R_1=5200$N，$R_2=3800$N，轴的工作转速 $n=960$r/min。冲击载荷系数 $f_d=1.3$，工作温度低于 120℃。轴承的数据为 $C=59800$N，$e=0.37$，$Y=1.6$，派生轴向力 $S=R/2Y$。当 $A/R\leqslant e$ 时，$X=1.0$，$Y=0$；当 $A/R>e$ 时，$X=0.4$，$Y=1.6$。试求：（1）两个轴承的当量动载荷 P_1 和 P_2；（2）若轴承的预期寿命为 25000h，问该轴承是否满足要求。

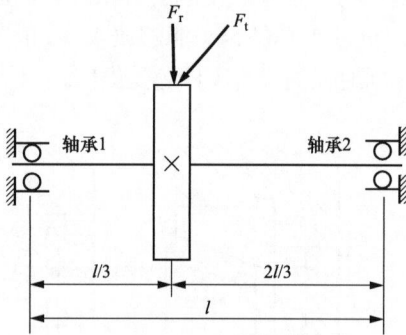

图 14-14　题 14-6 图

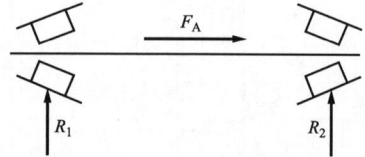

图 14-15　题 14-7 图

第十五章　联轴器和离合器

联轴器和离合器是连接两轴、使两轴共同旋转并传递转矩的机械部件。

联轴器（见图 15-1）连接的两轴必须在停机后才能通过拆卸使被连接的两轴分离。有时联轴器还可以作为一种安全装置，靠连接件的折断、分离或打滑使传动中断或限制转矩的传递，起到过载保护的作用（见图 15-2）。

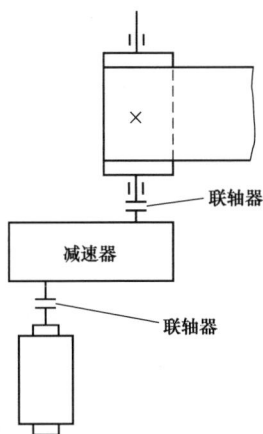

图 15-1　带式运输机传动装置

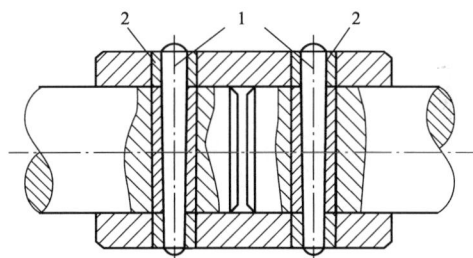

图 15-2　双剪式剪切销安全联轴器
1—销钉；2—保护套筒

在机器运转时，可根据需要使两轴随时接合、分离的机械部件称为离合器。离合器能够操纵或控制机械的启动和停车、齿轮箱速度的变换、传动轴在运动中的同步、相互超越、过载安全保护等。

第一节　联轴器的类型和应用

一、联轴器的特性及分类

由于制造安装的误差，以及工作中零部件的变形，被联轴器连接的两轴线之间会存在相对位置误差，如图 15-3 所示。这种误差可以分为轴向位移、径向位移、角度位移和综合位移，见图 15-3。

GB/T 12458—2017 联轴器的分类规定，不具有自动补偿两轴线相对位置误差能力的联轴器称为刚性联轴器，具有自动补偿能力的联轴器称为挠性联轴器，挠性联轴器按照其补偿方法可分为有弹性元件的挠性联轴器和无弹性元件的挠性联轴器，有弹性元件的挠性联轴器依靠联轴器中的弹性元件的变形实现补偿，无弹性元件的挠性联轴器则依靠联轴器中不同零件之间的相对运动实现补偿。有弹性元件的挠性联轴器按照弹性元件的材料可以分为金属弹性元件挠性联轴器和非金属弹性元件挠性联轴器。联轴器的分类见表 15-1。

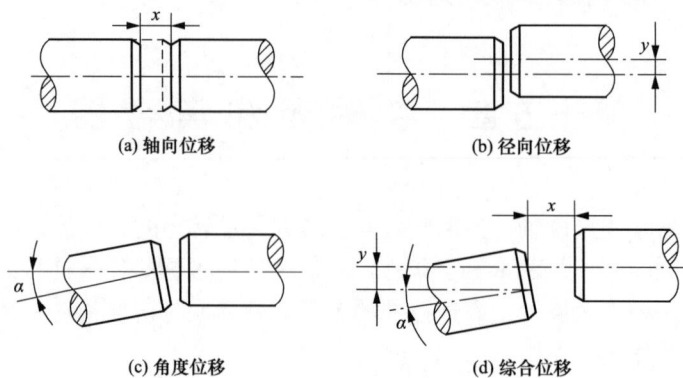

图 15-3　联轴器所连接两轴的位置误差

表 15-1　　　　　　　　　　联轴器的分类（GB/T 12458—2017）

类别	组别	代号	名称	型号
刚性 联轴器	—	G	凸缘联轴器	GY
			套筒联轴器	GT
			夹壳联轴器	GJ
轴联性	无弹性元件 挠性联轴器	W	滑块联轴器	WH
			鼓形齿联轴器	WG
			直齿联轴器	WC
			滚子链联轴器	WZ
			套筒链联轴器	WT
	非金属弹性元件 挠性联轴器	L	轮胎式联轴器	LU
			弹性套柱销联轴器	LT
			弹性柱销联轴器	LH
			弹性柱销齿式联轴器	LZ
			梅花形弹性联轴器	LM
	金属弹性元件 挠性联轴器	J	膜片联轴器	JM
			蛇形弹簧联轴器	—
			簧片联轴器	JH
			挠性杆联轴器	JT
	组合挠性联轴器	Z	膜片橡胶弹性联轴器	ZM
			膜片齿式联轴器	ZC
			组合链条联轴器	ZT
安全 联轴器	—	A	钢球安全联轴器	AQ
			液压式安全联轴器	AYC
			蛇形弹簧安全联轴器	AMS

二、刚性联轴器

刚性联轴器的优点是构造简单价格较低，承载力较高；但它缺乏缓冲和吸振的能力，且不具有自动补偿被连接两轴线相对位置误差能力，要求所连接的两轴具有较高的位置精度和刚度。常用的刚性联轴器有套筒联轴器、夹壳联轴器、凸缘联轴器。

1. 套筒联轴器

套筒联轴器连接结构如图 15-4 所示，它通过联轴套连接两轴，所连接两轴的直径可以相同，也可以不相同，联轴套与轴之间可以通过销连接、键连接或花键连接传递转矩。套筒联轴器结构简单、制造方便，成本低，占用径向尺寸小，但是装配和拆卸都不方便，适用于低速，轻载，工作平稳的连接。

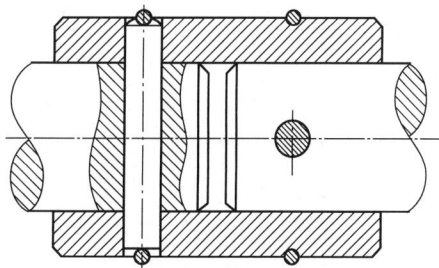

图 15-4　套筒联轴器

2. 夹壳联轴器

夹壳联轴器由两个半筒形夹壳和连接它们的螺栓组成，见图 15-5。夹壳联轴器在装、拆时不用移动轴，所以使用方便。夹壳的材料一般采用铸铁。

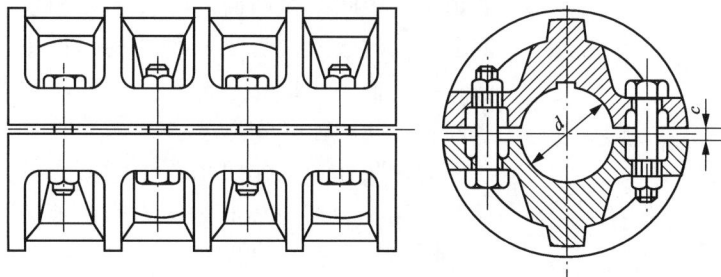

图 15-5　夹壳联轴器

中小尺寸的夹壳联轴器主要依靠夹壳和轴之间的摩擦力来传递转矩，即使在联轴器中装有键，在计算其承载能力时并不计键的作用，计算方法和夹紧的连接相似；而大尺寸的夹壳联轴器主要由键传递转矩。为了改善平衡状况，螺栓应正、倒相间安装。

夹壳联轴器主要用于低速，外缘的速度 $v \leqslant 5 \text{m/s}$，超过 5m/s 时需要进行动平衡试验。

3. 凸缘联轴器

凸缘联轴器（GB/T 5843—2003）由两个带有凸缘的半联轴器组成，两个半联轴器分别安装在两个被连接的轴端，半联轴器与轴通过轴毂连接传递转矩，两个半联轴器之间通过螺栓连接传递转矩，根据传递转矩的大小，可采用普通螺栓连接，也可以采用铰制孔用螺栓连接；两个半联轴器之间可以通过铰制孔用螺栓连接定心，如图 15-6(a) 所示，也可以用对中榫或中环定心，如图 15-6(b)、(c) 所示。

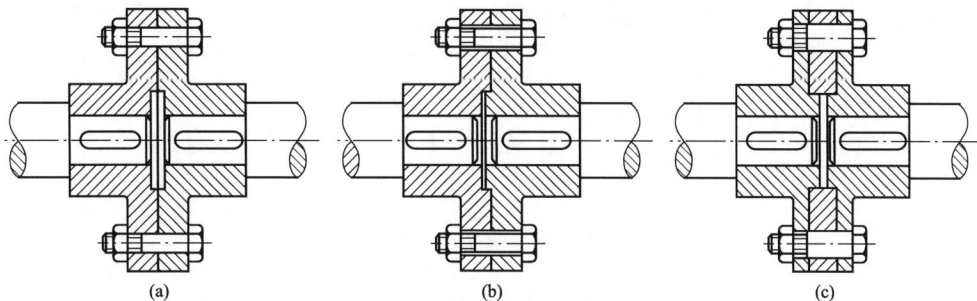

| (a) | (b) | (c) |

图 15-6　上凸缘联轴器

凸缘联轴器结构简单，制造方便，工作可靠，承载能力大，但当两轴有对中误差时，常引起较大的附加载荷，主要用于载荷平稳、两轴具有较高对中精度的场合。

三、挠性联轴器

1. 无弹性元件挠性联轴器

无弹性元件的挠性联轴器依靠联轴器中不同零件之间的相对运动补偿两轴线之间的位置误差，由于可移动元件相对滑动时产生的摩擦和制造误差会产生附加径向力（但比采用刚性联轴器小得多），通常需要在良好的润滑和密封条件下工作。因无弹性元件，这类联轴器不具有缓解载荷冲击的能力。常用的类型有滑块联轴器、齿式联轴器、万向联轴器、链条联轴器等。

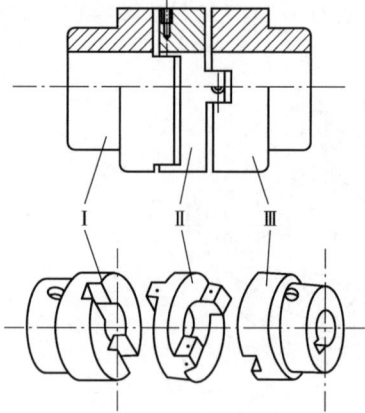

图 15-7　滑块联轴器

（1）滑块联轴器。滑块联轴器如图 15-7 所示，由两个端部开有滑槽半联轴器Ⅰ、Ⅲ和两面有榫的中间圆盘Ⅱ组成，中间圆盘两面的榫位于互相垂直的两个直径方向上，同时嵌入两个半联轴器的滑槽中，通过滑块与半联轴器滑槽之间的相对滑动，滑块联轴器可以补偿所连接两轴之间的径向位置误差。

滑块联轴器工作时由于中间圆盘补偿误差，圆盘转动时因偏心会产生离心力，为防止离心力过大，应尽量减小圆盘的质量，轴的转速也不应太高。

滑块联轴器的径向尺寸小，工作中有噪声，传动效率低，滑块磨损较快，主要用于工作中径向位移大、传动转矩大、低速、无冲击载荷的场合。

（2）齿式联轴器。齿式联轴器具有综合误差补偿能力，如图 15-8 所示。齿式联轴器由带外齿的两个内套筒和带内齿的两个外套筒组成。其中两个内套筒分别通过键与两轴连接，两个外套筒用螺栓连接。齿数相同的内、外齿轮通过啮合传递转矩，同时承载的齿数多，承载能力大，径向尺寸小，但成本较高。

为提高补偿能力，通常将轮齿齿顶修成球面，球心在轴线上，将齿面沿轴向修成鼓形，齿侧留有较大的间隙，如图 15-8（b）所示。齿式联轴器需要在良好的润滑与密封条件下工作。

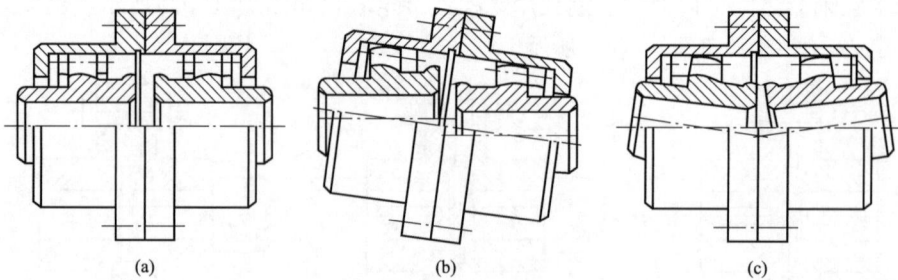

图 15-8　齿式联轴器

（3）滚子链联轴器。滚子链联轴器（GB/T 6069—2017）的结构如图 15-9 所示，它是利用一条滚子链 2（单排或双排）同时与两个齿数相同的并列链轮 1、4 啮合，以实现半联轴器的连接。为改善润滑并防止污染，一般将联轴器密封在罩壳 3 内。

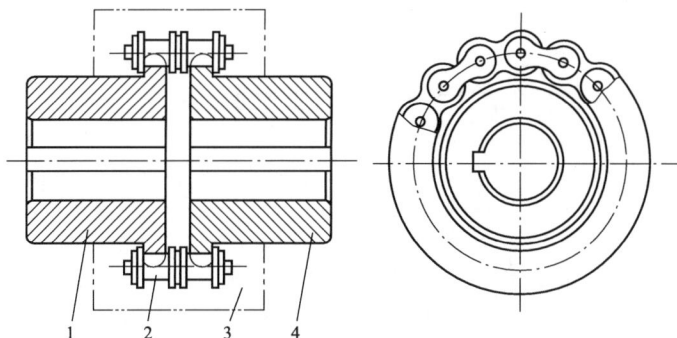

图 15-9 滚子链联轴器

滚子链联轴器结构简单，且链是标准件，成本低，装拆、维护方便，工作可靠，使用寿命长，质量轻，转动惯量小，效率高，具有一定的补偿性能和缓冲性能，能适应高温、潮湿、多尘的恶劣环境。缺点是反转时有空行程，不适于启动频繁、正反转变化多的轴或立轴的连接。

2. 有弹性元件的挠性联轴器

有弹性元件的挠性联轴器中的弹性元件可以由金属材料或非金属材料制成。这类联轴器通过内部弹性元件的变形来补偿被连接两轴线相对位置误差以外，还具有缓解冲击载荷，吸收振动，并能改变轴系的刚度。这类联轴器的主要性能是刚度和阻尼性能。

有弹性元件的挠性联轴器在受到工作转矩时，被连接的两轴因弹性元件的变形而产生相对的扭转角 φ，扭转的刚度 c 可以表示为

$$c = \frac{\mathrm{d}T}{\mathrm{d}\varphi} \tag{15-1}$$

式中：T 为联轴器所受转矩和；φ 为两个半联轴器在转矩作用下的相对扭转角。

当 c 为常数时，称为定刚度联轴器；当 c 为变数时，称为变刚度弹性联轴器。许多非金属弹性元件的材料不服从胡克定律，其优点是具有良好的弹性滞后特性，消振能力强，储存能量大，缓冲性能。金属元件的强度高，传递载荷能力大，使用寿命长，金属弹性元件的尺寸较小。

联轴器的阻尼作用如图 15-10 所示，联轴器工作过程中，加载和卸载的特性曲线不重合，所包围的面积 OAB 就代表阻尼消耗的能量。

挠性联轴器通过弹性元件能补偿径向、轴向和角位移，其中径向和角位移是靠弹性元件变形补偿的，因此当径向或角位移过时大，会降低联轴器的寿命。

（1）金属弹性元件挠性联轴器。这类联轴器的常用类型结构、特点及应用说明见表 15-2。

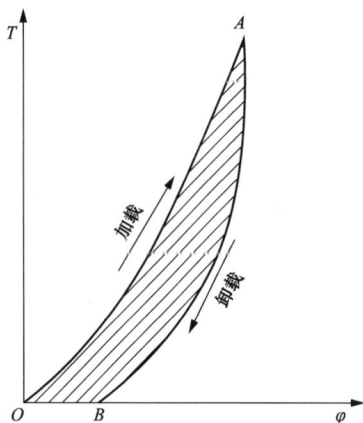

图 15-10 弹性联轴器的阻尼特性

表 15-2 金属弹性元件挠性联轴器

序号	名称	结构图	特点及应用
1	蛇形弹簧联轴器		联轴器转矩是通过齿和弹簧传递的，图（a）齿为棱形，为定刚度轴联轴器，制造简便。图（b）为变刚度联轴器，制造复杂。适用于转矩变化不大的两轴连接，多用于有严重冲击载荷的重型机械
2	簧片联轴器		这种联轴器具有高弹性和良好的阻尼性能，结构紧凑，安全可靠，主要用于载荷变化大，且有可能发生扭振的轴系中
3	弹性杆联轴器		联轴器由圆形截面的金属弹簧钢丝插在两半联轴器凸缘上的孔中。结构简单，价格便宜，弹性元件容易制造，弹性均匀，尺寸小，应用较广泛，用于风机、泵等机械设备中
4	膜片联轴器		根据传递转矩的大小，弹性元件由若干个金属膜片叠合成膜片组。其特点是结构简单，工作可靠，整体性能较好，各元件间无相对滑动，无噪声。但弹性较弱，缓冲减振性能差，主要用于载荷平稳的高速传动
5	波纹管联轴器		这种联轴器由两个轴套和波纹管组成，其特点是结构简单，惯性小，弹性回差小，运转稳定。主要用于仪器和控制系统中

（2）非金属弹性元件挠性联轴器。这类联轴器的常用类型结构、特点及应用说明见表15-3。

表 15-3　　　　　　　　　　　　　　**非金属弹性元件挠性联轴器**

序号	名称	结构图	特点及应用
1	弹性套柱销联轴器		这类联轴器结构上和凸缘联轴器很相似，用套有橡胶的弹性套柱销代替了连接螺栓，弹性套用耐油橡胶，当相对有角位大移时易磨损。 容易制造，装拆方便，成本较低，适用于连接载荷较平稳，需正、反转或启动频繁地传递中、小转矩的轴，多用在电动机轴与工作机的连接上
2	弹性柱销联轴器		柱销使用尼龙材料，也用榆木、夹布胶木等制造，有一定弹性且耐磨性能好。 结构更简单，制造容易，适用于轴向窜动量大、正反转及启动频繁的传动。因尼龙对温度敏感，采用尼龙柱销时，要限制使用温度
3	梅花形弹性联轴器		由梅花形弹性元件和带凸爪的两半联轴器组成。弹性元件依照使用要求选不同硬度的聚氨酯橡胶、尼龙等材料制造。 结构简单，弹性好、价廉，具有良好的减振和补偿位移的能力，使用越来越广泛
4	轮胎联轴器		它由一个像轮胎的弹性元件1、两个结构相同的半联轴器4等组成。 在起重机械中得到广泛应用。具有减振性好，噪声小，可补偿较大综合位移等优点。受冲击载荷时，角位移可达 $2°\sim6°$，缓冲性能好，适用于潮湿、冲击大、启动频繁、两轴角位移较大的连接中，缺点是径向尺寸较大，不易制造

四、联轴器的选择

因常用的联轴器多已标准化，用户主要是根据工作情况和有关标准和产品手册合理选用，包括确定联轴器的类型、尺寸（型号）。

1. 联轴器类型的选择

不同类型联轴器的工作性能差异很大，选择联轴器的类型时，主要考虑以下因素：

（1）原动机和工作机的载荷大小、性质。当工作机的载荷特性有较大的冲击、振动，载荷变化较大，启动频繁，正、反转变化多时，联轴器应该选择具有缓冲，减振特性的弹性联轴器。

（2）被连接两轴轴线位置的精度。被连接的两轴轴线位置精度高时，可采用刚性联轴器。如果由于加工、制造、安装的误差，受力后零件的变形及零部件的磨损使轴向位置误差较大时，应选用具有补偿误差能力的挠性联轴器。

（3）联轴器的工作转速。常用的联轴器的转速范围如图 15-11 所示。高速转动的轴宜选用动平衡精度较高的联轴器，如膜片联轴器。

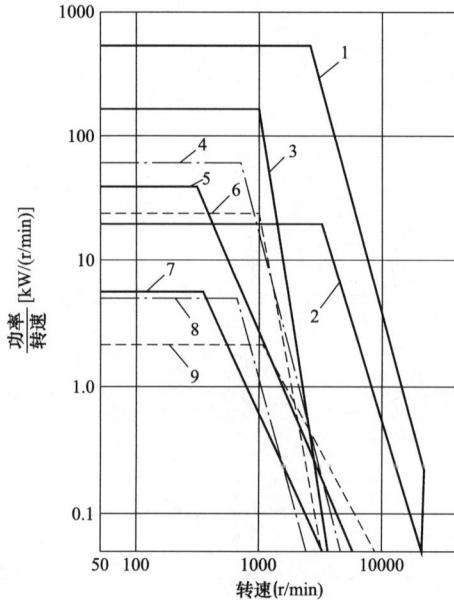

图 15-11　联轴器适用转速

1—齿式联轴器；2—膜片联轴器；3—簧片联轴器；4—弹性联轴器；5—蛇形弹簧联轴器；
6—橡胶金属环联轴器；7—链条联轴器；8—轮胎联轴器；9—弹性套柱销联轴器

例如，一般中小功率的压缩机选用有弹性元件的挠性联轴器多，转速高的高速透平压缩机采用齿式联轴器；中小型泵通常选用有非金属弹性元件的挠性联轴器；大功率的轴流泵、水轮泵，对中好的可采用凸缘联轴器连接；对于工作中两轴有较大的偏斜角或较大角位移的地方，如汽车、拖拉机和金属切削机床中应用十字万向轴联轴器较多。

总之，联轴器类型选择时，应根据传动载荷的大小、性质、转速的高低、补偿位移能力、拆装调整是否简便、成本的高低、对工作环境的要求等诸因素作出合理选择。

2. 联轴器型号的确定

确定联轴器的类型后，参考相关标准，根据轴的直径、计算转矩和转速，确定联轴器的型号（尺寸）。

（1）联轴器的计算转矩。联轴器传递的转矩包括正常的工作载荷，启动时的动载荷及工作时的过载现象。应根据轴上的最大转矩作为计算转矩，计算转矩根据下式计算：

$$T_e = KT \leqslant [T] \tag{15-2}$$

式中：K 为使用系数，见表 15-4；T 为联轴器传递的转矩，$N \cdot m$；$[T]$ 为该型号联轴器的许用转矩。

表 15-4　　　　　　　　　　　　　　　　使用系数

工作机		K			
		原动机			
转矩变化情况		电动机 汽轮机	四缸及以上 内燃机	双缸 内燃机	单缸 内燃机
分类	举例				
变化很小	发电机（小型）、通风机（小型）、离心泵	1.3	1.5	1.8	2.2
变化小	透平压缩机、木工机床、运输机	1.5	1.7	2.0	2.4
变化中等	搅拌机、增压泵、压缩机、冲床	1.7	1.9	2.2	2.6
变化中等有冲击	水泥搅拌器、织布机、拖拉机	1.9	2.1	2.4	2.8
变化较大有较大冲击	造纸机械、挖掘机、起重机、碎石机	2.3	2.5	2.8	3.2
变化大有强烈冲击	压延机、重型初轧机	3.1	3.3	3.6	4.0

（2）校核最大转速。为保证联轴器正常工作，轴的转速应低于联轴器的许用最高转速 n_{max}，即

$$n \leqslant n_{max}$$

（3）调整联轴器与轴的连接方式。同一型号的联轴器一般允许选择几种不同的直径尺寸系列，被连接的两轴的轴端形状有圆柱形、圆锥形等形式，两轴的直径也不一定相同，所以联轴器型号选定后，有时还要修改、协调轴孔直径尺寸和形状。

（4）进行必要的校核。根据使用条件，如有必要时，对联轴器的主要传动零件进行强度校核。对于有非金属弹性元件的弹性联轴器，使用中注意联轴器所在部位的工作温度不应超过弹性元件材料允许的最高温度。

【例 15-1】　选择蜗杆减速器输出轴与球磨机伸出轴之间的联轴器。球磨机所需转矩 $T = 120N \cdot mm$，转速 $n = 250r/min$，减速器输出轴直径 $d = 35mm$，球磨机伸出轴直径 $d' = 38mm$。

解　因球磨机的载荷变化大，选用缓冲性能较好，同时具有可移性的弹性套柱销联轴器。

（1）联轴器的计算转矩。

$$T_c = KT$$

选择使用系数 K，查表 15-4，取 $K = 1.9$，则计算转矩为

$$T_c = KT = 1.9 \times 120 = 228(N \cdot m)$$

（2）选择联轴器的型号。查《机械设计手册》，根据轴径和计算转矩选用弹性套柱销联轴器

$$\text{LT6} \frac{Y35 \times 82}{Y38 \times 82} \text{GB/T } 4323—2002$$

其许用最大转矩［T］＝250N·m，许用最高转速 n_{max}＝3800r/min，合适。

第二节　离合器的类型和应用

离合器在机器运转时，把原动机的回转运动和动力传给工作机，并随时可分离或接合工作机。例如汽车需要经常启动、停车，应用离合器可以使汽车行进时实现变速，而且在停车时不必关闭发动机。离合器的基本要求如下：操纵方便、省力，分离迅速平稳，动作准确，结构简单，维护方便，使用寿命长等。

离合器的种类繁多，常用离合器的分类见表 15-5。

表 15-5　　　　　　　　　　离合器的分类（GB/T 10043—2017）

操控离合器	机械离合器	片式离合器
		牙嵌离合器
		齿形离合器
		圆锥离合器
		摩擦块离合器
		销式离合器
	电磁离合器	片式电磁离合器
		牙嵌电磁离合器
		磁粉离合器
	液压离合器	片式液压离合器
		牙嵌液压离合器
		浮动块液压离合器
	气压离合器	片式气压离合器
		气胎离合器
自控离合器	超越离合器	牙嵌超越离合器
		棘轮超越离合器
	离心离合器	钢球离合器
		闸块离合器
	安全离合器	片式安全离合器
		牙嵌安全离合器
		钢球安全离合器

操控离合器的结合或分离功能时需要通过人为的操作实现，而自动离合器可以自动实现工作状态的转换。机械操控离合器中通过工作表面之间的啮合传递转矩的称为嵌合式离合器，通过摩擦力在零件之间传递转矩的离合器称为摩擦式离合器。

1. 牙嵌式离合器

图 15-12 所示为牙嵌式自动离合器，通过两个半联轴器端面齿牙的啮合传递转矩。牙嵌

式离合器的牙型有三角形、梯形、矩形和锯齿形，如图 15-13 所示，其中梯形牙应用最广，图 15-12 所示离合器的牙型即为梯形。当传递的转矩过大时，啮合面产生的轴向推力使左侧弹簧压缩，离合器自动分离。牙嵌式离合器适用于低速轻载的场合。

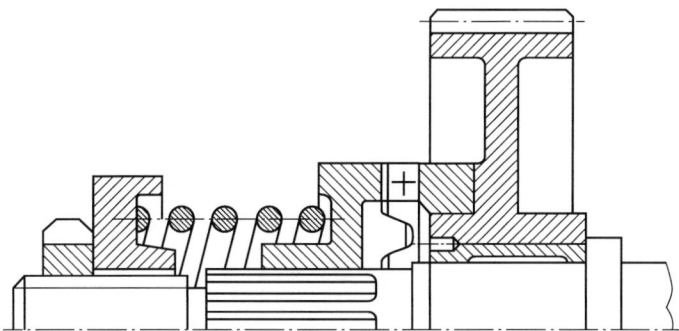

图 15-12　牙嵌式离合器

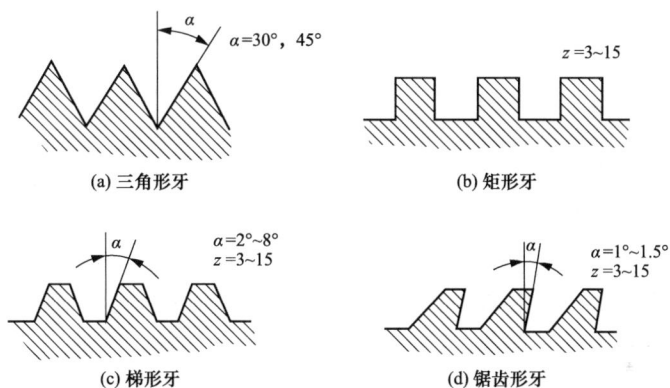

图 15-13　牙嵌式离合器的牙型

2. 圆盘式摩擦离合器

圆盘式摩擦离合器依靠圆表盘面的摩擦力在两个半联轴器之间传递转矩。圆盘摩擦离合器分单盘式和多盘式。单盘式摩擦离合器结构如图 15-14 所示，只有一对摩擦面，通过移动右半侧离合器上的操纵环可以使离合器分离或接合。多盘式摩擦离合器结构见图 15-15，外侧带齿的外摩擦盘和内侧带齿内摩擦盘交错放置构成，外摩擦盘通过外齿与外轮毂及左侧轴相连，内摩擦盘通过内齿与套齿及右侧轴相连，当滑环移动到左侧（见图示位置）时，压杆压紧摩擦盘，使离合器结合，当滑环移到右侧时，摩擦盘松开，离合器分离。

通过摩擦盘右侧的螺母可调整摩擦盘的压紧力。增加摩擦盘的数量可以提高离合器的承载能力，但摩擦盘数量的增加使离合器操纵装置的行程变大。圆盘离合器在机床、汽车和摩托车和其他机械中得到广泛的应用。

摩擦式离合器靠摩擦工作，工作状态变换平稳，操作方便。当瞬时过载时离合器摩擦片之间打滑，对其他传动零件起到保护作用。摩擦式离合器在接合和分离过程中产生滑动摩擦，造成离合器的发热和磨损，所以不适于重载场合。

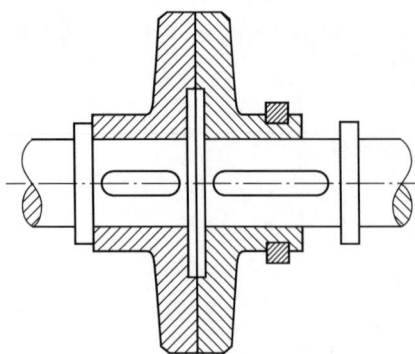

图 15-14　单盘式摩擦离合器　　　　　　　图 15-15　多盘式摩擦离合器

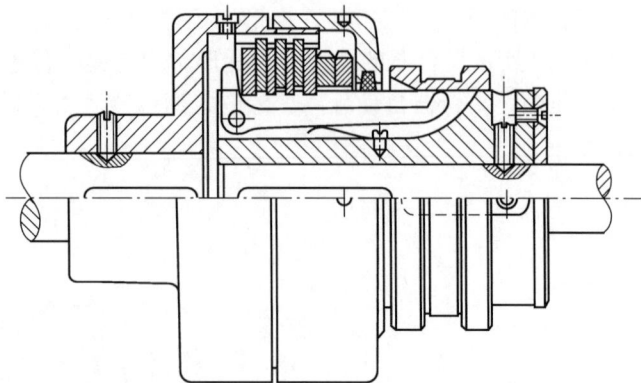

3. 安全离合器

图 15-16 所示为剪切销安全离合器，通过销在两个半离合器之间传递转矩。正常工作时离合器处于接合状态，当传动出现过载时，销工作断面上的剪切应力超过其剪切强度极限，销被剪断，离合器分离，对其他零件起到保护作用。改变销的尺寸、数量、材料和热处理方式，可以改变离合器传递的最大载荷。剪切销安全离合器结构简单，尺寸紧凑，容易制造，但工作精度低，适用于偶然过载的传动。

4. 离心离合器

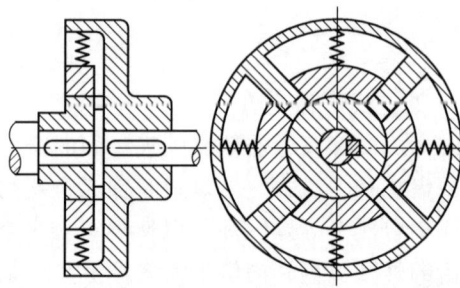

图 15-17 所示为离心离合器，低速时摩擦块在弹簧的作用下压紧从动轮 1，离合器接合；转速增加时，在离心力作用下摩擦块对从动轮的作用力减小，直至松脱，离合器分离。这种离合器可以防止转速过高，应用类似的原理，可以使离合器在低速时分离，高时速接合，以防止电机低速带负载启动。离心离合器一般用在频繁启动的场合。

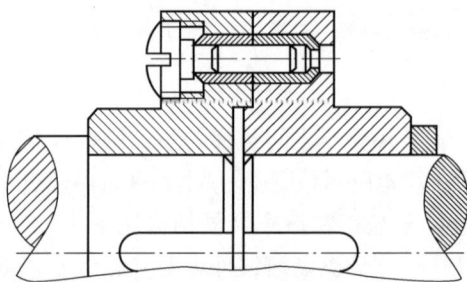

图 15-16　剪切销安全离合器　　　　　　　图 15-17　离心离合器

5. 超越离合器

图 15-18 所示为超越离合器，也称为单向离合器。离合器的内环为主动件，沿顺时针方向转动时，滚柱受摩擦力和弹簧力的作用，楔入外环与内环的缝隙中，使离合器接合。反转时，摩擦力将滚柱推向缝隙中较宽的位置，使离合器分离，所以这种离合器只能传递单方向的转矩。由于这种离合器的接合和分离与内、外环的相对转速差有关，所以称超越离合器，也称差速器，主要用于机床和无级变速器等传动装置。

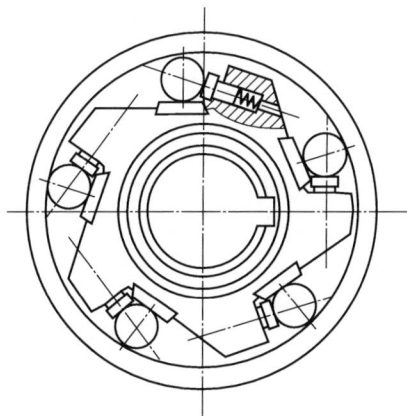

图 15-18 超越离合器

习 题

15-1 如图 15-19 所示的起重机小车机构，电动机 1 通过联轴器 A 经过减速器 2 带动车轮在钢轨 3 上行驶。车轮轴不能太长，用一中间轴 4 与联轴器 C、D 相连。要求两轮同时转动（否则小车将偏斜）。为安装方便，C、D 两联轴器要求轴向可移动。试选择 A、B、C、D 四个轴联器的类型。

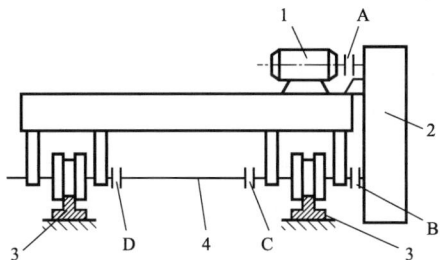

图 15-19 题 15-1 图

15-2 电动机与离心泵之间用联轴器相连，已知电动机的功率 $P=22\text{kW}$，转速 $n=970\text{r/min}$，电动机的输出轴颈 $d=48\text{mm}$，水泵外伸轴轴颈 $d=42\text{mm}$，试选择联轴器的型号。

15-3 某碎石机的轴（$d=75\text{mm}$）与齿轮减速器的轴（$d=80\text{mm}$）相连接，传递的转矩 $T=2\text{kN·m}$，转速 $n=930\text{r/min}$，试选择合适的轴联器，并验算其强度。

15-4 某离心式水泵采用弹性套柱销联轴器，原动机为电动机，传递功率为 $P=35\text{kW}$，转速为 360r/min，联轴器两端的轴颈均为 45mm。试选择联轴器的型号，如果原动机改为活塞式内燃机时，应如何选择轴联器？

参 考 文 献

［1］ 杨可桢，程光蕴，李仲生，等. 机械设计基础. 7 版. 北京：高等教育出版社，2020.

［2］ 孙桓，葛文杰. 机械原理. 9 版. 北京：高等教育出版社，2021.

［3］ 濮良贵，陈国定，吴立言. 机械设计. 10 版. 北京：高等教育出版社，2019.

［4］ 吴鹿鸣，罗大兵，张祖涛. 机械设计基础. 北京：科学出版社，2019.

［5］ 李育锡，苏华. 机械设计基础. 4 版. 北京：高等教育出版社，2018.

［6］ 陈晓南，杨培林. 机械设计基础. 4 版. 北京：科学出版社，2023.

［7］ 陈秀宁. 机械设计基础. 4 版. 浙江：浙江大学出版社，2017.

［8］ 于晓文，李康举. 机械设计基础项目教程. 北京：机械工业出版社，2016.

［9］ 吴宗泽，高志，罗圣国，等. 机械设计课程设计手册. 5 版. 北京：机械工业出版社，2018.

［10］ 王大康，李德才. 机械设计基础. 5 版. 北京：机械工业出版社，2024.

［11］ 刘江南，李小兵，徐小军. 机械设计基础. 5 版. 长沙：湖南大学出版社，2024.

［12］ 荣辉，付铁. 机械设计基础. 4 版. 北京：北京理工大学出版社，2018.

［13］ 高晓丁. 机械设计基础. 2 版. 北京：中国纺织出版社，2017.